一流学科教材

人工智能伦理导引

AN INTERDISCIPLINARY GUIDE TO ARTIFICIAL INTELLIGENCE ETHICS

陈小平　主编

U0258891

中国科学技术大学出版社

内 容 简 介

本书从人工智能伦理和治理的普遍迫切需求出发,基于人工智能、科技伦理和法学等领域一线研究者的最新成果,对人工智能伦理进行跨学科的系统性探讨。主要内容为:对人工智能基本原理、主要技术进展和当前挑战进行专业性、通俗化的概括与解读,为人工智能伦理和治理的学习与探索奠定可靠的技术基础;对当前人工智能伦理与治理的五个重点领域——数据、企业、AI科研、传媒、法制进行专业解剖和案例分析,为人工智能伦理与治理的理论研究和应用实践提供专业基础;对人机社会技术伦理进行系统性的梳理与反思,为人工智能伦理专业研究深造提供知识基础。本书面向所有专业的本科生和研究生,对相关专业的研究者、相关领域的管理者和相关行业的从业者亦有普遍参考价值。

图书在版编目(CIP)数据

人工智能伦理导引/陈小平主编. -- 合肥:中国科学技术大学出版社,2021.2(2025.1重印)
ISBN 978-7-312-05089-3

Ⅰ.人⋯ Ⅱ.陈⋯ Ⅲ.人工智能—技术伦理学—研究 Ⅳ.① TP18 ② B82-057

中国版本图书馆CIP数据核字(2020)第217474号

人工智能伦理导引

RENGONG ZHINENG LUNLI DAOYIN

出版	中国科学技术大学出版社 安徽省合肥市金寨路96号,230026 http://press.ustc.edu.cn https://zgkxjsdxcbs.tmall.com
印刷	安徽省瑞隆印务有限公司
发行	中国科学技术大学出版社
开本	787 mm×1092 mm 1/16
印张	15.25
字数	334千
版次	2021年2月第1版
印次	2025年1月第3次印刷
定价	48.00元

《人工智能伦理导引》编委会

学术顾问（按姓氏拼音排序）

戴琼海	中国人工智能学会理事长，中国工程院院士
李德毅	中国人工智能学会名誉理事长，中国工程院院士
刘　宏	北京大学教授，中国人工智能学会副理事长
Wendell Wallach	美国耶鲁大学教授，全球未来技术价值政策委员会联合主席
王国胤	重庆邮电大学教授，中国人工智能学会副理事长
王天然	机器人技术国家工程研究中心主任，中国工程院院士
赵汀阳	中国社会科学院哲学研究所研究员，中国社会科学院学部委员

主　编

陈小平	中国科学技术大学

编　委

侯东德	西南政法大学
刘贵全	中国科学技术大学
顾心怡	北京大学
叶　斌	中国科学技术大学
苏成慧	西南政法大学
汪　琛	中国科学技术大学
王　娟	中国科学技术大学

指导单位

中国人工智能学会

前　言

经过约70年的持续努力和广泛探索,人工智能研究取得了重要进展,在一定条件下展现出举世瞩目的技术优势,大批成果在众多行业获得了成功应用,正在开辟出日益广阔的应用前景。人工智能与大数据、网络、信息、自动化、物联网和云计算等新技术相结合,正渗透到工业、农业、服务业、交通运输、能源、金融、安全和国防等各个领域,成为这些产业部门转型升级的核心驱动力。

在这种新形势下,人工智能及大数据等相关技术将对各行各业、各种岗位的从业人员产生广泛、深刻、长期的影响。越来越多的企业员工将成为人工智能技术的研发者、人工智能工具的使用者、人工智能产品的推广者;越来越多的管理人员将面临人工智能的普及应用带给传统管理方法和管理制度的巨大挑战,需要开创新的管理模式,建立新的管理制度,探索新的管理方法;广大普通用户将越来越频繁地、直接或间接地接触到人工智能产品/服务,在享受新科技成果的同时,也将面临越来越多新的困惑。

由此出现一种普遍的现象:所有社会成员都需要更多、更深入地了解人工智能,全面、客观、准确地认识人工智能带给我们的正面效应和负面效应,以便在自己的工作和生活中,更有效地应对人工智能带来的变化和挑战,更好地享受人工智能的正面成果、利用人工智能带来的新机遇,有效地规避人工智能的负面效应、防范各种风险。

社会的上述巨大变化必然反映到教育实践中,引出本科生和研究生教育的一种全新的重大需求——人工智能及其应用的快速发展,要求对现有学校教育内容进行及时的扩展,将人工智能和人工智能伦理纳入各个学科的教育体系,开设相关的课程和培训,使学生得到必要的培养和训练。

本书正是在上述重大需求的驱动下诞生的,是国内第一部由人工智能和法律、哲学等社会科学相关领域的专业人士共同编写的跨学科、导引性人工智能伦理教材。教材面向所有专业的本科生和研究生,为此在内容选取、表达方式和教学组织等各个方面进行了努力探索。作者在本书编写中追求的目标是：针对人工智能伦理的普遍需求，采用通俗语言，传授精当知识，培养学生的综合能力。由于主题的新颖性、编写周期的紧迫性和作者能力的局限性，本书难免存在种种疏漏，期待使用者给予批评指正，帮助我们持续地改进教材。

本书是中国人工智能学会人工智能伦理道德专委会（筹）的第一项专题研究成果，选题和编写得到了中国人工智能学会及本书学术顾问委员会的指导，在此谨表谢意。此外，本书作者还得到了王卫宁、王蓉蓉、王国豫、梁正、Pierre Lemonde、Kay Firth-Butterfield、Jake Lucchi、潘天祐、罗立凡、佐仓统、宋晓刚、郝玉成、徐飞、刘晓力、马长山等中外专家、学者的帮助和支持，在此一并致谢。

本书编写分工如下：

第1章（除1.1.2小节）、第2章、全书统稿：陈小平；

第1章1.1.2小节、第3章：刘贵全；

第4章：顾心怡；

第5章：汪琛、叶斌；

第6章：王娟、叶斌；

第7章：侯东德、苏成慧；

第8章：叶斌。

在2020年上半年的特殊时期，诸位作者"临危不惧"、全力以赴、精诚合作，保证了书稿的按时完成。作为主编，特向以上各位共同作者表示感谢。

最后，感谢中国科学技术大学出版社在本书的编辑与出版工作中给予支持和帮助。

本书相关研究分别获得了国家自然科学基金项目U1613216、国家自然科学基金项目92048301、教育部哲学社会科学重大攻关项目20JZD026、国家社会科学基金青年项目19CZX043以及中国科学技术大学新文科基金项目YD2110002012的资助。

陈小平

2020年12月25日

目　录

第1章 概 论

人工智能是21世纪最引人注目的重大科技进展,被普遍认为是第四次工业革命的引导力量。18世纪中叶以来,人类先后经历了三次工业革命,即第一次"蒸汽机革命"(1760-1840年)、第二次"电气革命"(1860-1950年)和第三次"信息革命"(1950年至今),世界经济因此持续高速发展。由于人工智能带来的科技变革比以往技术进步更具颠覆性,第四次工业革命有可能引发各个行业的颠覆性变革,并影响人类社会的方方面面,给社会带来前所未有的深刻变革。

第四次工业革命之所以具有比前三次工业革命更大的颠覆性,主要原因有三个:第一,前三次工业革命的技术创新及其产业应用主要发生在机械性劳作的范围内,其中第一次和第二次是体力劳作,第三次即信息革命虽然涉及一种脑力劳作——计算,但仍属于机械性劳作。人工智能技术则在人类历史上首次突破了"用机器替代机械性劳作"的工业化传统,带来了机器替代非机械性劳动的可能性,从而带来生产方式的彻底变革。第二,之前的历次工业革命导致人类工作形态转变,而不是全面替代人工,比如信息革命导致程序员替代计算员,而且程序员的岗位数量远远超过计算员。而人工智能的大规模应用可能导致大量人类劳动岗位被机器替代,从而给人类未来的生存方式带来巨大的不确定性。第三,前三次工业革命使得"人"与"物"的关系发生巨大变化,但"人"与"物"的界限仍然保持。而人工智能的发展有可能导致"人"与"物"的界限被打破,出现既非"人"又非"物"的新"物种",给人类未来的存在方式带来巨大的不确定性。由于这三点原因,人工智能与每一个人的未来以及人类的命运息息相关。

为了有效应对上述种种挑战和不确定性,近年来人工智能伦理被提上了议事日程,成为世界各国和社会各界普遍关注的焦点。人工智能伦理的宗旨是从社会和历史的观点出发,回答人工智能应该做什么、不应该做什么的问题。从大众的普遍愿望出发,希望人工智能只做对人类有益的事,不做有害的事。可是有益与有害往往是相互依存、难以取舍的,而且其长期效果往往难以预判。因此,人工智能伦理必须是一门学科,对有关问题展开深入广泛的研究,形成共识,并通过社会成员的普遍参与和共同实践,落实社会的伦理共识,而不能仅仅停留在愿望和口号之上。

近年来,关于人工智能的报道和讨论纷纷攘攘,引起了大众的广泛关注,对于推动人工智能的发展具有积极作用。同时,大部分报道仅限于深度学习,并且存在很多误区和盲区,导致大众对人工智能的了解十分片面,严重背离了真实情况,流于表面[11]。因此,本章对人工智能的发展状况作宏观介绍和反思,并对人工智能伦理的使命和任务作概括描述。

1.1　人工智能发展概述

自20世纪50年代以来,在计算机科学的基础上,人工智能(简称AI)研究持续推进并取得了大量成果。同时,人工智能技术与相关技术协同发展,产生了大量实际应用,改变了社会的面貌,并开始引起人们对人工智能伦理风险的担忧。在此背景下,有必要对现有人工智能技术能做什么、不能做什么进行反思,从而为风险分析提供必要的基础。

1.1.1　人工智能三次浪潮概览

一般认为,1950年图灵提出"图灵测试"(参见2.1节)标志着人工智能学科的正式诞生。不过,在1950年之前,人工智能的一些早期探索已经开始了。图1.1展示了历史上人工智能发展的三次浪潮的概貌。

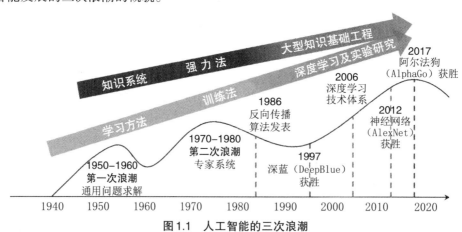

图1.1　人工智能的三次浪潮

第一次浪潮大约发生在20世纪50—60年代,主要研究各类通用问题求解方法,包括自动推理、机器学习、机器翻译、机器博弈等。例如,1956年纽维尔(Newell)、肖(Shaw)和西蒙(Simon)发明了一个人工智能程序"逻辑理论家",并在一项实验测试中,逻辑理论家自动证明了罗素、怀特海合著的《数学原理》中命题演算部分的38条定理,从而引起巨大轰动。其中一条定理的证明比怀特海在《数学原理》中给出的证明更巧妙,怀特海得知消息后说:早知道有一天机器也能证明定理,当时我就不会证那么多定理了。1959年,王浩的程序证明了《数学原理》中命题演算和谓词演算的几乎全部定理。需要说明的是,人工智能中自动推理的研发目的并不是为了证明数学定理,而是为了找到通用问题的求解方法,以解决各种各样的智力问题,而证明定理仅仅是对通用问题的求解方法进行的一种实验测试。

第一次浪潮中的另一个著名项目是塞缪尔(Samuel)的跳棋程序,其研究目的是探索基于机器学习的通用决策机制。工程师Samuel设计了一个机器学习算法,从棋谱和实战中学习跳棋的决策函数,该函数可以对当前棋局给出己方的下一步走法(后来阿尔法狗继承了这种做法)。经过6年实战,Samuel的跳棋程序于1962年战胜了美国一个州的冠军,此后没有取得更大的突破。

在第一次浪潮取得一批研究成果之后,人们却发现,这些通用问题求解方法解决不了实际问题。通过分析和试验,费根鲍姆(Feigenbaum)提出了一个新观点:智能活动离不开知识,只有通用问题求解方法而没有与问题相关的知识,是无法解决实际问题的,所以必须通过"知识工程"将二者结合起来。受知识工程观点的影响,20世纪70—80年代,人工智能进入第二次浪潮,出现了一大批"专家系统"研发项目。这些项目一方面利用第一次浪潮中研发成功的通用问题求解方法(如自动推理机),一方面提取应用领域的专门知识和专家知识,转写成人工智能模型(比如知识库或搜索空间),让推理机根据人工智能模型进行推理或搜索,以解答实际问题(详见2.2.1小节)。一些专家系统在试验测试中取得了很好的成绩。例如,地质勘探专家系统PROSPECTOR将溯因推理和演绎推理相集成,利用相关地质知识和地质数据,发现了一个价值一亿美元的钼矿。

作为第二次浪潮中强力法的一项代表性成果,人工智能搜索技术和高速芯片在国际象棋人机大战中也取得显著成就。1997年,许峰雄小组研制的"深蓝"战胜了世界棋王卡斯帕罗夫,轰动全球。在每一个棋局下,深蓝的搜索算法前瞻至少14步棋,产生至少10^{21}个不同的可能棋局,并用国际象棋的专家知识,评价其中每一种棋局的优劣,选择导向己方最优棋局的走法。10^{21}个棋局数目太大,难以计算,所以深蓝利用了人工智能剪枝技术,将棋局减少到大约600亿个。再用专门研发的芯片判断这些棋局的优劣,保证在5分钟内把600亿个棋局算一遍,选出其中最优的一步棋。深蓝对后来的阿尔法狗和大量其他人工智能项目产生了重大影响(参见2.2.1小节)。

人工智能第一次和第二次浪潮的研究主力是知识系统,包括通用问题的求解方法和知识工程。知识工程中建造的各类专家系统,通常包含几百条知识,后来被发现知识量不够大。于是在人工智能第三次浪潮中,出现了一些大型知识基础工程项目,其中一个项目所涉及的知识量可达百万条以上。例如,2007—2016年间开发的知识库Freebase包含30亿条知识(参见2.2.1小节),应用于网络检索,大大提升了人机交互和信息检索的性能。从知识系统到大型知识基础工程,形成了人工智能的第一种经典思维[2]——强力法(详见2.2节),其基本原理是利用知识进行推理或搜索,以解决智能问题。

与强力法对应,人工智能的第二种经典思维称为训练法(详见2.2.2小节),其基本原理是用带标注的数据,训练人工智能神经元网络(简称ANN),用训练好的ANN解决智能问题,如图像分类问题[①]。

早在20世纪40年代就出现了训练法的基础性探索——神经细胞模型[3],后来演化出各种各样的ANN,并与各种机器学习算法相结合,逐步形成了训练法技术。不过,20世纪50年代的一些研究成果认为ANN缺乏发展前途,之后热情降低。1986年反向传播算法被提出[4],形成了深度学习的研究方向,但仍然没有得到人工智能界主流的承认。在杰弗里·希尔顿(Geoffrey Hinton)、杨立坤(Yann LeCun)和约书亚·本吉奥(Yoshua Bengio)的坚持下,深度学习的完整技术体系于2006年基本完成。到了2012年,在图像识别比赛ImageNet中,基于深度学习技术的识别算法AlexNet取得了突破性进展(详见2.2.2小节),从而引起学界内外的广泛关注,长期坚持深度学习研究的三位领军学者也因此获得了图灵奖。至此,深度学习掀起一股巨大热潮,推动了人工智能的发展,同时也引发了人们对深度学习和人工智能的严重误判。为此,Hinton和LeCun在学术文献[5]及公开演讲中一再表示,深度学习存在本质性缺陷,如缺乏复杂推理的能力,所以人工智能需要更大的创新。

强力法和训练法不仅原理不同(见2.2节),而且存在竞争关系,但不妨碍它们相互结合,取长补短。近年来引起巨大轰动的围棋人工智能程序阿尔法狗,就是强力法与训练法的集成,也是人工智能第三次浪潮的里程碑。阿尔法狗共有四代,其中第四代程序没有使用人类围棋的任何知识(除了围棋规则),而是耗时40天下了2 900万局"自博"(自己和自己下棋),并依据围棋规则和自博产生的数据进行推导,学会了预测落子的胜率。在比赛中,阿尔法狗的每一步棋都是在己方胜率最大的点上落子。这就是阿尔法狗的基本原理。

1.1.2 人工智能应用及与大数据等技术的协同发展

2016年人工智能成为中国的国家战略。根据《中国新一代人工智能发展报告2019》,依据引文影响力、PCT(《专利合作条约》)专利数量、企业数量和融资规模等指标,美国位居全球第一,中国处于全球第二,英国排名第三[6]。2019年中国人工智能主要应用领域有:企业技术集成与解决方案(15.7%)、关键技术研发和应用平台(10.50%)、智能机器人(9.80%)、新媒体和数字内容(9.40%)、智能医疗(7.70%)、智能商业和零售(6.70%)、智能制造(6.70%)、智能硬件(6.40%)以及科技金融、智能网联汽车、智能教育、智能安防、智能家居、智能交通、智能物流、智能农业、智能政务和智能城市等[7]。目前,人工智能在中国和世界主要国家进入高速发展期,引领着新一轮科技革命和产业变革。

人工智能的快速发展与多个学科相关,其中关联最密切的一个领域是大数据技术。大数据技术的发展为人工智能第三次浪潮提供了重要助力,深度学习所需的大量训练数据的获得,各种大型知识基础工程的实施,都与大数据密不可分。人工智能与大数据等技术的深度结合和普遍渗透,已经在全球范围内大量成功应用,极大地改变了人类生产和生活的面貌。

---

① 图像分类,指的是识别照片中出现的物体的种类。

大数据技术的社会需求起源于信息存储激增带来的挑战。1944年费里蒙特·里德尔(Fremont Rider)做了一个预测:2040年耶鲁大学图书馆将收藏2亿卷图书,书架绵延6 000英里①,需要6 000名员工承担编撰目录工作。这个未来场景是惊人的,说明维护大量图书所需的人力物力将超出想象。由于科学技术的进步,信息以指数形式增长,从而对数据存储提出了巨大挑战。20世纪70—90年代,关系型数据库盛行于世,人类构建了数据处理的基本范式,获得了管理数据的能力。可是直到20世纪90年代,人们对于信息保管仍感到悲观,普遍认为过于详尽的数据收集已经大大逾越了人类处理、理解和消费数据的能力。

20世纪初,随着计算机处理、存储以及通信技术的进步,人类的信息收集、信息存储、信息处理能力大大提升。伴随着互联网的兴起和感知技术的提高,数据正以前所未有的速度急剧膨胀,于是借助计算机技术存储、管理和利用海量数据的想法开始萌生。这意味着人类关于数据的看法从传统的情报学观点转向计算科学观点。由于人工智能也萌生于计算科学(参见2.1.1小节),所以大数据技术从诞生之初开始,就是人工智能的"近亲"。

2001年,道格·莱尼(Doug Laney)提出大数据3V理论,认为大数据技术需要解决高容量、高速度、多样性问题。2003—2006年间,谷歌(Google)陆续发表GFS、MapReduce、Bigtable论文,提供了大数据处理的理论依据,并相应启动了Apache Hadoop项目。2007年吉姆·格雷(Jim Gray)指出,随着数据的急剧增长,计算机完全有可能从数据的关联分析中得出新的理论,这种研究方式被称为"第四范式"。2011年发布的Hadoop开源软件使人类具备了处理大数据的初步能力。随着以Hadoop为代表的大数据开源社区活动兴盛,大量的大数据技术组件和商用软件层出不穷,大数据技术进入深入化、场景化、多样化的发展阶段。

随着人工智能、大数据及相关技术的快速发展,数据成为现实世界与计算机虚拟世界之间的纽带,数据资源被认为是与自然资源、人力资源一样重要的战略资源。由于大数据的重要价值和战略地位,世界各国纷纷制定国家大数据战略计划。2015年国务院正式印发《促进大数据发展行动纲要》,启动了中国的大数据国家战略。

近十年来,随着大数据基础设施建设的逐渐完备,在工业、农业、国防、金融、能源、交通、医疗、环境保护、政府管理等各个领域,积累了越来越多的行业大数据,从而为人工智能、云计算等新技术提供了"用武之地",有力地推动了互联网经济、智能制造、数字经济等众多行业的快速发展,并催生了一批新业态。

在工业领域,以工业大数据为核心,综合利用人工智能、云计算、物联网、智能设备、传感器、工控系统等,形成了人机物共融协同的新型交互式工业生产模式,提升了工业对新需求的响应速度,极大改善了工业企业的研发、生产、经营、销售等各个环节,推动了工业制造的智能化生产和智慧化服务。英国罗尔斯-罗伊斯公司在超过29 000部飞机发动机、25 000部船用发动机中部署了大量传感器,利用人工智能等技术,不仅可以提前发现

---

① 1英里≈1.6093千米。——编者注

零部件的缺陷情况,还可以根据用户的使用情况给出最佳的检测、维修、保养计划。德国安贝儿西门子电子制造工厂,在每条生产线上部署了超过1 000个数据采集点,实现了统一的数据标准和整体集成,可进行有效监控和分析。中国航天科工集团公司则基于智慧云大数据平台,开展了包括航天产品电缆设计、异地数据互联互动、C919故障预测与健康管理等多个示范应用。

在国防领域,海陆空天一体化战争模式逐渐成型,战场的突发性、严酷性、毁伤性、立体性、多维交错性成为现代战争的新特点。国防数据总量激增,超复杂性、超保密性、高机动性、高安全性、强对抗性、强实时性成为国防大数据的典型特征。由于人工智能技术的广泛应用,与数据相关的情报侦察、数据欺骗、数据干扰、数据窃取等数据对抗,已经成为军事行动中的家常便饭。中国的国防大数据在提高军事管理与训练水平、丰富军事科研方法、加速新型装备研制、提升情报搜集与分析能力、引领军事指挥决策方式变革、优化作战流程、推动战争形态演变、引导军事组织变革、提高后勤保障管理水平等方面起到重大作用。

在经济领域,人工智能与大数据相结合,在投资决策、信用评估、风险评估与控制、精准营销等方面发挥着越来越重要的作用。在投资行业,基于人工智能和大数据开展智能交易已经成为新兴的行业趋势。高盛、摩根士丹利等先后研发了基于人工智能和大数据的智能投顾平台。美国Betterment(白特曼公司)开展了类似的投资管理,目前管理的资产超过40亿美元。深圳索信达采用人工智能以及数据处理技术为企业提供金融服务,通过企业内部、外部的数据搜集、挖掘分析,为客户提供智能风控、精准营销分析、挖掘潜在客户、金融反欺诈等多项技术服务。

在互联网领域,人工智能与大数据的协同作用更加突出,被广泛应用于内容搜索、社交网络分析、广告引流与分发、舆情管理、用户画像分析、商品个性化推荐等方面。WhatsApp(瓦次普)、FaceBook(脸书)、腾讯QQ、微信等应用软件需要管理超过10亿用户的个人信息,并梳理用户社会网络关系、个人偏好等。天猫商城需要根据用户喜好,从超过4 000万条商品信息中拣选出用户感兴趣的品牌。Netflix(网飞)、虾米、咪咕等视频、音乐网站要分析几千万用户的喜好,并寻找其喜好群体,为其量身打造定制的视听节目单。所有这些,都离不开人工智能与大数据等新技术的综合应用。

大数据也对人工智能自身的发展产生了极大的促进作用。图灵奖获得者约翰·霍普克罗夫特(John Hopcroft)介绍,直到20世纪60年代,才出现包含1 000个10×10像素的手写字符的数据集,这在当时已经是很大的数据集。2010年,斯坦福大学收集了一个大型图片库,包含1 400多万张图片,并将其中一部分图片做了人工标注。这个数据集对推动深度学习和图像处理技术的发展产生了很大的推动作用(详见2.2.2小节)。从上面两个例子可见,50年来数据能力的巨大提升,是人工智能第三次浪潮的一个必要条件和重大推力。

数据技术的应用给人类社会带来了翻天覆地的变化,为人类生产生活带来了极大的便利,显著提高了生产效率,促进了社会经济的高速增长。同时,也引发了人类对于数据隐私、数据鸿沟、数据垄断等诸多问题的思考与担忧。一些涉及科技伦理的事件闹得沸沸扬扬,如棱镜门计划、盗取Facebook用户数据分析选民心理以干预竞选等。联合国公布的数字鸿沟问题也加剧了人们对数据伦理的忧虑。数据伦理作为人工智能伦理的一部分,已成为人类面临的一项紧迫挑战。

1.1.3　人工智能发展现状的反思与展望

近年来,受阿尔法狗和深度学习的影响,社会上出现了两种极端观点。一种观点认为,既然人工智能下围棋的水平已经远远超过人类,足以证明人工智能技术已经或即将全面超越人类的智力水平,因而现有的人工智能技术如果无条件地广泛应用,一定会产生严重的技术风险和伦理危机,比如在不久的将来人工智能可能会控制人类。另一种观点认为,既然深度学习技术必须依赖数据的人工标注,所以现有人工智能技术只是"人工弱智","有多少人工就有多少智能",因而是无法实际应用的,也就根本不存在技术风险和伦理风险。

必须指出,上述两种极端观点都与事实严重不符。真实情况是,在封闭性条件下,现有人工智能技术可以大规模地推广应用[8]。也就是说,封闭性是现有人工智能技术的能力边界,这条边界决定了现有人工智能技术能做什么、不能做什么。

为了说明封闭性,首先需要说明什么是应用场景。一个产品或服务的应用场景主要包括三方面的内容:① 应用需求,即该应用所满足的用户需求,包括功能范围与性能指标;② 应用场合,即该应用的使用场合;③ 应用条件,即保证该应用能够正常使用的条件。三方面内容的严格描述称为这个应用场景的设计规范,设计一个产品或服务通常首先要明确设计规范。以手机导航为例,这个应用场景的设计规范包括:① 应用需求——为用户提供从起点到终点的路线及前进方向,但不包含用户移动的其他服务功能,比如如何避让周围行人和车辆等;② 应用场合——用户在地面上步行或驾车,或者提前在手机、电脑屏幕上查看路线;③ 应用条件——使用导航服务时,用户的手机和环境网络处于正常工作状态,保持网络畅通和一定的带宽。显然,研发者在设计手机导航功能时,不可能在脱离上述三个方面的情况下"闭门造车"。

封闭性准则对应用场景提出了更严格的要求,满足封闭性准则的场景才可以保证强力法和训练法的成功应用,不满足的则无法保证。对于强力法和训练法而言,封闭性准则的具体规定有所不同,下面分别加以介绍。

1. 强力法的封闭性准则

一个应用场景相对于强力法具有封闭性,如果下列条件成立:第一,该场景的设计规范可以用有限多个确定的要素来描述,而其他因素都可忽略;第二,这些要素共同遵守一组领域定律①,而这组定律可以用一个人工智能模型充分表达;第三,相对于该场景的设计规范,上述人工智能模型的预测与实际情况足够接近。

---

① 例如,牛顿运动三定律和万有引力定律是牛顿力学的领域定律,牛顿力学适用的任何应用场景都可以用"力""质量""速度""距离"等要素描述,并遵守上述四条定律。

　　强力法封闭性三个条件的直观含义是什么？符合第一个条件意味着，一个场景表面上可能包含数不清的影响因素，但本质上可以简化为有限多个确定的要素，使得人工智能研发人员只需考虑这些要素，从而在一个有限确定的范围进行设计①。符合第二个条件意味着，研发人员可以找出这些要素服从的领域定律，并用人工智能模型表达出来。第三个条件的意思是，上述人工智能模型的预测要符合该场景的设计规范，即符合应用需求、应用场合和应用条件的具体要求，即使有一定偏差也不会影响应用。需要特别指出的是：第三个条件并不要求人工智能模型的预测与应用场景的一切情况相符（后面有例子具体说明）。

　　在强力法封闭性三个条件的基础上，根据强力法的保真性[8]可进一步得出：用强力法技术从人工智能模型得到的决策，也一定符合场景的设计规范，即符合应用需求、应用场合和应用条件的规定。所以，如果一个应用场景具有强力法封闭性，那么至少理论上可以用强力法技术实现该场景的应用。

　　一般而言，封闭性划出了一条界限，界限之内的问题（即封闭性问题），理论上可以用现有强力法技术解决；界限之外的问题（即非封闭性问题），用现有强力法技术能否成功，理论上没有保证。

　　围棋也是人工智能的一个应用场景，下面说明围棋满足强力法封闭性准则的三个条件。

　　第一个条件，在阿尔法狗零中，围棋的要素只有两个：棋盘和落子（见2.2.3小节）。除了棋盘和落子，阿尔法狗不考虑围棋中的任何其他因素，比如下棋的对手[9]。这与通常的判断大相径庭，令人意外，却是阿尔法狗零成功的秘诀——保证了封闭性。

　　第二个条件，棋盘和落子都遵守围棋规则，围棋规则就是围棋这个应用的领域定律。可是这种定律过于抽象，难以直接应用，所以阿尔法狗零通过采样（自博）推导出落子的胜率估计（详见2.2.3小节），并用一个人工智能模型（残差网络ANN）充分表达，因此围棋符合封闭性的第二个条件。需要说明的是，以围棋规则作为领域定律，可能是很多人难以接受的。在一位人类棋手落子之前，通常无法预测他/她会落子在哪个点（这个特点决定了围棋是一个非决定性问题②）。很多人认为，人工智能模型要能预测人类棋手的落子策略，也就是在人类棋手落子之前就准确预测会落在哪个点上，人工智能程序根据这种预测才能够战胜人类棋手，而围棋规则和落子胜率估计都不能实现这种预测，所以不能作为围棋的领域定律。可是，预测对手落子策略的尝试始终没有成功，因为它破坏了围棋的封闭性。

　　第三个条件，相对于围棋这个应用场景的设计规范，基于围棋规则的预测与围棋实战情况是足够接近的。具体地说，阿尔法狗的落子胜率估计就是它的预测，预测哪个点胜率最大就在那个点上落子。阿尔法狗三代和四代在实战和大量测试中取得完胜，说明它对落子胜率的预测与实际情况（落子的实际胜率）足够接近。所以，阿尔法狗的预测只

---

① 例如，手机导航的研发不考虑场景中的行人、车辆等大量因素，因为它们不是手机导航应用的要素。

② 决定性和封闭性是两个不同的概念。原则上，人工智能只研究非决定性问题，所以人工智能考虑的封闭性问题都是非决定性问题。围棋就是一个非决定性的封闭性问题。

针对胜率,也就是针对设计规范,特别是应用需求(战胜任何人类棋手),而不是预测对手每一步怎么走。这表明,依据围棋规则的预测和决策才是围棋人工智能的"正道"[①],只要守住这个正道,就不需要预测人类棋手如何落子,而人类棋手的风格、技巧、战术甚至"假摔"等,都是不堪一击的。

以上分析表明,围棋符合强力法封闭性的三个条件,所以是一个封闭性问题。围棋人工智能之所以能战胜人类棋手,从根本上说,就是因为围棋的封闭性。围棋封闭性的关键在于,围棋是遵守固定规则的,而人工智能模型可以充分表达围棋规则。假设有一种没有固定规则的围棋,或者这种围棋的规则不能用人工智能模型充分表达和预测,那么现有强力法技术就不能胜任这种围棋。阿尔法狗之前的所有围棋人工智能程序之所以都不成功,就是因为它们都没有把握住围棋的封闭性。

强力法封闭性的一个重大优势是具有可解释性,领域定律为解释奠定了基础。所谓解释,主要指的是解释人工智能系统的工作原理。比如阿尔法狗的工作原理解释为根据围棋规则,通过自博学习落子胜率,用残差网络ANN记录落子胜率,并根据落子胜率决定落子。

强力法封闭性之所以成功,一个关键原因是它要求深入把握应用场景,从而避免了很多常见的陷阱。例如,阿尔法狗研发团队分析发现,对不同人类棋手的落子进行预测,即使采用深度学习技术,也是不可行的,因为无法获得每一位人类棋手的充分数据,而在数据不足的情况下建立的人工智能模型,所做的预测通常会严重偏离实际情况。这就是说,预测对手的落子,虽然符合常规判断,却不符合围棋这个应用场景的应用条件(即深度学习技术在围棋中的使用条件)。所以,通过场景分析,阿尔法狗避免了常规判断(必须预测对手的落子)带来的陷阱。一般而言,任何应用都发生在一定场景中,不存在独立于场景的应用,也不存在完全独立于应用场景的技术(包括所谓"通用人工智能"技术)[1]。同时也说明,目前受到广泛关注的算力和算法虽然重要,但是只有这两个条件不能决定人工智能应用的成功。

强力法封闭性的主要难点是领域定律的发现。一般情况下,找出一个复杂场景的完整的领域定律是非常困难的[10],实际应用中往往找不全,而不完整的领域定律可能带来无法预期的后果。

2. 训练法的封闭性准则

一个应用场景相对于训练法具有封闭性,如果下列条件成立:第一,存在一套完整、确定的设计和评价准则,这套准则反映了该场景的设计规范;第二,存在一个有限确定的代表性数据集,其中数据可以代表该场景的所有其他数据[②];第三,存在一个ANN和一个监督学

---

① 这条"正道"是人工智能研究者(人)找到的,不是人工智能自己找到的。

② 代表性数据集是相对于设计和评价准则而言的。例如,假设针对一个应用场景,设计和评价准则要求识别图片中的1 000种动物,那么代表性数据集就必须包含这1 000种动物的带标注的图片,而且只用这些图片就可以训练出一个符合评价准则的ANN,其他图片都被代表性数据集中的图片代表了,所以不需要其他图片。

习算法,用该算法和代表性数据集训练ANN之后,ANN将满足评价准则的全部要求。

很明显,如果一个应用场景具有训练法封闭性,即满足上述三个条件,那么就保证可以找到一个ANN和一个监督学习算法,用代表性数据训练之后,该ANN将满足评价准则的全部要求。因此,只要一个应用场景具有训练法封闭性,那么就可以用人工智能训练法技术实现该应用。

阿尔法狗是强力法和训练法的集成,而且既符合强力法封闭性准则,也符合训练法封闭性准则。下面说明阿尔法狗为什么符合训练法封闭性准则。

首先,阿尔法狗有一套完整确定的设计和评价准则,其中最重要的一个评价指标是战胜人类围棋的所有棋手,同时还有其他一些更专业化的测试指标[9]。

其次,阿尔法狗四代通过自博自动收集了一组比赛数据,并自动生成了它们的标注,而且所有标注都是完全准确的(见2.2.3小节)。实验测试证实,这组数据的训练效果足够好,而且阿尔法狗可以根据需要收集任意多数据(包括准确标注)。因此,可以认为阿尔法狗拥有一个足够好的数据集。

再次,阿尔法狗使用一种深层ANN——残差网络,并用强化学习算法(一种监督学习算法)训练残差网络,最终达到了所有评价指标的要求。总之,阿尔法狗符合训练法封闭性准则的全部三个条件,因此具备训练法封闭性,这也是阿尔法狗成功的重要和必要条件之一。

训练法封闭性具有下列显著特点:以设计和评价准则为出发点,以结果导向的方式开展研发,不需要把握领域定律,只要测试结果达到了评价准则的要求就算成功。由于发现一个复杂场景的完整的领域定律非常困难,而训练法提供了一条绕过这一难题的技术路径,因此形成了很大的吸引力。不过,这也带来了一个严重的副作用:即使满足封闭性准则,训练法仍然不具有可解释性。例如,一个图像分类ANN的准确性达到了很高的指标(比如95%以上),或者准确性很低,两种情况下都无法说明原因。对于很多应用场景,不具有可解释性的产品难以被用户接受。

训练法封闭性的常见难点是,通常难以获得复杂场景的代表性数据集,这是当前训练法的最大瓶颈。除了数据量巨大和数据标注需要大量人力之外,本质上的最大难题在于如何保证和确认数据集的代表性。无论一个数据集多么巨大,只要缺少一部分代表性数据,就不能保证训练效果(见2.2.2小节中图2.5)。目前这个难题在理论和工程上都没有找到令人满意的解决办法。

两个封闭性准则帮助我们更好地反思、判断人工智能发展的现状和态势。现有人工智能技术到底能做什么,不能做什么?现在我们知道,封闭性问题可以用强力法或训练法技术加以解决,而非封闭性问题暂时不一定可解。在这个判断的基础上,通过行业分析进一步发现[11],在工业、农业、信息、国防、能源、交通、医疗、环境保护、金融、政府管理及服务业的众多领域,普遍存在着符合封闭性准则的应用场景,所以现有人工智能技术在这些行业可以大规模应用,引导这些行业的产业升级。由此可见,人类社会正面临着一次巨大的历史性机遇——借助于现有人工智能技术(主要是强力法和训练法),在未来

10~15年内实现众多行业的产业升级,这对大量机构和个人都意味着巨大的机遇。

有人认为,现在的人工智能不像人类,所以能力不够强,应用面不够广。可是根据科学分析得出的判断是,适用于封闭性问题的人工智能技术既像人又不像人。比如,阿尔法狗使用的搜索和强化学习,其实人也使用(虽然多数人没有听说过这两个术语),所以这方面人工智能是像人的。另一方面,人掌握不了围棋中的落子胜率,所以才发明了另一套下棋理论和方法,而阿尔法狗对这些理论和方法是一无所知也不需要知道的。而且之前使用人类围棋理论和方法的人工智能程序,都无法与阿尔法狗相提并论。这方面人工智能就不像人。一般来说,适用于封闭性问题的人工智能技术要想成功,就不能完全像人。由于未来15年内产业升级主要针对封闭性场景,所以应该实事求是,现阶段不能纠结于人工智能"像不像人",否则就会丧失历史性机遇。

有人担心,既然现有人工智能技术适用于封闭性问题,那么对于非封闭性问题,现阶段就没有机会了吗?其实,大量实际问题原本不是封闭的,比如汽车装配,最初主要靠人工,肯定不是一个封闭性问题,可是后来发明了自动化生产线,就把一个非封闭性问题改造成了一个封闭性问题。所以,封闭性准则的作用,并不仅限于简单地判断一个实际问题是不是封闭的,而是作为一种指南,引导对非封闭性问题进行"封闭化"改造,也就是将各种各样的非封闭性问题改造成封闭性问题(见2.3.1小节),这就为大量非封闭性问题的人工智能应用提供了一条可行途径。

在产业应用的同时,人工智能基础研究也面临着大量新机遇,需要研究大量新问题[12],包括无法封闭化的问题。预期未来将出现更强大的人工智能技术,能够突破封闭性限制,或者能够更好地解决封闭性问题(详见2.3.2小节)。

1.2　人工智能伦理挑战概述

人工智能的发展一方面带来了巨大的新机遇,另一方面也带来了很多不确定性,包括一些短期的和长期的风险,促使人们更深入地思考一个长远性、全局性问题:人工智能应如何发展?这就是人工智能伦理挑战的起源。

1.2.1　人工智能伦理的宗旨

一般认为,伦理是人的行为准则,是人与人之间和人与社会的义务,也是每个人源于道德的社会责任[13]。当谈论技术伦理时,由于伦理的主体由人变为技术,引出了一些哲学问题,也出现了各种不同的解释(见8.2节)。本书的理解是,人工智能伦理的宗旨是从社会和历史的观点出发的,回答人工智能应该做什么、不应该做什么的问题。这里"做"和"不做"的主体,不限于人工智能自身,更主要地是指社会,即社会应该让人工智能做什么、不做什么。因此,人工智能伦理需要关注"正"(应该做什么)、"反"(不应该做什么)两个方面,而且这两方面相辅相成无法分割。

过去几年中,70多个机构分别提出了关于人工智能伦理准则的提议(见8.3节)。例如,欧盟人工智能伦理高级专家组提出了人工智能伦理的7条准则[14]:确保人的能动性和监督性、保证技术稳健性和安全性、加强隐私和数据管理、保证透明度、维持人工智能系统使用的多样性、非歧视性和公平性、增强社会福祉、加强问责制。清华大学人工智能与安全项目组提出了6条准则[15]:福祉原则、安全原则、共享原则、和平原则、法治原则、合作原则。通过分析(见8.3.2小节)可知,"福祉原则"被普遍认为是人工智能伦理的首要原则,或统领其他原则的指导性原则[16]。这种共识与本书对人工智能伦理的理解是一致的。因为福祉只能通过努力追求而得到,不会从天而降,所以人工智能伦理一定同时与"应该做什么"和"不应该做什么"相关,不能局限于其中的一个方面。

事实上,到目前为止,人工智能伦理建设经历了两个阶段。第一阶段是人工智能伦理必要性的讨论,第二阶段是人工智能伦理准则的讨论。总体上看,所有这些准则建议是基本一致的,因此第二阶段已达成基本共识而结束了。在这些共识的基础上,人工智能伦理建设开始进入第三阶段,即人工智能伦理体系的建设。

1.2.2　人工智能伦理风险分析

从理论上说,人工智能可能存在以下四种风险[1]。

第一种,技术失控。技术失控指的是技术的发展超越了人类的控制能力,并摆脱人类的控制独立发展,甚至反过来控制人类,这是很多人最为担忧的,而且只有人工智能技术被认为存在这种潜力。然而实际情况是,现有人工智能技术仅仅在满足强封闭性准则的条件下,才可发挥其强大功能,而在非封闭场景中,现有人工智能技术的能力远远不如人类。考虑到现实世界的大部分场景是非封闭的,而且封闭性场景是人类易于控制的,所以现阶段人工智能不存在技术失控的风险,而且在符合强封闭性准则的条件下都不存在这种风险。可是,一旦突破了封闭性的制约,就需要考虑技术失控的可能性。

第二种,技术的非正当应用。技术的非正当应用包括技术误用和技术滥用两种类型,前者是无意的,后者是有意的。与数据和信息技术相关的技术误用/滥用包括数据隐私问题、安全性问题、公平性问题等,这些问题目前已经存在,而且其中部分问题比较严重,已经到了必须大力加强治理的阶段。人工智能技术在这些应用中的普遍渗透,有可能放大问题的严重程度,也可能引发新的问题类型。目前,在封闭性条件下,人工智能技术本身是中性的,是否出现误用或滥用,主要取决于技术在实际场景中具体使用的合理性。因此,对人工智能技术误用和滥用的重视和风险防范已经提上议事日程。

第三种,应用风险。应用风险指的是由于技术应用而导致负面社会后果的可能性,这种负面社会后果一般指的是广泛的、间接的后果,不是对直接用户而言的。目前人们最担心的应用风险,是人工智能在某些行业中的普遍应用导致工作岗位的大量减少。更长期的担忧是出现大量"无用阶层"[17],引起整个社会的结构失衡。应用风险是由技术的大规模应用引起的,因此关键在于对大规模应用的掌控。根据强封闭性准则,人工智能技术在实体经济中的应用往往需要借助场景改造,而场景改造完全处于人类的控制之下,应用规模主要取决于市场化发展和相关产业决策的调控。为此,人们有必要在人工智能伦理研究中未雨绸缪,对应用风险发生的可能情况做出恰当的预判和防范。

第四种,管理失误。人工智能是一项新技术,它的应用是一项新事物,将对社会产生广泛、长期的影响。同时,社会缺乏人工智能管理经验,容易陷入"一管就死,一放就乱"的局面。为此,更需要深入理解人工智能现有成果的技术本质和技术条件,确保监管措施和管理机制的针对性、有效性和连续性。

根据以上分析可知,当前人工智能伦理面临的主要挑战是各种形式的技术误用/滥用。为此,后续章节将从不同角度展开详细介绍和讨论。同时,长期来看,另外三种风险也是无法排除的,因此科技界、产业界、监管机构和社会各界绝不能掉以轻心。那么,人类应如何应对这些风险?对此别无它途,只能未雨绸缪,经过长期努力,建设强大的人工智能伦理体系。

1.2.3 人工智能伦理体系建设

人工智能伦理体系需要回答下列四个关键问题:人工智能伦理体系的整体架构;人工智能伦理的实施机制;人工智能伦理风险的预测、判别和预防;重大社会问题综合创新的动力机制。下面分别加以讨论:

1. 人工智能伦理体系的整体架构

人工智能伦理准则与其他社会准则类似,是不可能自我执行的,这就如同法律条文制定得再好,也不可能自我执行,必须在完整的法制体系中才可以得到落实一样,法制体系是由立法、司法、执法等机制组成的,没有完整的法制体系的支撑,必然出现有法不依的问题。当然,伦理体系与法制体系是十分不同的,前者不可能完全照抄法制体系的"模板",但建立一整套伦理体系,包括一系列相互配合的运作机制,则是必须的。

人工智能伦理体系的一种基础架构如图 1.2 所示[16]。这个架构并不包含人工智能伦理体系的全部内容,而是重点回答四个关键问题。按照流行观点,人工智能创新生态包含三个主要环节:社会需求、研究与应用,它们形成一个循环演进的闭环,即需求推动研究,成熟的研究成果经过商业化途径实现实际应用,而实际应用又可引发新的需求。这个闭环正是人工智能伦理体系的作用对象,而人工智能伦理体系建立之后,整个人工智能生态的构成和运作机制也将大大改变和升级。

人工智能伦理通过三个层次发挥作用:上层为人工智能伦理的基本使命;中层为人工智能伦理准则;下层为针对具体应用场景的可操作的监督治理规定。

在图 1.2 所示的人工智能伦理体系基础架构中,人工智能伦理的基本使命被定义为"为增进人类福祉和万物和谐共存提供伦理支撑"。这个使命本身也是一条伦理准则,但相对于其他准则,它的价值具有更大的普遍性和稳定性,它的内涵概括了其他伦理准则的内涵,而其他伦理准则未必能概括基本使命的内涵。因此,基本使命可用于指导人工智能的研究与应用,以及中层伦理准则的制定、改进和完善,而其他伦理准则未必可以或未必需要用来指导伦理性研究。另外,人工智能伦理性研究不太可能改变基本使命的内涵,却可以影响和改变其他伦理准则的内涵。总之,人工智能伦理的基本使命可以视为"伦理准则的准则",也就是人工智能的基本价值观。中层的伦理准则即在人工智能伦理建设第二阶段中达成共识的那些价值原则。这些伦理准则是基本使命的具体体现,并为实施细则的制定和科技研究实践提供引导。

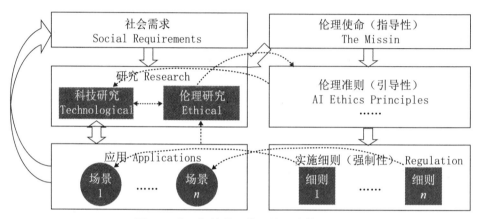

图1.2　人工智能伦理体系的一种基础架构

2. 人工智能伦理的实施机制

大部分人工智能伦理准则属于反映普遍价值的原则。为了在实践中落实这些准则,必须细化为可操作的具体规定,并设立权威机构加以监督管理,否则必然停留在口号的层面。以"福祉"原则为例,尽管大家都一致接受这条准则,但它与实际应用之间存在着巨大的"实践鸿沟",即在实践中不具有可操作性。比如一家公司正在研发某款人工智能产品,该产品通过使用某项用户隐私数据,为用户提供更好的服务。那么,这个设计是否符合"福祉"原则?该公司如何得知自己正在设计的产品是否符合这条原则?通过全民公决或用户投票吗?假如全民公决或用户投票的结果是多数人接受这款产品,就能真正表明这款产品确实符合"福祉"原则吗?在现实生活中,由于知识局限或其他原因,很多用户往往不能正确地判断自己的利益所在。

事实上,为了将伦理准则落实到一个个具体的应用场景中,需要制定针对性、强制性、可操作的实施细则,比如产品标准(企业制定的针对本厂产品的检验标准)、技术标准(行业/国家有关部门/国际组织制定的某类产品的统一标准)、行规、产业政策、法规等。这些细则是由不同的机构制定和监管的,包括企业、标准化组织、行业组织、政府部门和法制机构,这些细则之间相互关联,比如产品标准的指标不得低于技术标准的指标。产品标准和技术标准是针对一类具体产品或服务的,而行规和产业政策是针对整个行业的,所以它们是互补的。法规是从法律层面作出的规定,具有最高的强制性和权威性,但通常不针对特定产品和服务,甚至可以不针对具体行业。所有这些细则都是以伦理规范为基本原则的,在实践中具有可操作性,填补了伦理准则的实践鸿沟。

从这些实施细则的具体内容可以看出,人工智能伦理建设不可能由某一领域的专家完成,而是必然涉及一系列相关方,从企业、大学和科研机构、标准化组织、行业组织、政府机构到法律部门,需要所有相关方的相互协调和共同努力。在相关方的协调中,需要遵守伦理体系基础架构对各自角色的定位和相互关系的约定。

3. 人工智能伦理风险的预测、判别和预防

世界上所有民航局都规定了禁带物品清单,同时强制实行登机安检,以检测乘客和乘务人员是否携带了禁带物品。在人工智能伦理体系中,也需要有对应于"禁带物品清单"的某种"违禁物清单",以便有针对性地进行风险监督和管控。显然,人工智能伦理准则并不包含人工智能的"违禁物清单",比如"安全原则"不可能具体指出哪些人工智能技术是不安全的,"公平性原则"不可能具体指出哪些人工智能技术是不公平的。同时,人工智能处于不断发展之中,不可能一劳永逸地列出完整的"违禁物清单"。所以,我们只能在人工智能伦理体系中建立某种常态化机制,通过该机制来预测、判别任何一项人工智能技术有何风险、风险多大、是否应该禁用等。这种机制过去并不存在,这是人类面临的一个全新课题。

目前,涉及伦理问题相对较多的领域有数据技术应用、人工智能在传媒中的应用以及科研中的伦理问题。例如,目前很多人工智能技术应用需要使用大数据,比如用于深层神经网络的训练。如果对企业获取数据的做法进行限制,那么从技术角度会在一定程度上影响企业产品和服务的品质,因此在人工智能技术的功能实现与数据保护之间存在着张力。为了解决这类问题,我们不仅需要加强伦理建设,而且需要深化技术创新,实现兼顾产品效益与用户隐私的技术体系升级,而这种升级恰恰是人工智能伦理风险预测、判别和预防的核心内容之一(见4.3.3小节)。

又如,出于生存压力和对新技术掌握不到位等原因,部分媒体主动放弃了一些仍然有效的媒体治理手段,特别是严格的新闻审核,由此导致虚假新闻数量明显增多。一些传媒机构或个人却把责任推给人工智能技术的应用,错误地认为应该由人工智能承担这些职责,这是严重背离人工智能技术现实和伦理准则的(参见6.1节)。

企业是产品伦理的责任主体,如何在产品设计制造过程中及时、充分地预判伦理风险、提前消除伦理风险,相关企业承担着首要职责,本书第4章将专门讨论企业伦理建设问题。有必要强调的是,在科技产品的伦理缺陷日益暴露和恶化,消费者对伦理缺陷的容忍度急速降低的大趋势下,预计未来5~10年之内,产品的伦理品质将成为新一轮市场洗牌的核心动力,企业的伦理能力将成为企业生存的决定性因素之一。部分世界一流企业已经开始考虑如何在产品研发、平台构建和行业应用中,建立伦理驱动型战略的先发优势,抢占新一轮竞争的战略制高点。与之形成鲜明对照的是,大部分企业的伦理思维缺失,战略定位严重滞后,亟需转变企业伦理观念,尽快迎头赶上(见4.4.3小节)。

本书第3、4、5、6章将分别对上述人工智能伦理问题进行详细介绍和讨论。

4. 重大社会问题综合创新的动力机制

迄今,关于人工智能伦理的讨论中,防范风险的一面得到了普遍重视和广泛讨论,而推动社会进步和经济发展的一面却没有受到足够重视。有一种观点认为,推动经济发展、社会进步的问题,应该并且已经由人工智能科研和产业界承担了,无需人工智能伦理的介入。这种观点是不符合当今社会现实和未来发展态势的。例如,根据民政部等部门的统计,中国有2.5亿个家庭需要家政服务,而现有家政服务人员不到1 700万。根据中国老龄办2016年的调查,中国失能和半失能老人总数已达4 000万,而且每年增加800万。类似问题在发达国家也不同程度地存在着。目前,这些问题难以找到有效的解决办法,因为现存科技和产业创新的主要动力机制是商业化,而商业化机制应对老龄化等社会问题的效力是严重不足的,未来这种情况将越来越严重。因此,有必要在商业化机制之外,增加一种新型的综合创新机制,即借助于人工智能技术的伦理性创新。

人工智能的根本价值在于增加人类的福祉,而人类福祉的一个集中体现,是帮助解决社会面临或将要面临的重大问题,例如气候变暖、环境污染、重大突发事件(如大规模流行病)、人口老龄化、资源分布不均、经济发展不均衡、产业少人化等。这些重大社会问题有三个基本特点:第一,从本质上看,现有商业化机制不适合解决这类问题;第二,目前不存在其他有效的应对手段;第三,这类问题的解决方案往往不是纯技术性的,而是综合性的,并且人工智能技术可以在其中发挥重要作用。那么,人工智能伦理如何为解决重大社会问题发挥重要作用? 目前,对这个问题的研究是整个人工智能伦理建设中最为薄弱、最为欠缺的一环[18]。

为此,在人工智能伦理体系中的"伦理性研究"部门(见图1.2),应该包含两项基本职能:一项是风险预测判别预防,另一项是伦理性创新。作为一种全新机制,伦理性创新将为重大社会问题的应对提供研究支撑,其主要工作任务如下:

第一,社会变化主客观数据的采集分析。在科技和产业创新飞速发展的时代,民众的生活、工作和心理状态也在快速变化,而且不同群体的主观感受、教育观念、就业倾向、消费观念、生活态度和人机关系认知等也处于不断变化之中。目前,社会对这些信息的把握十分有限,这种状况对于社会的健康发展十分不利,亟需加以改变。因此,开发相应的人工智能和大数据等技术,及时充分地收集反映这些变化的指标数据,并与传统的产业和社会统计数据相结合,通过系统性分析得出社会状况的科学判断,对于维持社会平稳运行,更加合理地进行政策决策和规划制定,具有极其重大的现实意义,同时也为更好地应对重大社会问题奠定了必要基础。

第二,社会发展可能态势的分析预测。在未来某个时段,完全可能出现大量工作被机器取代、大批工作年龄人口无工可做的情况。这种情况下的社会结构、经济运行机理和社会发展动力,与当下社会是完全不同的。因此,在应对某些重大社会问题的过程中,未来人类很可能进入一个全新的社会文明阶段。为了保证这种社会演化符合人类的根本利益,保证宇宙万物的和谐共存,人类完全有必要未雨绸缪,而不是被动地随波逐流。对未来社会发展可能态势进行分析预测,是社会长期发展规划的必要基础。这种分析预测是非常困难的,需要多学科合作,而人工智能技术可以在其中发挥重要作用。

第三,重大社会问题解决方案的创新设计。人类面临的重大社会问题,往往难以就事论事地得到解决,需要通过综合性创新找出化解之道。然而面对如此高维复杂的问题,单纯依靠人工智能技术和其他相关技术手段,是不可能自动求解的。因此,人们有必要探索人机合作的求解模式,而人工智能技术可以显著提升人机合作问题求解的水平和性能。例如,利用人工智能强力法中的"假设推理"方法,可以进行人机合作式问题求解,而且在高维复杂应用场景中已有成功案例,假设推理发现了单纯依靠人或机器都无法发现的有效解决方案。因此,针对重大社会问题,借助人工智能技术,通过人机合作方式,完全可能发现以往无法发现的综合创新方案。在未来科技和产业革命时代,这将是人工智能伦理体系为人类作出的巨大贡献。

第四,科技创新与伦理创新一体化的产品研发。例如在医疗人工智能领域中,医疗责任归属问题的解决、护理机器人产品的研发等(参见5.3节),同时在技术方面和伦理方面提出了新挑战,只有协调一致地同时解决这两种挑战,才能够真正解决这些新问题,完成新产品的研发,这些都超出了传统商业创新模式的有效范围。

讨论与思考题

1. 强力法和训练法各有什么优缺点?它们分别适合于什么样的应用场景?它们的结合有什么必要性和优势?

2. 请通过进一步调研,说明深蓝和阿尔法狗有什么相同点和不同点,进而说明人工智能第三次浪潮有什么进步。

3. 人工智能产品的研发为什么必须充分考虑应用场景?为什么必须由研发人员(而不是人工智能)找出应用场景的设计规范?

4. 封闭性准则对于阿尔法狗的作用是什么?你能否举出另一个例子,说明封闭性准则在人工智能应用中的必要性?

5. 举例说明未来人工智能可能产生的不确定性,即一方面给人类带来益处,另一方面又可能带来风险。

6. 如何理解人工智能伦理的宗旨?为什么人工智能伦理应该同时考虑"正""反"两面?

7. 为什么说在封闭性条件下,人工智能不存在技术失控的风险?

8. 举例说明,为什么必须建立人工智能伦理体系,只有人工智能伦理准则是不够的。

9. 你能否针对某个重大社会问题,提出一个用人工智能解决该问题的方案设想?

参 考 文 献

［1］陈小平. 我们对人工智能的误解有多深［N］. 北京日报，2020-03-30.

［2］陈小平. 人工智能的历史进步、目标定位和思维演化［J］. 开放时代，2018(6)：31-48.

［3］McCulloch W S, Pitts W. A Logical Calculus of the Ideas Immanent in Nervous Activity［J］. The Bulletin of Mathematical Biophysics, 1943(5)：115-133.

［4］Rumelhart D E, Hinton G E, Williams R J. Learning Representations by Back-propagating Errors ［J］. Nature, 1986 (323)：533-536.

［5］Yann LeCun, Bengio Y, Hinton G. Deep Learning［J］. Nature, 2015(521)：436-444.

［6］新华网. 中国新一代人工智能发展报告 2019［EB/OL］. (2019-05-24)［2020-12-17］. http://www.xinhuanet.com/tech/2019-05/24/c_1124539084.htm.

［7］刘刚. 中国新一代人工智能科技产业发展报告［R］. 天津：第三届世界智能大会，2019.

［8］陈小平. 人工智能中的封闭性和强封闭性：现有成果的能力边界、应用条件和伦理风险［J］. 智能系统学报，2020(1)：114-120.

［9］Silver D, Schrittwieser J, et al, Mastering the Game of Go without Human Knowledge ［J］. Nature, 2017,550(7676)：354-359.

［10］Davis E. The Naive Physics Perplex［J］. AI Magazine, 1998,19(4)：51-79.

［11］陈小平. 封闭性场景：人工智能的产业化路径［J］. 文化纵横，2020(1)：34-42.

［12］李德毅. 新一代人工智能十问［J］. 智能系统学报，2020(1)：3.

［13］辞海编辑委员会. 辞海［M］. 上海：上海辞书出版社，1979：221.

［14］The High-Level Expert Group on AI. Ethics Guidelines for Trustworthy AI ［EB/OL］. (2019-04-08) ［2020-12-01］.https：//ec.europa.eu/digital-single-market/en/news/ethicsguidelines-trustworthy-ai.

［15］傅莹. 人工智能对国际关系的影响初析［EB/OL］. (2019-04-10)［2020-12-01］. https://pit.ifeng.com/c/7lkmTsTwMD2.

［16］陈小平. 人工智能伦理体系：基础架构与关键问题［J］. 智能系统学报，2019(4)：605-610.

［17］尤瓦尔·赫拉利. 今日简史［M］. 北京：中信出版集团，2018.

［18］《信睿周报》编者. 独家对话陈小平：人工智能会失控吗?［N］. 信睿周报，2019-07-01.

第2章　人工智能技术导论

人工智能下围棋只不过几十年的时间，而人类学习围棋据说已有四千年的历史。然而2017年，一款人工智能程序阿尔法狗（AlphaGo），却轻而易举地战胜了所有现役人类围棋顶尖高手，并远远超过了人类的围棋水平。尤其令人关注的是，阿尔法狗的第四代阿尔法狗零（AlphaGo Zero）是通过自学掌握围棋技能的，没有输入人类的围棋知识（围棋规则除外），而它的很多棋路是人类见所未见的，甚至违背了人类围棋界的共识，从而彻底颠覆了人类对围棋的理解。考虑到围棋是人类最复杂的博弈棋类，阿尔法狗的成功给人类带来了多方面、深层次的巨大冲击。

于是，下列问题引起了人们的普遍关注：到底什么是人工智能？人工智能与人类智能有什么不同？人工智能到底具有多强的能力？人工智能现有技术能解决哪些问题，不能解决哪些问题？当前人工智能面临的挑战是什么？人工智能的真正目标应该是什么？

人工智能有两个主要载体：计算机和机器人。机器人让人感觉更有想象力，能为人提供更多服务，也引发更多担忧。事实上，早在1961年工业机器人就开始在工业上应用了。早期工业机器人技术主要涉及重复性动作。不过工业机器人和人们想象的也不完全一样。在工厂里，你会发现，工业机器人通常不是单独工作的，而是与大量辅助设备，如夹具、导轨等一道组成完整的自动化生产线，才保证了它可以在程序的控制下不断重复相同的动作，完成所需的各种加工操作。那么，人工智能技术的进步，会不会带来工业生产智能化的大幅度升级？

近年来，机器人在家庭等环境中的应用也引起了广泛关注。人们期待机器人可以帮人完成体力劳动，如做家务、照顾老人和失能人群、照看孩子、当管家、负责家庭安保等，这些服务在医院病房、养老院、办公室、酒店、餐厅、营业厅等场合也是普遍需要的。人们还期待，当发生火灾、地震、洪水、瘟疫等灾难时，机器人可以帮助拯救人类的生命和财产。还有一种受到普遍关注的机器人——智能无人驾驶车。人们期待，无人驾驶技术可以代替人类驾驶员开车，从而免除人类开车的疲劳，甚至减少交通事故。这种类型的机器人不是从事工业生产的，而是为人提供服务的，所以称为"服务机器人"。

> 本章将介绍人工智能的创立与发展、人工智能技术的主要进展与成果、人工智能面临的各种挑战,并对有关问题展开具体分析和详细讨论。关于人工智能伦理的概括介绍见第1章,主要问题的详细介绍和讨论将分别在第3章至第8章进行。

2.1 什么是人工智能?

关于人工智能,通常有两种解释。一种解释是,人工智能是人类智能的机器实现;另一种解释是,人工智能是人类智能的机器模拟。"机器实现"指的是用某种机器完成人类的智能功能,但这种机器的工作原理可以和人的智力活动不一样。"机器模拟"指的是用某种机器模拟人类智能的思维过程,所以这种机器的工作原理和人的智力活动一样。

不过,这两种解释都过于空泛,以科学的标准衡量,实际上没有说出多少实质性内容。比如,什么是"机器"?什么是"智能"?什么是"实现"?什么是"模拟"?如果不回答这些问题,那么上述两种关于人工智能的解释是含糊不清的,于是持各种观点的各方激烈争论,却在争论中各说各话,并不真正理解对方说的是什么。

实际上,在人工智能的开拓阶段,创立者就对这些问题进行了认真的研究,并给出了部分问题的科学答案,从而推动了人工智能的发展。同时,随着人工智能研究的不断发展,越来越多的问题得到解答,其中一些问题得到了越来越深入的探索。本节对这些问题及现有答案进行梳理、回顾和反思。

2.1.1 人工智能的创立

1950年,逻辑学家艾伦·图灵(Alan Turing,1912—1954)在哲学期刊《心灵》(*Mind*)上发表了一篇论文,标题是《计算机器与智能》[1],这篇文章被普遍认为是人工智能诞生的主要标志。文章的标题醒目地将"计算机器"与"智能"直接关联,并将"计算机器"放在第一的位置。这篇文章的基本观点在很大程度上引领了人工智能70年(特别是前30年)的发展。由于图灵在人工智能、计算机科学和其他社会服务中的巨大贡献,他的头像被印在英镑纸币上(见图2.1)。

图2.1　英镑纸币上的图灵

　　那么,图灵所说的"计算机器",到底是什么机器? 他在文章里明确指出:"计算机器"指的是"图灵机",而且只需要考虑如何用图灵机实现智能,不用考虑其他类型的机器。那么,什么是图灵机? 为什么只需要考虑图灵机? 图灵机是现代电子数字计算机的理论模型。人们平常使用的各种计算机,凡是学名为通用电子数字计算机的,在原理上都遵循图灵机模型,只不过其运算速度更快、使用更方便而已。因此,对图灵机的最简单理解,是把它看作计算机,不再深究图灵机到底是什么。

　　对于希望更深入了解图灵机相关知识的读者,下面作一个简要介绍。计算机科学的最高奖是"图灵奖",因为图灵机模型和车赤-图灵论题对计算机科学具有奠基作用。图2.2是图灵机的示意图。一台图灵机包含三个主要部件:(1) 一条纸带,被分成了很多格子,每个格子代表一个存贮单元,并规定一个格子里可以存贮一个符号。(2) 一个有限状态控制器,其中存贮一个程序。(3) 一个可移动的读写头,它在任何时刻都位于纸带上的某一个格子。根据程序的指令,读写头在它所处的格子里写下一个符号,并向左边或右边移动一个格子,或停留在原来的格子。

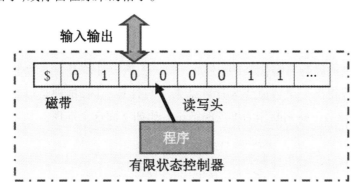

图2.2　图灵机示意图

　　由于图灵机是一个理论模型,它假定纸带的右端方向可以无限长。另外,约定纸带最左端的格子里存贮一个固定的特殊符号$(其他格子里不出现),当读写头位于这个格子时,不会改写这个符号,而且不会向左移动,以免从纸带上掉下去。

　　有限状态控制器在任何时刻都处于有限多个"状态"中的一个状态,而且不断从一个状态转移到下一个状态。状态的个数随着不同图灵机而改变。什么是"状态"？以电灯为例,常见的白炽灯只有两个状态——"开"和"关",有些灯光可以有更多状态,比如灯光的每一种亮度或颜色是一个状态。图灵机必须有一个启动状态和一个终止状态,并且总是从启动状态开始运行,经过有限多次的状态转移,最终进入终止状态,于是图灵机停止运行。

在有限状态控制器中存贮的程序,无论具体计算任务是什么,都是由图2.2的基本操作组合而成的:根据读写头当前读入的符号,以及当前有限状态控制器所处的状态,决定进入下一个状态,在读写头所处格子里写一个符号(可以和原来的符号一样或不一样),读写头向左或右移动一格,或者不动。

下面是一个图灵机计算的具体例子。假设用图灵机计算阶乘函数$f(m)=m!$,其中m是一个自然数,$m!$是m的阶乘,f代表阶乘函数。同时假定,这台图灵机采用二进制表示法。当$m=8$时,对应的计算过程如下:(1)首先将自然数8的二进制表示100输入到纸带上,于是纸带上从左端开始,前4个格子里的内容依次为\$、1、0、0,从第5个格子开始,所有格子里的内容是b,b代表"空白"。所以,启动之前纸带上的全部内容是\$100b……。(2)通过编程,写好一个计算阶乘函数f的程序,将该程序输入到有限状态控制器中。(3)启动图灵机运行程序,由程序计算8!。(4)当程序运行终止时,纸带上的内容是\$1001110110000000b……,其中1001110110000000就是8!的二进制表示。

现在回到"计算机器"与"智能"之间关系的话题。在上述例子中,计算与智能有何关系？有人认为,计算和智能没什么关系,与智能关系密切的是进行推理、学习、理解、创造等智力活动的能力;因此,图灵提出的只考虑用图灵机实现智能的观点似乎十分怪异和荒谬。不过,人类的一些普遍看法曾被科学研究证明是不成立的。例如,几乎所有人都认为大地是固定不动的,而日月星辰则围绕大地不停旋转,但这种"地心说"早已被科学发现推翻了。那么,人们对计算与智能关系的普遍看法,在科学上是否真的成立？

为了弄清上述问题,需要首先真正理解什么是"计算",什么是"智能"？由于智能包含的内容太多,为了便于讨论,暂时只考虑什么是"推理"。人们心目中的"计算",通常是以最常见的四则运算为典型代表的,比如$1+1=2$,所以计算是对一些数值进行加、减、乘、除运算,最终得出一个数值作为计算结果。与计算不同,推理是以一些判断作为前提,经过推理形成另一些判断作为推理的结论。比如下面这个推理:

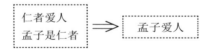

其中有两个推理前提:仁者爱人,孟子是仁者,它们都是判断(逻辑中称为命题),不是数值。有一个推理结论:孟子爱人,这也是一个判断,不是数值。从前提推出结论的过程(用"⟹"表示),看起来也不是通过数值运算而得到的。所以,计算与推理看起来是非常不同的。

然而,根据这种表面差别来划分计算与推理的看法,却受到了研究者的质疑。至少从16世纪开始,计算与推理的关联就引起了一些学者的关注。例如,哲学家托马斯·霍布斯(Thomas Hobbes,1588—1679)在他的著作《利维坦》中提出一个观点:推理与计算是可以相互转化的。为此他举了一个例子,假设一个人从远处向你走来,你会判断来人是不是你的熟人,这是一个推理问题。为了完成推理,你要不断观察来人的外貌,并根据观察到的信息,在心里计算来人与你的所有熟人之间的相似性。如果来人外貌与你的某一位熟人相同,你就会判断来人是你的熟人。霍布斯认为,在这个过程中,推理被转化为计算,并通过计算得到实现,因此推理和计算在本质上没有差别。

霍布斯的以上论述并不严谨,不能作为推理与计算之间等效性的证明。后来,这一观点得到了不断研究和深化。到了20世纪30年代,逻辑学家库尔特·哥德尔(Kurt Gödel,1906—1978)(见图2.3)完成了一个划时代的伟大壮举——"不完全性定理"的证明。在这个定理的证明过程中,哥德尔得到了很多重要成果,其中之一是严格地证明了在一定条件下,计算可以转化为推理,推理可以转化为计算。所以,人们认为计算与推理截然不同的普遍看法,和"地心说"一样,已被科学研究否定了。

图2.3 库尔特·哥德尔

有些读者会觉得好奇,如此神奇的结论,哥德尔是怎样证明的? 首先,哥德尔构建了一个初等数论的形式公理系统 K_N,在 K_N 中通过推理可以证明初等数论的很多定理,其中一大类定理是关于一种自然数函数的,这种函数称为" K_N 可表示函数"。然后,哥德尔又构建了一个称为"递归函数"[①]的计算系统,这个系统可以定义并计算所有递归函数。举个递归函数的例子:自然数的素分解函数 $g(x)$,它将自然数 x 分解为一些素数的幂的乘积,比如 $g(72)=2^3 \times 3^2$,自然数72被分解为素数2的幂和素数3的幂的乘积。

上述两个系统(K_N 和递归函数)都是严格定义的,而且一个是推理系统,一个是计算系统。哥德尔证明了,一方面,任何递归函数都是 K_N 可表示函数,即任何递归函数的计算都可以转化为 K_N 可表示函数的推理;另一方面,任何 K_N 可表示函数都是递归函数,即任何 K_N 可表示函数的推理都可以转化为递归函数的计算。这样就严格证明了对于递归函数来说,推理可以转化为计算,计算可以转化为推理,所以推理和计算在一定范围内是

① 埃尔布朗(J. Herbrand,1908—1931)也对递归函数的建立作出了重要贡献。

相互可转化的,它们看上去截然不同仅仅是一种表象,不是本质。这是一个极其深刻、影响深远的重大科学发现。

后来,图灵等学者进一步证明了,递归函数都是图灵机可计算的,图灵机可计算的函数都是递归函数,这称为递归函数与图灵可计算函数的等价性。在此前后,研究者们还证明了其他一些计算模型与图灵机的等价性。在这些成果的基础上,形成了"车赤-图灵论题"(Church-Turing thesis):可计算的都是图灵机可计算的;不是图灵机可计算的都不是可计算的。由此可见,图灵机可计算的范围极其广阔,远远超过通常理解的"计算"。车赤-图灵论题已被科学界普遍接受,并且在这个观点的基础上诞生了计算机科学。

受上述重大科学发现的鼓舞和激励,1950年前后,人工智能的早期研究者形成了一个猜想和假说:不仅推理可以转化为计算,而且其他种类的"智能"包括决策、学习、理解、创造等,都可以转化为计算。这个假说的重大现实意义在于,当时不仅已经形成了计算机科学,而且第一批电子数字计算机已经研制成功并投入使用[1]。所以,如果这个假说成立,那么各种种类的智能都可以在计算机上实现,从而为人工智能理论研究成果的实际应用开辟了一条切实可行的道路。显然,这是人类科技史上最伟大的假说之一。这个假说的首次提出,正是在图灵于1950年发表的文章《计算机器与智能》[1]中,所以我们将这个假说称为"图灵假说"。

可是,仅仅停留在假说上,显然是不够的,任何研究最终都必须得到某种"科学确认"。那么对人工智能而言,科学确认的标准是什么呢?为此,在《计算机器与智能》一文中,图灵提出了后来被称为"图灵测试"的一种检验方法。在图灵测试中,一台计算机和一个人分别处于两个房间里,计算机和人与外界的通信限制为文字交流,比如通过计算机键盘进行输入和输出,此外没有任何其他信息的交流。房间外面有一些人类裁判,他们不知道计算机和人分别在哪个房间里,只能向两个房间里的计算机和人提问,并根据计算机和人的回答,判断哪个房间里是计算机,哪个房间里是人。如果裁判们不能作出正确的判断,那就可以认为,这台计算机具备了人的智能,也就是具备了人工智能。前文已指出,图灵测试中的"计算机"限定为图灵机。

图灵测试的提出,标志着人工智能作为一门独立的学科正式诞生。

2.1.2　人工智能的基本观点

作为人工智能的检验标准,图灵测试受到了大量质疑和广泛批评。但图灵测试中隐含的基本观点,被人工智能研究者有意无意地普遍接受,并形成了人工智能两种主要观点中的第一种观点——"信息处理观"。信息处理观的首次表达出现在图灵的文章《计算机器与智能》中,主要包括以下几点:

(1) 人工智能的研究范围限于信息处理,也就是说,任何人工智能系统所做的一切

---

① 1946年2月14日诞生了第一台电子数字计算机ENIAC。

都是由外界提供预定格式①的信息；对这些信息进行加工处理；加工处理的结果再表达成预定格式的信息，并向外界输出。因此，推理、决策、学习、理解、创造等，在人工智能研究中通常是作为信息处理的具体类型对待的。

（2）人工智能系统直接关注的外部对象只有人，与其他外部对象（包括现实世界中的万事万物）并不直接发生关系，只能借助于人发生间接关系，比如在与人的交流中谈到一些事物。这意味着，人工智能系统只拥有现实世界的知识（包括数据），而对现实世界本身则一概不管。

（3）人工智能系统的所有功能都可以在图灵机上实现。这是图灵假说的直接体现。因此，凡是不可能转化为图灵机计算的智能功能都不予考虑，而且与图灵机本质上不同的其他任何"机器"也不予考虑。

实际上，这三个条件规定了智能转化为计算的可行范围；这个范围之外，图灵假说不一定成立。从 20 世纪 50 年代到 70 年代，上述信息系统观基本上主导了人工智能的发展，绝大多数研究工作都符合上面列举的三个条件，并且取得了显著的进展和成果（详见 2.2 节）。

然而，上述信息系统观并不是唯一的人工智能基本观点。事实上，早在 1948 年，图灵在他的手稿《智能机器》[2]中提出的第一个人工智能研究计划，是以"用机器替代人的每一个部分"而产生的机器人为目标的。显然，这不是信息系统观，而是机器人观。不过图灵认为，根据当时的技术条件，这样的机器人造不出来，所以也无法马上开展研究。依据这个观察和判断，图灵才提出了人工智能的信息系统观，作为人工智能第一阶段的研究纲领。由此可见，图灵实际上是将人工智能研究划分为不同阶段，第一阶段是信息系统观下的研究，第二阶段是机器人观下的研究。

后来，人工智能的实际发展完全印证了图灵当年的构想。从 20 世纪 70 年代开始，在信息系统观继续发挥重要作用的同时，出现了智能机器人的研究，并逐步形成了人工智能的第二种主要观点——"机器人观"。这种观点可概括如下：

（1）人工智能的研究范围包括环境感知、信息处理和自主行动，其中环境感知是机器人利用传感器从现实世界获取非预定格式的信息；自主行动是机器人在一定条件下独立地在现实世界中完成某些动作，从而改变现实世界的状态；信息处理则包括推理、决策、学习、理解、创造等智能类型。

（2）人工智能系统直接关注的外部对象包括人、环境（机器人工作场所中的所有事物）和其他智能体（如其他机器人），并直接与它们发生互动。这意味着，人工智能系统不

---

① 所谓预定格式，指的是事先约定的、人和计算机共同遵守的格式。以文字输入为例，通常采用 ASCII 码格式。ASCII 码将每一个字符对应于一个二进制数，比如大写英文字母 A 对应于 0100 0001。每当用户在键盘上敲一个字符 A，实际上输入到计算机里的是 0100 0001，计算机根据 ASCII 码表的对照，就知道用户输入的是 A。ASCII 码是全球统一的，所有计算机都根据 ASCII 码判断用户输入的是什么字符，而用户只需要敲键盘上的字符，不需要知道 ASCII 码，也不需要知道计算机如何用 ASCII 码处理字符。

仅需要拥有现实世界的知识（包括数据），而且需要掌握知识与其所指的人、物和其他智能体之间的对应。例如，要求机器人不仅能谈论茶杯，还能在环境中找到茶杯，使用茶杯。

（3）人工智能系统的三类功能——感知、行动和信息处理，分别在三种类型的"机器"上实现——传感器、执行器和图灵机。这三类机器及其功能需要连接到机器人在现实世界的具体工作环境中，形成一个"闭环"：从环境中感知—决策—在环境中行动—从环境中感知。

显然，机器人观的研究范围不仅包含信息系统观的研究范围，而且更大。那么，机器人观的基本假设是什么？这个问题至今在理论上仍然不清楚，在实践中则沿用信息系统观的基本假设，并将图灵假说扩展到感知和行动，这显然是有疑问的。

上文提到的"预定格式"和"非预定格式"，这是两种人工智能主要观点之间的一个关键性差别。信息处理观要求，智能系统的所有输入都采用预定格式，所以这样的智能体系不必以自主的方式直接与现实世界进行交互。对于机器人观来说，由于智能系统需要自主地直接与现实世界发生交互，这时预定格式往往失效。例如，无论如何规定茶杯的格式（即识别标准），现实世界中总有可能出现不符合格式规定的茶杯，或者是厂家制造出的新品，或者是现有产品因外形受损而违反格式规定。除了输入格式的差别，两种人工智能观点之间还存在其他一系列根本性差别。

一般而言，与信息系统不同，在现实世界中工作的机器人面临着更多、更大的科学挑战。然而，即使对于信息系统观来说，它面临的科学挑战也十分艰巨。目前，两种主要观点在相关研究中取得了阶段性进展和成果，未来在基础研究和实际应用中都存在着巨大的发展空间。

2.2 人工智能的经典思维

从图灵1950年的开创性文章《计算机器与智能》算起，人工智能研究经历了70年的发展，产生了数千种不同的技术路线，每一种技术路线都包含原理相同、细节不同的大量技术。根据对大部分技术路线的总结分析，可将人工智能的主要代表性成果归结为两种人工智能经典思维——基于模型的强力法和基于元模型的训练法[3]。当然，这两种经典思维并非相互绝对对立，而是可以结合起来运用，从而取得更大的成果，例如围棋程序阿尔法狗就是强力法和训练法集成的成功案例。每一种思维之下的人工智能技术路线都遵循相同的基本原理，也共享相同的局限性。在很大程度上，这两种人工智能经典思维代表了70年来人工智能的主流发展。

2.2.1　基于模型的强力法

第一种人工智能经典思维是"基于模型的强力法",其基本设计原理是:第一,构建问题的一个精确模型;第二,设计一个知识库或者一个状态空间,表达上述精确模型,使得知识库上的推理或状态空间中的搜索在计算上是可行的;第三,基于知识库或状态空间,用推理法或搜索法穷举所有选项,找出问题的一个解。

强力法包含推理法和搜索法两种主要实现方法,推理法是在知识库上进行推理,搜索法是在状态空间中进行搜索。这两种方法往往需要在知识库或状态空间中,把一切可能的解都算一遍,找出其中的最优解,因此称为"强力法"。

在推理法中,通常采用逻辑形式化、概率形式化或决策论形式化构建知识库。以逻辑形式化为例,一个人工智能推理系统由一个知识库和一个推理机组成,推理机是一个负责推理的计算机程序,往往由专业团队长期研发而成,而知识库则需要由不同应用的研发者自行开发,并在计算机存储器中保存。由此可见,推理机和知识库都是在计算机上实现的,这是计算与推理相互可转化性的具体表现。

一般来说,推理机的工作方式是:针对各种提问,根据知识库里的知识进行推理,给出问题的回答。下面用一个简化的例子加以说明。假设我们要用推理法回答"就餐"这个应用场景的有关问题。为简洁起见,这里不讨论精确模型的构建,直接设计一个关于"就餐"的知识库,其中部分知识如表2.1所示。表2.1中的第一条知识$\forall x \forall y$ $(\text{dish}(x) \wedge \text{food}(y) \rightarrow \text{hold}(x, y))$是一个逻辑公式,它的含义是:餐具可以盛食物;表中的第二条知识$\text{food}(\text{rice})$也是一个逻辑公式,它的含义是:米饭是食物;表中的其他知识类似。

表2.1　一个知识库的例子

就餐知识的逻辑表达	含义
$\forall x \forall y (\text{dish}(x) \wedge \text{food}(y) \rightarrow \text{hold}(x, y))$	餐具可以盛食物
food (rice)	米饭是食物
food (soup)	汤是食物
dish (bowl)	碗是餐具

表2.2列举了一些问题,比如第一个问题"hold (bowl, rice)?"问的是:碗能盛米饭吗?推理机利用知识库中的知识进行推理,可以给出问题的回答。比如对上述问题,推理机回答:可以。表2.2中的第三个问题稍微复杂一点,它问的是:碗能盛什么?回答一般不是唯一的,但推理机仍然能够依据知识库,找出所有正确的答案:碗能盛米饭、能盛汤……一般情况下,推理机还可以回答更复杂的问题。

表2.2 一些问答的例子

问题	问题的含义	回答
hold（bowl, rice）？	碗能盛米饭？	yes
hold（bowl, soup）？	碗能盛汤？	yes
hold（bowl, x）？	碗能盛什么？	rice, soup…
……	……	……

从这个例子可以看出，推理机需要找出所有可能的答案，为此需要穷举所有可能的回答，根据知识库中的知识来判断它们是不是正确，抛弃错误的，保留正确的，有时还要从正确答案中找出最好的答案。

值得注意的是，一般情况下，由推理机得到的回答，并不是知识库中存贮的知识。例如，在逻辑公式$\forall x \forall y$（dish（x）$\wedge$food（y）$\rightarrow$hold（x, y））中，用bowl（碗）代入x、rice（米饭）代入y，就可以推出 hold（bowl, rice）（碗能盛米饭）。表2.2中的三个回答都是这样推导出来的，在知识库（表2.1）中并没有现成的答案，也就是说知识库没有保存"碗能盛米饭""碗能盛汤"等答案。因此，知识库推理与数据库查询不同，不是提取事先保存的答案，而是推出知识库中没有保存的答案，可见知识库推理之功能强大。所以知识库上的推理被认为是一种智能功能，这种推理能力是其他信息技术所不具备的。

基于形式化逻辑系统的推理机具有一个非常强大的特性——"保真性"[4]，也就是说，只要推理机使用的知识库中的知识都是"真的"（正确的），则推理机通过知识库推理所给出的回答也都是"真的"（正确的）。例如，表2.1中的第1条知识$\forall x \forall y$（dish（x）$\wedge$food（y）$\rightarrow$hold（x, y））的含义是：对所有x和所有y，如果x是餐具并且y是食物，则x可以盛y；其中x和y是变量，可以代入具体对象，如米饭、汤、碗等等。第二条知识food（rice）的含义是：米饭是食物；第四条知识 dish（bowl）的含义是：碗是餐具。于是，只要上述三条知识都是真的，那么逻辑上hold（bowl, rice）（碗可以盛米饭）必然也是真的。

自20世纪50年代以来，强力法取得了一大批成果，其中几项代表性成果如下：1956年，纽维尔（Newell）、肖（Shaw）和西蒙（Simon）发明一个称为"逻辑机器"的人工智能系统，并对它做了一系列测试。在一个测试中，逻辑机器自动证明了罗素、怀特海所著的《数学原理》中命题演算部分的38条定理，引起轰动。此后，各种推理机如SAT求解器、ASP求解器等不断地被研发出来，并持续地换代升级，以它们作为通用问题求解的基础工具，用来解决各种智能问题。因此，人工智能是将推理机视为人类推理功能的一种机器实现方法，主要目的并不是数学定理证明。正如深度学习领军学者杨立昆（Yann LeCun）评论的那样，"人脑就是推理机"①。

"知识工程"是强力法的另一项代表性成就，这也是20世纪七八十年代人工智能第二次浪潮的主导方向。这个阶段的工作重点是：在第一阶段研究出来的通用问题求解机制

---

① 摘自杨立昆2017年台湾大学演讲。

之上,增加表达专家知识的知识库,二者结合解决大规模实际问题。这个阶段研制出多个性能出众的专家系统,如MYCIN可帮助医生对住院的血液病感染患者进行诊断,DANDRAL可根据质谱仪数据推测分子结构。直到20世纪90年代初,世界各地的一些化学家为了使用DANDRAL,要排队等半年,所以这在当时是非常成功的,某种意义上可能比现在的深度学习更加成功。

1997年,"深蓝"战胜了国际象棋棋王卡斯帕罗夫,这是人工智能历史上一个重大里程碑,也是强力法的一次巨大成功。在国际象棋中,每一步棋平均有35种不同的可能走法,棋手可以根据这些走法的效果,选择其中最好的一种走法。但是,只根据一步棋的效果决定走法,实际意义不大,必须多看几步才能做出更合理的判断。所以,深蓝在每走一步棋之前,都要从当前棋局出发,往前看(即"前瞻")至少14步棋。可见"深蓝"下棋比一般人看得远。

但是,前瞻至少14步棋并不容易实现。简单推算可知,前瞻14步棋,将产生大约10^{21}多个可能的棋局;然后"深蓝"用国际象棋专家的知识,评估这些棋局的优劣,从中选取一个对己方最有利的走法。可是,要评估这么多棋局的优劣,当时的普通计算机是做不到的,现在仍然很难。

为此,"深蓝"研究小组利用了人工智能的"剪枝技术"①,将原来需要前瞻10^{21}个棋局,减少到只需前瞻大约600亿个棋局。同时,许峰雄研制了专用芯片(现在叫人工智能芯片),5分钟就可以把600亿个棋局全算一遍,从中找到一个最好的。通过采用上述"秘诀","深蓝"最终战胜了当时已蝉联十年的世界棋王卡斯帕罗夫[5]。这个胜利证明了许峰雄不等式:人工智能+人类专家+计算机>人类顶级专家。这个不等式对推动人工智能的发展,包括阿尔法狗等大量人工智能项目的设立和成功,发挥了重大作用。

2007—2016年,一个大型知识库Freebase通过合作的方式被研发出来,该知识库包含30亿条简单常识知识(即"事实"型知识,类似于表2.1中第2、3、4条知识)。据估计,Freebase的工作量极大,研发经费高达67.5亿美元。该知识库被应用于某著名网络搜索引擎,显著提升了网络信息检索的效果。

强力法有两个严重缺陷。第一,缺乏知识库正确性标准。实际应用中所需的知识库往往非常巨大,包括海量知识,有时还需要包含复杂知识(例如表2.1中的第1条知识)。对于包含复杂知识的知识库而言,知识库的正确性没有形成公认的、可操作的评判标准,导致知识库的开发者只能通过大量测试进行实验检验。但是,实验检验只能找出知识库中存在的错误,无法完全保证知识库的正确性。

第二,存在脆弱性问题。一个知识库通常只包含某个应用范围内的知识,而在实际应用中,有时输入的问题不在知识库的范围内,这时智能系统往往会犯低级错误。例如,20世纪80年代曾有人研发了一个皮肤病诊断专家系统,该系统通过对皮肤病案例的输入,回答的正确率和医生的正确率基本相同,可当输入的案例不是皮肤病时却会犯低级

---

① 剪枝技术,其原理是:通过一定的人工智能算法,判断哪些走法不值得进一步评估它们的效果,并放弃对这些走法的前瞻,从而大大减少了必须前瞻的棋局数量,大大节省了前瞻算法的运算时间。

错误。在一次实验中,测试人员输入了一辆旧卡车的表面信息,医生可以区分这是输入错误,而皮肤病诊断专家系统仍然当作皮肤病案例进行诊断,结果给出了一个错误回答——荨麻疹[6]。

2.2.2　基于元模型的训练法

第二种人工智能经典思维是"基于元模型的训练法"[4]。如果说,强力法主要利用知识和推理,那么训练法主要依靠数据和机器学习技术。训练法的基本设计原理是:第一,建立待解问题的元模型,一个元模型主要包括一个带人工标注的数据集(其中部分数据被作为训练数据)和一套评价准则,后者规定了评估训练效果的标准;第二,根据元模型的要求,选择一种合适的人工神经元网络,并选择一个合适的监督学习算法①;第三,依数据拟合原理,以训练数据,用上述监督学习算法训练上述人工神经网络,使得网络输出总误差和其他指标满足评价准则的要求。

从原理上说,训练法并不要求必须使用人工神经元网络,但人工神经元网络是实践中训练法的主要代表之一。因此,对训练法的介绍将主要以人工神经元网络为例。下面首先简要介绍人工神经元网络的工作原理[7]。

图2.4是一个人工神经网络的示意图。图中每一个圆圈代表一个"神经元",每一个带箭头的线段代表神经元之间的一个"连接"。人工神经元网络就是由大量神经元及其连接组成的网络。一个连接可理解为一条信息通道,并对通道中传递的信息进行加权运算,也就是说,一条连接首先从一个神经元接受输入数值,经过加权运算,再按照箭头的指向,向下一个神经元输出加权计算的结果。例如,假设一条连接从一个神经元接收了一个数值0.90,该连接上当前的"权值"是0.70,则经过加权运算,该连接向下一个神经元传递的数值是0.63,即0.90乘以0.70的结果。注意,每一条连接上的权值都是可以变化的,由训练算法根据需要进行调整。

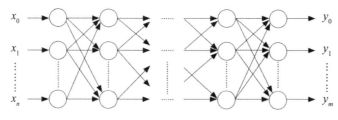

图2.4　一个人工神经网络示意图

如图2.4所示,一个神经元可以有多个输入连接,从而同时接受多个输入值。一个神经元也可以有多个输出连接,从而同时向多个神经元传递输出值。每个神经元能够独立地计算一个简单函数 f,即根据该神经元的所有输入值,计算得出函数 f 的值之后,作为输出值向所有输出通道同时发送,经过各条连接上的加权运算之后,传递给其

① 监督学习算法使用带人工标注的数据进行训练;不需要人工标注的学习算法称为无监督学习算法。

他神经元。在图 2.4 中，x_0，x_1，…，x_n 是整个人工神经元网络的输入连接，具体输入值来自网络外部；y_0，y_1，…，y_m 是整个人工神经元网络的输出，具体的输出值就是网络的计算结果。

图 2.4 只画出了四列神经元，其他列被省略了。每一列神经元称为一个"网络层"。如果一个人工神经网络具有很多层，比如几十层、几百层甚至更多层，就称之为"深层神经网络"，深层神经网络上的机器学习称为"深度学习"。

下面以著名的 ImageNet 图像分类比赛中的一个任务为例，进一步说明训练法的工作过程。比赛前，组织者收集了一个大型图片库，包含 1 400 多万张图片，并将其中一部分图片做了人工标注，这些带人工标注的图片作为数据集，参赛队可以用这些图片或其中的一部分进行训练。通常会选择不在训练集中的另外一些数据进行测试，这些数据的集合称为测试集。比赛中，要求每一个参赛的图像分类软件，针对测试集中的大量图片，自动识别这些图片中动物或物品的种类，按识别正确率的高低决定比赛名次。

训练集和测试集中的图片被人工分为 1 000 类（比如所有公鸡的图片是一个类，所有卫生纸的图片也是一个类，等等），其中每一个类用 0 至 999 中的一个数字进行标注。一个类包含几十张到一百多张图片，这些图片中的动物或物品的种类相同，所以这些图片被标注为相同的数字。这 1 000 个类包括 7 种鱼，第一种鱼的所有图片都标注为 0，第二种鱼的图片都标注为 1，第七种都标注为 6；还包括公鸡和母鸡，公鸡和母鸡的图片被分别标注为 7 和 8；还有 26 种鸟的图片分别标注为 9 至 34 等；一直到最后一类——卫生纸图片，被标注为 999。原始图片和人工标注的对照见表 2.3。在训练法中，人工神经元网络的训练总是用带标注的数据进行的。

表 2.3 原始图片与人工标注对照

原始图片	人工标注
7 种鱼的图片	0～6
公鸡、母鸡的图片	7、8
26 种鸟的图片	9～34
……	……
卫生纸的图片	999

假设一个人工神经元网络已被训练好，那么它就应该以非常高的准确率（比如 95%以上），正确识别测试集中的图片，也就是对输入的任何一张图片，输出该图片中动物或物品所对应的数字。比如输入公鸡的图片，则人工神经元网络应输出数字 7；输入卫生纸的图片，则应输出数字 999。从实际效果来看，如果一个人工神经元网络达到了上述要求，就可以认为，该神经网络"学会"了识别图片中的 1 000 类动物或物品。

但是，在完成训练之前，一个人工神经元网络的输出值可能是不正确的，比如输入公鸡图片，输出的数字不是 7，而是 8，这说明人工神经元网络把公鸡和母鸡混淆了。这时，采用适当的监督学习算法,对该人工神经元网络中所有信息通道的"权值"进行调节(放大或缩小),从而改变一些神经元的输入值,于是就改变了该神经元的计算结果和输出值,从而最终改变整个人工神经元网络的输出值。这个过程就是人工神经元网络的训练过程。训练的目标是让网络的输出值与正确值的总偏差尽量小[①]。当小到一定程度,达到了元模型中评价准则的要求,比如正确率达到了95%,就结束训练。

比赛记录(表2.4)显示,2012年10月多伦多大学用深度学习技术取得了显著进展,误差率从原来的27%降至16%。结果,第二年所有参赛队都放弃了原先的算法,改用深度学习技术,这标志着深度学习技术得到了学术界的普遍认可。到了2015年,基于深度学习技术的图像分类软件达到了4.9%的误识别率,已低于人类的误识别率。这是人工智能历史上的又一个重大里程碑,也是训练法的一次巨大成功。

表2.4 ImageNet 比赛部分成绩

结果公布时间	参赛机构	top-5 错误率(%)
2015.2.11	谷歌	4.82
2015.2.6	微软亚洲研究院	4.94
2015.2.6	百度	5.33
2015.1.13	百度	5.98
2014.8.18	谷歌	6.66
2014.8.18	牛津大学	7.33
2013.11.14	纽约大学	11.7
2012.10.13	多伦多大学	16.4

在人工智能中,训练法早已有之,其基础理论研究甚至早于图灵测试的提出。经过长期努力,2012年深度学习算法在ImageNet比赛中异军突起,显示出机器学习技术的真正潜力和根本性突破,从而使得训练法成为人工智能思维的一个新经典。同时,利用大规模数据进行测试的ImageNet比赛本身,也成为人工智能的一项代表性工作,反映了人工智能发展的一种新趋势,把机器学习引向数据驱动的新方向,并为今后更大的发展提供了新思路和新启示。

训练法存在两个主要缺陷。第一,缺乏可解释性。一个深层人工神经元网络相当于一个"黑箱",人们难以解释它的工作机理,无法预测它什么时候成功,什么时候失败。这就导致在很多应用场合,使用者不能放心地使用。第二,训练法仍然没有消除脆弱性。例如,麻省理工学院的研究人员曾做过一个"定向对抗攻击"试验[8]。试验攻击的对象是

---

① "网络的输出值与正确值的总偏差"的具体计算方法是:假设训练集包含100万张图片,对其中每一张图片,计算神经元网络的输出值和这张图片的人工标注数字(即正确值)的差,把所有100万张图片产生的差累加起来,就是总偏差。让总偏差尽量小,体现了数据拟合原理。现在有很多数据拟合算法。

一个著名的商业机器学习系统,该系统训练得到的人工神经网络可以从照片中识别枪支,并达到很高的正确识别率[图2.5(a)]。实验人员人为修改了原来照片上的少量像素,使得对人眼没有影响。实验结果表明,同一个人工神经网络完全不能正确识别修改后的照片[图2.5(b)]。

Weapon	99%
Gun	97%
Firearm	95%
Assault Rifle	91%
Trigger	90%
Rifle	86%
Machine Gun	81%
Gun Accessory	73%

(a) 正确识别

Helicopter	78%
Rotorcraft	66%
Aircraft	56%
Vehicle	53%

(b) 修改少量像素后识别失败

图2.5　对抗攻击的案例

　　有人认为,对抗攻击是人为造成的,所以只有理论上的研究价值,对实际应用没有影响,所以不必在意。这个看法是严重错误的。在常见的图像处理应用中,摄像头等传感器接收到的感知噪声往往是无处不在、无孔不入的,完全无噪声的感知信息在现实世界的应用中几乎不存在。换句话说,在现实中不可避免地普遍存在着"天然的"对抗攻击。事实上,现有图像识别的实验结果一般都是针对图片库里的图片而取得的,这与机器人用摄像头直接从不加控制的现实世界中获取图像并进行识别,是非常不同的。在自然环境中,机器的图像识别(分类)能力是否超过了人类?目前仍然是一个未解之迷。因此,训练法在某些实际应用中仍然面临挑战。

2.2.3　强力法与训练法的集成

强力法和训练法可以结合起来使用,这种结合已经出现了大量成功案例,包括围棋程序阿尔法狗。通过强力法与训练法的有机结合,阿尔法狗零实现了强力法和训练法的同时突破,是人工智能历史上的一个新高峰。下面以阿尔法狗零为例,介绍强力法与训练法的集成。

首先要说明,围棋到底有多难? 早在 1997 年,国际象棋人工智能程序"DeepBlue"就战胜了世界棋王卡斯帕罗夫。但是,"DeepBlue"的技术仍然无法胜任围棋。直接的原因是,围棋比国际象棋复杂得多。在人工智能中,通常用两个指标估计博弈问题的复杂度:① 状态空间复杂度,用来衡量棋子在棋盘上有多少种不同的合法摆法,如果一种摆法符合规则,就是合法的;② 搜索树复杂度,用来衡量一种棋类博弈可能下出多少局不同的棋,这里的"一局棋"指的是从头下到尾,下出胜负,而且其中的每一步棋都是符合规则的。国际象棋的博弈数复杂度大约是 10^{123},围棋大约是 10^{300},这些估计可以从围棋的博弈树推算出来。

当一个问题的复杂度为指数量级时,比如 10^{123} 或 10^{300},在计算机科学中称为"指数爆炸"。10^{300} 有多恐怖? 让我们对比两个数据:① 地球上的全部海水,共有大约 13 亿 8 600 万立方千米,折算为大约 7×10^{34} 滴水;② 一瓶 500 毫升的矿泉水,大约有 2.5×10^4 滴水。一瓶矿泉水和地球上的所有海水,在直观上是无法比拟的。但是以水滴为单位,折算到 10 的幂指数,只不过是 10 的 4 次方和 34 次方之比;也就是说,全部海水的总量与一瓶 500 毫升矿泉水相比,只高了 30 个数量级。然而,这个巨大差距在人工智能中只是小菜一碟,因为围棋的复杂度比国际象棋的复杂度高了 170 多个数量级[①]。

围棋程序阿尔法狗共有四代。第二代阿尔法狗程序战胜了李世石;第三代程序名为 Master,战胜了几乎全部现役的世界围棋高手,包括现任围棋世界冠军柯洁;第四代程序名为阿尔法狗零(AlphaGo Zero),以 100∶0 完胜 Master。阿尔法狗零没有直接和人类棋手比赛,因为人类棋手已经没有能力与阿尔法狗零抗衡了。尤其令人瞩目的是,虽然阿尔法狗的早期版本使用了部分人类围棋知识,而阿尔法狗零则完全没有使用人类围棋知识(除了围棋规则以外)。按照一些顶级棋手事后的回顾,阿尔法狗零已经远远超越人类几千年来积累的围棋技艺,不仅走出了很多人类棋手从来没有见过的棋路,而且推翻了人类围棋公认的大量定论,颠覆了人类的围棋知识。

那么,阿尔法狗零是如何做到的? 它的基本原理是什么? 用一句话概括:人工智能下围棋的基本原理是从围棋博弈树抽取下棋策略,而阿尔法狗抽取的是落子的胜率估计。图 2.6 是围棋博弈树(又称搜索树)示意图。标准的围棋棋盘有横、竖各 19 条线,形成 361 个交叉点,棋手每走一步棋,都必须落在某个交叉点上(称为落子),也可以 pass(即不落子,代表停止行棋)。简单起见,我们把 pass 看成一个特殊的落子。这样,下围棋就

---

① 1 个数量级是 10 倍,2 个数量级是 100 倍,3 个数量级是 1 000 倍,依次推算到 170 个数量级。

是黑、白双方不断地在棋盘上轮流落子,而且落子要符合围棋规则,直到最后分出胜负为止。

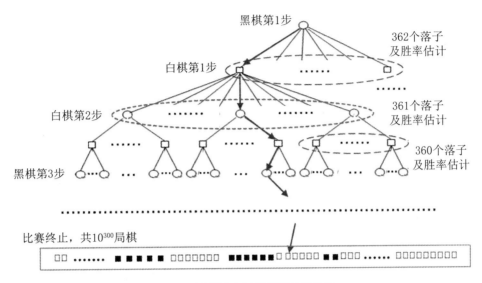

图2.6 围棋博弈树及落子胜率估计

围棋博弈树由一些"结点"(在图2.6中用小圆圈或者小方块表示)和一些"树枝"(在图2.6中用结点之间的线段表示)组成。最顶端的单一结点称为树根结点,规定它为第0层结点,代表一局棋的开始状态(黑、白双方都没有开始落子)。图2.6中博弈树底层的一排结点称为叶结点。根据围棋规则,黑棋的第一步棋可选棋盘上361个交叉点中的任何一个,或者选pass,也就共有362种不同的落子,所以在围棋博弈树上,从树根结点发出362条树枝,每一条树枝到达一个第1层结点,每一个第1层结点代表黑棋的一种落子所形成的棋局。由此可见,棋局和落子是一一对应的,每一个落子产生一个棋局。落子和棋局在博弈树上都用结点表示。

对于黑棋可能走出的362个棋局中的每一个棋局(图2.6中的每一个第1层结点),白棋的第一步棋可以有361种不同的落子,于是在每一个第1层结点上,再画出361条树枝,每一条树枝到达一个第2层结点,这样共产生362×361=130 682个第2层结点,其中每个结点代表黑棋第一步落子和白棋第一步落子所形成的棋局。之后再画黑棋的第二步、白棋的第二步、黑棋的第三步……直到画出所有叶结点,也就画完了一棵完整的围棋博弈树。

考虑从树根结点到任意一个叶结点的一条分枝(例如,图2.6中的一串箭头标记了一条分枝),分枝中的第1、3、5……个结点代表黑方的落子,第2、4、6……个结点代表白方的落子,分枝的最后一个结点是叶结点(代表一局棋结束)。所以,每一条分枝代表一局棋(假设这条分枝上的每一个落子都符合围棋规则)。根据围棋博弈树(图2.6),经过推算可知,围棋总共有大约10^{300}个不同的局棋[①]。这就表明,围棋规则允许的所有可能下出的

① 注意区分棋局(在人工智能里称为状态)的数量与棋子的数量。比如棋盘上放一个棋子,有361种不同的摆放(即361个状态);放两个棋子,有129 960种不同的摆放(状态)。

棋都在围棋博弈树上,不论现实世界中有没有人下过这局棋。所以,在围棋博弈树上,人工智能可以"看到"所有可能下出的棋,不需要人类的帮助或参考人类的下棋知识。

从围棋博弈树上,阿尔法狗零抽取了什么知识呢?其实很简单,它仅仅抽取了博弈树上每个结点(即落子/棋局)的平均胜率。在比赛之前,阿尔法狗零先进行了2 900万局自博(自己和自己下棋),从而产生了2 900组数据。用统计学的观点看,每一组数据是围棋博弈树的一个"样本"。这些样本不是随便选的,而是采用蒙特卡洛树搜索,选出尽可能好的样本。然后,阿尔法狗零根据所有样本数据和围棋规则,推导出每个落子/结点的平均胜率的估计(简称胜率估计)。之后,在下棋比赛中,阿尔法狗零总是选择胜率估计最大的落子(每走到一个结点对应的棋局,就检查该结点的所有后继结点[①]的胜率估计,选胜率估计最大的结点落子)。

为了实现上述原理,阿尔法狗零使用了哪些人工智能技术?有些报道说,阿尔法狗零的成功是深度学习的成功。这种说法并不全错,但也不全对。事实上,阿尔法狗零是强力法和训练法的集成,是强力法和训练法的共同成功。认为阿尔法狗零仅仅是深度学习的成功,是对人工智能发展现状的严重误解,而且对人工智能的发展具有极其严重的误导作用[9]。具体地说,阿尔法狗零使用了四项核心技术:决策论规划建模、蒙特卡洛树搜索、残差网络和强化学习,其中前两项是强力法技术,后两项是训练法技术。

根据阿尔法狗研发团队在《自然》上发表的原始论文[10],阿尔法狗零的自学过程如图2.7所示。图中底部的深层神经网络是一个"残差网络",这种网络是由孙剑领导的微软亚洲研究院研究小组发明的。阿尔法狗零的残差网络有362个输出端(参见图2.4中的y_0、y_1、$\cdots$、y_m,在阿尔法狗零中$m=361$)。这些输出端中,361个输出端对应于围棋棋盘上的361个交叉点,还有一个输出端对应于pass。这362个输出端的具体输出值,就代表阿尔法狗零推导出来的在棋盘每一个点上落子或者pass的胜率估计。

图2.7 阿尔法狗零的自学过程

那么,阿尔法狗零是如何得出这362个胜率估计的呢?这就涉及阿尔法狗零的自学,自学过程是以下两大步骤的多轮循环。第一步骤用自博获取样本数据,第二步骤用这些数据训练阿尔法狗零的残差网络(图2.7中用两个箭头代表),这两个步骤要进行很多轮循环。在每一轮自学中,先下25 000局棋,在下棋过程中收集到大量(s_t, π_t, z_t)格式的数

---

① 如果从一个第n层结点有一条树枝连接到一个第$n+1$层结点,则该第$n+1$层结点是该第n层结点的一个后继结点。

据(见图2.7顶部的斜框中),其中z_t就是2.2.2小节中提到的"标注",然后用这些数据训练残差网络。

这么多标注是如何得到的?这些标注是阿尔法狗零自动产生的,不是人工标注的。为了自动产生海量标注,阿尔法狗零应用了简化的决策论规划模型和蒙特卡洛树搜索,这是两项强力法技术。而单纯使用训练法技术,是不可能自动产生标注的。由此可见,阿尔法狗零是对训练法的一个根本性突破,也是人工智能的一个巨大进展。

另一方面,阿尔法狗零也是对强力法的一个巨大突破。在工程上,强力法需要人工编写一个知识库或者一个搜索空间。由于围棋的博弈树复杂度大约是10^{300},为了在这么复杂的问题中做出合理的决策,需要编写巨大的知识库或搜索空间,而这两项任务不仅工作量极大,而且是十分困难的。在阿尔法狗之前的大量尝试中,都未能构建出足够好的知识库或搜索空间。阿尔法狗零是如何克服这个困难的?这就涉及阿尔法狗零的另外两项核心技术——残差网络和强化学习。残差网络就相当于阿尔法狗零的知识库或搜索空间,但不是人工编写的,而是通过强化学习,利用自博得到的海量训练数据,即(s_t, π_t, z_t)格式的数据,反复训练出来的。

现在再看每一轮循环中对残差网络的训练。残差网络的最初的网络参数[①]是任意设置的,但阿尔法狗零可以保证自己下出的棋都是符合围棋规则的,也就是说,阿尔法狗零一开始是按规则乱下。在每一轮自学中,当阿尔法狗零通过25 000局自博,收集了大量(s_t, π_t, z_t)格式的数据之后,就采用强化学习算法,用这些数据训练出一个新的残差网络,并与原来的残差网络比较性能,如果新的更好,就用新的替代旧的。之后,利用新的残差网络,进行下一轮自学,即再进行25 000局自博,产生新的训练数据,再次训练一个新的残差网络,再进行比较和替换,直到训练出足够好的残差网络。

最后一次试验中,在40天时间里阿尔法狗零下了2 900万局自博,自动收集了海量(s_t, π_t, z_t)格式的数据,这些数据中的z_t都是阿尔法狗零自动生成的标注,这些标注几乎不可能用人工来完成。更加严重的是,人工完成这么多标注,无法保证所有标注值都是正确的(比如把$+1$标注为-1,把-1标注为$+1$),实际上必然存在一定百分比(如15%)的错误标注。根据错误标注,强化学习等机器学习算法会学出错误的结果(比如错误的残差网络),从而导致人工智能系统如阿尔法狗零的性能大幅下降。由此可见,对于大规模问题,人工标注实际上是不可行的,必须通过与强力法的结合,转变成自动标注。

本小节下面的部分针对专业读者,根据原始论文[10],简要介绍阿尔法狗零的决策论规划模型的基本原理。对技术原理不感兴趣的读者,可跳过这部分,直接进入2.3节。

阿尔法狗零的基本框架采用了决策论规划模型[11]。表2.5给出了经典的决策论规划模型与阿尔法狗零模型的对比。经典决策论规划模型有几个核心概念,包括回报、状态

---

① 一个人工神经元网络的参数主要包括网络中所有连接的权值。注意:图2.6中的网络只画出了连接,未标出每一条连接上的权值。

值函数、行动值函数和策略表示。但是，直接使用这些概念，不能很好地描述和解决围棋博弈问题，这在阿尔法狗早期版本的研究和实验中得到了证实。

表2.5　阿尔法狗零的理论模型

	经典决策论规划模型	AlphaGo Zero的强力法模型
回报 r	胜负多少、行动代价等定量值	$r_T \in \{+1, -1\}$（表示胜/负）
状态值函数 $V(s)$	棋局 s 的期望效用（效用的数学期望）	棋局 s 下己方的平均胜率
行动值函数 $Q(s,a)$	棋局 s 下落子 a 的期望效用 $Q(s,a)=R(s,a)+\gamma\sum_{s'\in S}T(s,a,s')V(s')$	棋局 s 下落子 a 的平均胜率 $Q(s,a)=\sum_{s'\|a,s\to s'}V(s')/N(s,a)$
策略表示 $a=\pi(s)$	符号表示	深层神经网络表示 $f_\theta(s)=(P(s,\text{-}),V(s))$ $P(s,\text{-})$是 $19\times19+1$ 个落子的胜率估计

于是，在第四代版本阿尔法狗零中，采用了简化的决策论规划模型。新模型与旧模型的主要改变，是在表2.5第3行、第4行中，用己方平均胜率[①]$V(s')$，取代效用的数学期望和概率转移函数 $T(s,a,s')$。这意味着阿尔法狗零设计思想的根本性转变，它放弃了长期以来人工智能博弈问题研究的传统思路，那就是人工智能在博弈问题的决策中要考虑对手的不同特点，建立每一个对手的模型，然后在这种模型上进行决策。改变后的思路是，不考虑对手的具体特点，只看落子的平均胜率，所以只需要建立平均胜率的模型（即阿尔法狗零的残差模型），用平均胜率模型进行决策。显然，这个转变不符合多数人的想法。可是实验结果表明，这个转变是成功的。这是否意味着，多数人的想法像"地心说"一样，在科学上是站不住脚的？

上述转变在人工智能科学思想上是一个非常大胆的改革，因为阿尔法狗零的决策论模型放弃了传统决策论模型的解析性[②]，从而不再完全遵守经典的数学思维。这种思维要求获得问题的完全知识，而人工智能的长期实践表明，对于大规模实际问题，获得完全知识通常是不可能的，实际上只能获得部分知识（例如阿尔法狗零只使用围棋规则和2 900万个采样数据）。因此，如何利用部分知识求解大规模问题，是人工智能的一项长期挑战。阿尔法狗零为回答这个挑战取得了新的成功经验，指出了一个值得探索的新方向，从而作出了里程碑式的贡献。

另一个重要改变是，策略表示（表2.5第4行）改为深层神经网络（见2.2.2小节），而原来是用一组类似程序设计语言中的IF-THEN语句表达一个策略。

---

① 理论模型中使用平均胜率，用2 900万组样本推导出来的是平均胜率的估计。

② 解析性的一个典型例子是二次方程的求根公式。用求根公式可以求出任意二次方程的根。因此，如果一个实际问题可以归结为二次方程求解，那么就只需要得到这个公式里的固定参数，不必关心实际问题中存在的大量其他参数，特别是不固定的、不确定的参数。

阿尔法狗零通过自博(Self-play)得到大量带标注数据(s_t, π_t, z_t),其中s_t表示一局自博中的第t步棋的状态①、该状态对应的胜率估计π_t和该状态的胜负结果估计z_t②。上文已经指出,这些z_t是阿尔法狗零自动生成的,具体生成的方法如下。在一局自博过程中,阿尔法狗零自动产生这局棋的数据(s_1, π_1, z_1),(s_2, π_2, z_2)……(s_T, π_T, z_T),其中(s_1, π_1, z_1)是第一步棋的数据,(s_2, π_2, z_2)是第二步棋的数据,(s_T, π_T, z_T)是最后一步棋的数据,可是这些数据中的所有z_1、z_2……z_T都"空的",没有具体的值。当这局棋结束之后,阿尔法狗零根据围棋规则,自动判断这局棋的胜负r_T,$r_T = 1$表示胜,$r_T = -1$表示负,这里的r_T就是表2.5第1行中的回报,也是阿尔法狗零自动得到的这局棋的标注。然后,阿尔法狗零将r_T的值赋给z_1、z_2……z_T,从而得到这局棋产生的完整数据(s_1, π_1, z_1)、(s_2, π_2, z_2)……(s_t, π_t, z_t)。

阿尔法狗零一方面利用人工神经网络和强化学习技术,达到了远超强力法的性能,并突破了符号模型求解的低效性;另一方面继承了强力法的建模技术,突破了训练法需要人工标注数据的障碍。根据阿尔法狗零模型,可以解释程序的行为——根据乙方的平均胜率做出下棋决策,但不能证明程序的正确性。这样,阿尔法狗零具有宏观可解释性,而训练法是没有可解释性的。

2.3 人工智能当前的挑战与机遇

人工智能的不断发展,给社会带来了诸多机遇,同时也使社会面临着诸多挑战,其中一些挑战涉及相关学科,学术界对此进行了广泛的讨论。例如,中国人工智能学会名誉理事长李德毅总结了十个挑战性问题,包括对智能的理解、智能与情感的关系等[12]。中国计算机学会理事长高文认为,人工智能进步很大,但是相对于它的长期目标而言,已经取得的进步仍然很小,所以未来需要开展一些决定性的、革命性的工作[13]。

当前人工智能面临的挑战和机遇主要包括应用方面和基础研究方面,下面分别进行介绍。人工智能伦理方面的挑战和机遇见1.2节和第3至第8章。

2.3.1 强力法和训练法应用的条件与路径

在人工智能经历了70年发展、已经取得大批重要成果的情况下,当前人们最关心的问题是:人工智能技术能不能在生产和生活中大规模应用,尤其是满足社会的各种迫切需求,并推动社会更好地发展?

在人工智能70年历史中,先后出现了三次浪潮,每次浪潮经历大约二三十年。也有

---

① 当使用决策论描述围棋时,一个状态指的就是一个棋局。

② 胜负结果只有"胜"和"负"两种,$z_t = 1$表示胜,$z_t = -1$表示负。

人将以往的人工智能技术归结为两代,每代的发展经历了三四十年。由此可见,一代新技术从诞生到成熟大概需要二三十年。根据这个基本情况来看,当前考虑的人工智能应用,将主要是现有人工智能技术的工程化落地,而不是等待下一代新技术的成熟。由此,当前社会面临的人工智能应用挑战具体表现为现有人工智能技术能不能大规模实际应用。

对于上面这个挑战,本书第1章已经给出了一个回答:现有人工智能技术能不能在一个实际场景中获得成功的应用,关键在于该场景是否符合封闭性准则[9]。第1章已经提出了封闭性准则的两种具体形式——强力法封闭性准则和训练法封闭性准则,这里结合2.2.1小节中介绍的就餐场景的例子,对强力法的封闭性给出更具体的解释。

首先重述强力法封闭性准则。一个应用场景相对于强力法具有封闭性,如果下列条件成立:第一,该场景的设计规范可以用有限多个确定的要素来描述,而其他因素都可忽略;第二,这些要素共同遵守一组领域定律,而这组定律可以用一个人工智能模型充分表达;第三,相对于该场景的设计规范,上述人工智能模型的预测与实际情况足够接近。

就餐场景的要素包括一些对象(如餐具、食物、米饭、汤、碗等)和对象的属性(如碗是餐具、米饭是食物、碗可以盛汤等),其中每一个对象和每一个属性都是就餐场景的一个要素。这些要素共同遵守一组领域定律,比如规则"如果x是餐具并且y是食物,那么x可以盛y"(直观含义是餐具可以盛食物)。上述所有要素和领域定律都可以用一阶逻辑表达,即用表2.1中的逻辑公式表达,比如:餐具、食物、米饭、汤、碗分别表达为dish、food、rice、soup、bowl,上述规则表达为逻辑公式$\forall x \forall y\,(\mathrm{dish}\,(x) \wedge \mathrm{food}\,(y) \rightarrow \mathrm{hold}\,(x,\,y))$,等等。

如果满足下列条件:就餐场景的要素和领域定律全部都包括在表2.1所示的知识库中,此外不涉及其他场景要素和领域定律,那么这个场景就具有强力法封闭性。相反,如果上述条件不成立,那么这个场景就不具有强力法封闭性。例如,假设场景中还有一个要素"筷子",而在场景设计时没有考虑到这个要素,领域定律也没有包含这个要素,那这个场景就不是封闭的。还有一种常见情况是:在应用过程中,一些对象发生了不可忽略的变化,而这种变化是领域定律无法预测的,那么场景的封闭性就遭到了破坏。比如,在就餐场景的应用过程中,一只碗破了一道口子,还能盛饭,但不能盛汤了。显然,原来的领域定律是无法预测这种新情况的,所以人工智能模型仍然预测碗可以盛汤,于是就可能发生用破碗盛汤的现象,引起应用故障①。

下面进一步解释训练法封闭性。一个应用场景相对于训练法具有封闭性,如果下列条件成立:第一,存在一套完整、确定的设计和评价准则,这套准则反映了该场景的设计规范;第二,存在一个有限确定的代表性数据集,其中数据可以代表该场景的所有其他数据;第三,存在一个ANN和一个监督学习算法,用该算法和代表性数据集训练ANN之后,ANN将满足评价准则的全部要求。

训练法都要使用训练数据集,但常见的训练数据集并不是一个应用场景的代表性数据

---

① 应用故障这也是一种脆弱性的表现。

集。一个数据集具有代表性,意味着只要使用该数据集中的数据进行训练,就可以达到评价准则所规定的训练指标,而且即使场景发生变化,也不需要增加任何新数据去重新训练原来的神经网络,并且仍然可以满足原来规定的评价准则。

然而在实际应用中,通常难以确认一个数据集是否具有代表性,更难以保证一个数据集具有代表性。例如,在图2.5所示的实验中,对原来的图片进行少量像素的修改,就导致训练好的神经网络不能正确识别这些图片,导致网络识别率大大下降。这说明,原来的图片集不具有代表性,即不能代表修改少量像素的图片。反之,假如所有修改的图片在原来的图片集中都有代表,那么使用原来的图片集进行训练就足够了,训练好的神经网络将能够正确识别经过修改的图片,神经网络的识别率不会下降。这个例子表明,不仅原来的图片集不具有代表性,而且在用修改了少量像素的图片进行的测试完成之前,难以确定原来的图片集是否具有代表性。

理论上说,当发现一个已经训练好的神经网络的性能出现明显下降时,可以对其进行重新训练(只要获得了新的带标注数据),以提高网络对新数据的适应性。但在实践中,问题要复杂得多。一般情况下,人工智能产品是"自主"工作的[3],也就是在没有人工干预的情况下独立工作。在这类产品的工作过程中,一般不会安排专人时刻检测产品的性能是否出现明显下降。结果,在发现产品性能明显下降之前,可能已经发生了大量错误,甚至产生了严重后果。所以,重新训练的办法是否可行,还要看其他条件,即下面将要介绍的"失误非致命性"。

然而一般情况下,实际场景往往是非常复杂的,如果只考虑封闭性准则,未必能够完全符合实际应用的需要。例如,用训练法进行图像分类时,通常不保证分类误识别率为零,而在某些情况下,误识别可能引起十分严重的后果,这时就不能仅仅因为人工智能的误识别率低于人类的误识别率,就认为可以放心地应用。强力法也存在类似的问题,因为在工程上,知识库、搜索空间、推理机和搜索算法等都不能保证是完美无缺的,总会存在一些小毛病。如果这些小毛病可能造成严重后果,就需要认真地考虑更严格的应用标准,并采取相应的措施。

"强封闭性准则"就是针对这种需要而提出的[4]。一个应用场景具有强封闭性,如果下列条件全部得到满足:(1)该场景具有封闭性;(2)该场景具有失误非致命性;(3)该场景具有基础条件成熟性。其中,封闭性已经在上文做了说明。失误非致命性的具体含义是,应用于任何实际场景的智能系统,如果可能发生失误,则要求任何失误不会产生致命的后果。

基础条件成熟性介绍如下。在很多应用场景中,虽然满足封闭性准则,但其他条件不够成熟。比如,有时理论上存在人工智能模型,或者存在代表性数据集,却由于施工时间、投入人力、物力和其他资源的限制,无法在具体的工程项目中实际地构建出模型,或者获得代表性数据集。针对这种情况,基础条件成熟性要求:一个场景应具备应用人工智能技术所需的各种条件,包括知识、数据、配套技术和其他基础条件,如相关的经验、人力、物力和其他物质条件。

什么情况下一个场景满足封闭性准则、不满足强封闭性准则？最常见的情况是,该场景相对于现有人工智能技术,过于复杂了。特别是那些变化不可预测的应用场景,往往很难建造出足够好的人工智能模型,或者采集到足够好的代表性数据集。因此,目前的人工智能应用,主要面向环境变化可忽略或可控的场景,因为知识库或代表性数据集在这种场景中是可以得到的。"环境变化可忽略或可控"是强封闭性准则的一项具体要求,而封闭性准则不包含这项要求。

当遇到一个应用场景满足封闭性准则、不满足强封闭性准则时,应该怎么办？对于多数企业特别是中小企业来说,最有效的办法是进行"场景裁剪",也就是对场景进行化简,比如缩小场景规模、舍弃场景中难以建模的部分、舍弃场景中环境变化不可控或不可忽视的部分,使得裁剪后的场景符合强封闭性准则。还有一种办法是"场景改造",也就是将应用场景加以改造,使得改造后的场景不存在不可预测的情况。具体地说,为了让一个场景满足强封闭性准则,有如下3种常见的办法[9]。

第一条落地路径:封闭化。具体做法是将一个自然形态下的非封闭场景加以改造,使得改造后的场景具有强封闭性。场景改造在制造业中是常见的,也是成功的。例如汽车制造业,原始的生产过程是人工操作的,其中包含大量不可预测性,所以不是封闭性场景。建设汽车自动化生产线(见图2.8)的本质,是建立一个物理的三维坐标系,使得生产过程中出现的一切(如车身、零件、机器人和其他装备),都在这个坐标系中被精确定位,通常定位误差控制在亚毫米级以下,从而把非封闭的场景彻底改造为封闭的(这种改造在工业上称为"结构化")。于是,各种智能装备和自动化设备都可以自动运行,独立完成生产任务。这种封闭化/结构化策略正在越来越多地应用于其他行业,而且其智能化程度也在不断提升。

图2.8 汽车生产线

第二条落地路径:分治法。一些复杂的生产过程难以一次性地进行封闭化,但可以从整个生产过程中分解出一些环节,对这些环节进行封闭化,使之符合强封闭性准则;而不能封闭化的环节,则继续保留传统生产模式。同时,将各个环节之间的连接智能化,例如,通过移动机器人进行连接,必要时加入人工辅助。这种策略已被奥迪等大型企业采纳,其实对较小型企业也是适用的。

第三条落地路径:准封闭化。在服务业和人机协作等场合,普遍存在着大量无法彻底封闭化的场景,这时可考虑采取"准封闭化"策略,即将应用场景中可能导致致命性失误的部分彻底封闭化,不会出现致命性失误的部分半封闭化。举一个运输业的例子,高铁系统的行车部分是封闭化的,而乘客的活动不要求封闭化,在遵守相关规定的前提下可自由活动。对于服务业的很多场景,只要满足失误非致命性条件,就可以放宽封闭性程度要求,因为适当条件下,这些场景中的人可以弥补人工智能系统的不足。

因此,强封闭性准则并非简单地要求一个场景在自然形态下满足该准则,而是指出一个目标方向,并通过场景裁剪或场景改造,使得裁剪/改造后的场景符合强封闭性准则。这样可以让更多的实际场景中能够应用现有人工智能技术,从而实现产业升级。

目前,众多行业中存在着大量符合强封闭性准则的应用场景。例如,信息产业自身就以封闭性为基本假定,所考虑的应用通常都是封闭的,故易于应用人工智能技术,从而改善产品或服务的品质,或者研发新产品、新服务。制造业也是一个可以普遍应用人工智能技术的巨大产业,在自动化和信息化的基础上,为人工智能技术的大规模应用提供了大量场景。服务行业往往具有综合性,既包含信息产业的部分特点,又包含制造业的部分特点。因此,服务业也存在着大量满足强封闭性准则的场景,而且技术空白更加普遍,技术壁垒较弱,发展空间极为广阔。还有农业,已经开始具有信息产业、制造业和服务业(包括物流、储运等)相结合的综合性和巨大的发展空间。特别是现代农业,如大面积高标准农田的实施[14],为我国现代农业的智能化提供了重要的、决定性的基础条件。除了以上例举的这些行业,人工智能技术在其他行业也存在广阔的发展空间,不再详述。

2.3.2 人工智能基础研究的挑战与机遇

目前普遍认为,虽然人工智能已经取得了大批成果和重要进展,但理论基础的研究却相对薄弱。例如,中国智能机研究中心首任主任李国杰认为,目前人工智能的理论基础非常薄弱,需要一个可以被证明的理论作为基础。同时他还指出了人工智能的一个难题:某个问题一旦找到了类似 $f = ma$ 的精确公式,这个问题也就不属于人工智能了[15]。数学家、菲尔兹奖获得者丘成桐认为,人工智能在工程上取得了很大发展,但理论基础仍非常薄弱,需要建立一个坚实的理论基础,否则它的发展会有很大困难[16]。美国人工智能领军学者迈克尔·乔丹(Michael Jordan)认为,人工智能的一些基础模块已经研制出来了,但是将它们组合成超大规模推理-决策系统的原理仍然没有找到[17]。

广义地说,人工智能的基础研究挑战和机遇可以大致地划分为两个方面,一个是基础理论方面,一个是核心技术方面。因此,本小节主要介绍一些基础理论方面的情况。另外,由于人工智能有两种基本观点——信息处理观和机器人观(见2.1.2小节),它们面临的挑战和机遇有很大的差别,所以本小节将分别加以介绍。另外,还将介绍人工智能基础研究的一种新思路。

（1）信息处理观的基础理论挑战。我们知道,信息处理观是建立在图灵假说之上的,该假说认为决策、学习、理解、创造等都可以转化为计算,从而在计算机上实现。那么,经过70年的研究,这个假说是否得到了证实? 在技术层面上,决策、学习、理解在人工智能中得到了大量研究,取得了大量成果,而且这些成果都是在图灵机上实现的。因此,从工程实践的角度看,图灵假说得到了一定范围、一定程度的证实。可是从理论角度看,并没有得到严格证明。2.2.1小节介绍过,哥德尔、图灵等人采用数理逻辑的方法,从理论上严格证明了推理可以转化为计算。可是对于智能转化为计算,至今没有类似的理论证明。这表明,在70年之后,人工智能信息处理观的基础——图灵假说,仍然是假说,没有变成"定理"级别的科学共识,也就是说,信息处理观的理论基础仍然没有建立起来。

为什么这个证明如此困难? 为了回答这个问题,我们还是要回顾图灵假说。事实上,在证明推理与计算相互可转化的时候,科学界已经建立了推理[①]的一种严格理论,即一阶逻辑的形式化理论[18]。同时,图灵等人又建立了计算的严格理论——图灵机理论。于是,计算和推理都形成了严格的理论。在这些理论的基础上,才有可能证明推理与计算之间是相互可转化的。用这种情况对照人工智能的基础研究,现实情况是已经提出的大量"智能"理论[②],尚未得到学术界的普遍公认,也就是说尚未形成领域共识。因此,严格证明图灵假说的基本条件仍不成熟。

那么,为什么经过70年,仍然没有建立"智能"的严格理论? 原因很多,也很复杂,但从根本上说,最重要的原因之一是,一般的智能问题不满足封闭性准则。在2.3.1小节已经较详细地说明了,不是所有场景都是封闭的,或者可以封闭化的。也就是说,只有一部分智能问题具有封闭性。目前的现状是,对于封闭性问题,人类的认识是充分的;而对于非封闭性问题,人类的认识还远远不够深入,更谈不上证明图灵假说这种超难问题。

总之,按照信息处理观,从理论上证明图灵假说,或者证伪图灵假说,或者提出并证明替代假说,是人工智能基础理论研究的一个核心课题和重大挑战。

（2）机器人观的基础理论挑战。首先进一步阐释两种观点的根本区别。信息处理观是以图灵测试作为出发点的;因此,秉持这种观点的研究不太关心物理世界对智能系统的影响。图灵测试被设计为智能系统直接与人之间的对话,并刻意避免智能系统与物理世界之间的互动,所以智能系统的感知能力和行动能力都不在考虑的范围内（见2.1.2小节）。可是,机器人观立足于机器人与其工作环境（物理世界的一部分）的直接互动。

图2.9更清晰地反映了机器人观的主要特性,以及与信息处理观的主要区别。在图2.9中,一个智能机器人同时涉及三层空间:现实层（即物理环境）、数据层和知识层。下面分别加以说明。

---

① 这里的推理限于演绎推理,不包括归纳、类比等其他推理模式。

② 对于这些理论和方法,感兴趣的读者可参见:陈小平. 人工智能中的封闭性和强封闭性:现有成果的能力边界、应用条件和伦理风险[J]. 智能系统学报, 2020(1):114-120。该文的参考文献中,列出了若干现有理论和方法。

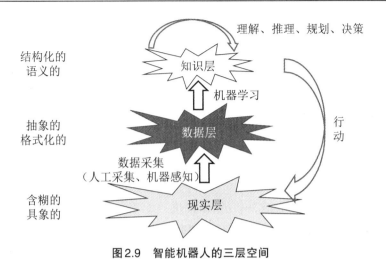

图2.9 智能机器人的三层空间

智能机器人三层空间的底层是现实层,即机器人的工作环境,这种环境也是人类生活、工作的现实世界的一部分,其中也包含人,所以是非常复杂、含糊和具像的。中间层是数据层,其中的数据是通过各种数据采集手段,包括人工采集和机器感知(如通过摄像机和图像处理),从现实层获得的。数据是抽象的、格式化的。经过数据采集过程,现实世界的一部分信息被收集起来,同时其他大量信息被丢弃。在现实层和数据层上,经过人工建模或者通过机器学习可以得到知识。知识是结构化的、包含语义的。

信息处理观的智能系统不直接与现实层发生关系,所以这些智能系统仅仅涉及上面的两层空间。而智能机器人则同时涉及三层空间:它们自主地感知现实世界,通过传感器获得数据,从数据中抽取知识,并利用知识进行理解、推理、规划、决策等,从而产生机器人行动,并在现实层中执行行动。所以,智能机器人的运行形成一个完整的闭环——从现实层到现实层的反复循环。对比一下,根据信息处理观,智能系统是从数据产生决策,提交给用户使用,自己并不与现实层直接互动,所以也不形成完整的闭环。

由此可见,智能机器人与信息处理智能系统的最大差别在于,是否直接与物理环境互动,前者有互动,后者无互动。由于存在这一重大差别,对于信息处理智能系统的研究来说,只需要考虑人的不可预测性,不需要考虑物理世界的不可预测性;而对于智能机器人的研究来说,不仅要考虑人的不可预测性,还要考虑物理世界的不可预测性,于是就要进一步考虑这两种不可预测性之间的相互叠加和相互干扰。由此可见,智能机器人研究面临的挑战,不仅完全包含着信息处理智能系统研究所面临的挑战,而且还包含着更多、更大的挑战。

下面以飞机为例(飞机在很多情况下可以自动驾驶,所以也可以视为一种机器人),说明信息处理观与机器人观的差异。在飞机的发展过程中,航空飞行的开创者如莱特兄弟做了大量创新;与此同时,空气动力学研究也发挥了不可或缺的作用。为了产生升力,人们需要研究飞行中的机翼与其周围气流之间互动的动力学原理和方法。简单起见,我们把这种动力学原理和方法称为"飞行动力学"。经过长期努力,人类成功地掌握了飞行动力学,并将其应用于飞机机翼和外形的设计。可是一名普通的飞行员,并不需要完全掌握飞行动力学。

现在假设我们研制了一种智能飞行软件,该软件具有和飞行员完全相同的知识与技能,能够自动驾驶飞机。因此,该软件并不需要掌握飞行动力学。信息处理观认为,这个软件就是一个飞行机器人,它不需要涉及飞行动力学,所以人工智能也不涉及飞行动力学。而机器人观则认为,这个软件仅仅是飞行机器人的一个局部,这部分不涉及飞行动力学,可是飞行机器人的另一部分(飞机机翼和外形)的设计、研制却必须涉及飞行动力学,所以人工智能必须涉及飞行动力学。两种观点的差异来自于它们各自考虑的范围大小不同,机器人观考虑的范围更大。

为了更好地说明现实层包含的挑战,下面进一步考虑智能无人车。从机器人观出发,不仅要研制无人车的智能驾驶软件,而且要研究整个无人车硬件以及与"飞行动力学"对应的"驾驶动力学"。那么,驾驶动力学是否与飞行动力学一样,只需要考虑与车辆周围气流之间互动的动力学原理? 显然不是。驾驶动力学需要研究无人车运行过程中与道路上的所有物体的实时关系,这些物体包括车辆、行人、动物、道路设施、交通标志和任何可能出现在道路上的其他物体,比如塑料袋、垃圾桶等,而这些对象往往是动态的、不可预测的。比如一个行人可能为了躲避一辆违反交规的车辆,而撞上了正常行驶的无人车。

由此可见,智能无人车研究的最大挑战在于驾驶动力学,而驾驶动力学涉及现实层(环境与行动)、数据层(信息获取)和知识层(决策),而且现实层包含的各种难题,是人类以往没有研究过的。很多人会提出疑问:通过模拟人类驾驶员,不就可以解决这些难题了吗? 可是在历史上,"模拟"未必是最佳途径,也未必行得通。例如,直到最近几年,研究者才初步实现了像鸟那样扑翅飞行的机器人,但是其仍然不能运送乘客和货物,而进行大规模空运的飞机,恰恰是通过飞机原型实验和研究、应用飞行动力学而获得成功的,所以飞机的工作原理与鸟的飞行机理是本质不同的。另一个例子,早期人工智能对围棋程序的研究,主要思路也是试图模拟人类棋手的下棋策略,可是始终不成功。真正成功的 AlphaGo,恰恰采用了与人很不一样的原理,并远远超过了人类的下棋水准(见1.1.1小节和2.2.3小节)。

总之,从机器人观出发,人工智能基础研究的重大挑战,本质上来自现实层包含的多种不可预测性,而且这种不可预测性,与单纯考虑数据层和知识层所遇到的不可预测性,是本质不同的[①]。因此,对现实层中不可预测性的研究,是人工智能基础研究中的一项重大挑战。

(3) 由于机器人观涉及三层空间,而信息处理观只涉及两层空间,所以机器人观的研究不仅包含信息处理观的研究内容,而且包含信息处理观所不考虑的研究内容。这种情况恰好符合图灵关于人工智能研究的最初设想:第一步研究信息处理观,第二步研究机器人观[2]。在机器人观的研究中,习惯的做法是沿用信息处理根据对人工智能的基本原理,如采用强力法和训练法,但在技术层面上加以扩展。研究进展和面临挑战的分析,

---

① 严格地说,现实层中出现的是"不确定性",而不可预测性是其中的一种。关于不确定性参见:陈小平. 人工智能的历史进步、目标定位和思维演化[J]. 开放时代,2018(6):31-48。

近年来有学者提出,需要引进新思路[13]。下面简要介绍一种新思路,代表一种可能的新机遇。

这种思路称为"融差性思维"[7],而强力法和训练法都是基于精确性思维的。"融差性"的两层涵义如下:第一层,在一定范围内容忍各种"差"的不利影响,包括观察误差和动作误差,以及决策、动作和观察的某些偏差,在有"差"情况下完成不确定性任务;第二层,在一定条件下主动利用各种"差"所隐含的机遇,对误差、偏差和差别加以"融会贯通",从而更好地完成不确定性任务。显然,第二层涵义是融差性原理的本质内涵。基于两层涵义,融差性思维有三条基本原理——融差模型原理、融差性动原理和界限融差原理,详细介绍如下。

现实层包含大量非封闭性场景,这些场景难以建立足够好的数学模型和知识库,并且难以采集代表性数据集,于是强力法和训练法都难以奏效。可是,为什么人能够有效应对其中的很多场景? 一种值得深度反思和关注的原因是:人在这些场景中不是采用精确性思维,而是采用融差性思维获得成功的。下面通过一个典型案例加以分析和阐述。

这个案例是:老农是如何让米缸尽量多地盛米的? 很简单,先在缸里放一些米,使劲摇晃米缸,于是米粒之间的空隙会被压缩,占用的空间会减小,然后往米缸里放更多的米、再摇晃,直到米粒占用的空间无法继续减小为止。这个基于经验的操作过程就体现了"融差性原理"。将这种实践经验抽象、提炼为科学理论,以更好地应对人工智能机器人观遇到的挑战,就是"融差性思维"。人工智能在现实层遇到的很多难题,都可以通过融差性原理加以解决。

用精确性思维(以强力法为代表)解决现实层中的问题,首先需要建立问题的一个精确模型,在模型基础上反复进行观察—决策—行动循环,直到问题得到解决:① 观察,针对模型指定的独立对象,观测、获取相关的精确信息;② 决策(包括预测和规划),通过对观察信息的精确分析,决定下一步采取什么动作;③ 行动,执行决策决定的精确动作。

为了建模,精确性思维将米缸中的每一粒米视为一个独立对象,针对它们的位姿①建立数学模型,作为观察、决策和行动的基础。由于米缸场景是一个不确定性问题,通常采用决策论形式化建模方法,为此需要引入观察不确定性假设和动作不确定性假设,它们的主要内容分别是:当对每一粒米的位姿进行观察时,观察误差服从什么概率分布? 当调整每一粒米的位姿时,调整动作的误差服从什么概率分布? 由此可见,引入不确定性假设的根本目的,是试图弥补理想化的(即精确性)理论思维与实际的、不确定的现实之间的鸿沟,力图将后者最大限度地归结为前者——概率分布虽然没有一阶确定性(普通精确性),但体现了二阶确定性。不过,这种尝试的实际操作隐含着很多困难,比如,如何确定应该采用哪种概率分布函数? 该分布函数的参数如何获得? 假设的分布函数与实际观察和动作的偏差有多大? 模型表示和求解的计算效率如何? 尤其值得注意的是:不仅在米缸场景中,而且在人工智能尝试过的一切大规模现实层应用场景中,这些问题都没有得到有效解决。

---

① 位姿在机器人学中指的是一个物体在三维空间中的位置和姿态朝向。

　　如果采用融差性思维,情况就会完全不同。首先,融差模型是一种宏观模型,不需要精确刻画每一粒米的位姿,只需要描述问题的某些宏观特征,比如米缸里有多少米(用米的重量计量)、米缸装满程度(通过观察缸中米堆的上表面与缸口表面之间的距离近似确定)、米缸里能不能容纳更多米(通过相继两次实验结果的对比,如果经过一轮摇晃没有减小米粒占用的总空间,说明缸中无法再容纳更多的米)。这种宏观性的模型和观察体现了融差性的第一种内涵——容忍偏差,比如不需要精确到多少粒米,而是用多少重量(以克为单位)来计量,可容忍的误差粒度(即"融差度")比精确性思维所能容忍的大得多。同时,构建这种模型所使用的度量(如上述宏观特征)本质上是"融度性度量",它们的使用消除了精确度量必然带来的感知和决策困难(见下文对精确思维下的问题求解的描述)。事实上,融差性思维要求把模型精确性控制在适当范围内,避免精确性过高或过低,更不认为精度越高越好,所以对模型和观察精确性的要求大大降低。同时,融差模型可以不借助不确定性假设,比如在米缸问题中不需要假设概率分布函数。上述特点概括为融差性第一原理——"融差模型原理",即采用融差性度量构建问题模型(融差模型),将模型精度控制在问题的融差度之内。

　　在精确性模型的基础上,精确性思维下的问题求解过程的第一步,是对米缸中的所有米粒进行精确观察,测量每一粒米的精确位姿。事实上,任何测量都是有误差的,完全没有误差、绝对精确的测量只是一种理想化想象,精确感知在实际中基本上是不可能的。即使一个问题有精度足够高的感知手段,由于测量的代价太大,实际上是得不偿失的。作为对照,融差模型由于控制了精度的适中性,不需要精确测量,所以不存在精确测量的困难。

　　精确性问题求解的第二步,即人工智能系统进行决策,以决定下一步执行什么精确动作。在米缸场景中,一个精确动作就是调整所有米粒的精确位姿,使得调整后所有米粒占用的总空间更小。这就遇到了强力法决策的三个困难:由于不确定性假设不符合实际,限制了决策效果;概率决策无保真性,因而无法避免出现错误决策;模型过于复杂,导致缺乏工程可行性。例如,理论上可以为每一粒米规划一种位姿,使得在这些位姿下,所有米粒占用的总空间最小。但是,这种规划的计算量极大,而且更严重的是,由于误差的存在,计算结果与实际情况之间往往存在巨大差距,所以这种规划的可行性、实用性非常低。

　　在融差性思维中,这三个困难都可以较好地得到解决。第一,如上所述,融差模型一般不用于不确定性假设,这就避开了第一个难题。这里需要进一步分析阐明的是,为什么不用精确模型,反而能够得到更好的决策?事实上,融差模型上的决策与精确模型上的决策不同,主要不是通过模型上的计算,而是通过人工智能系统的行动来实现的。在米缸问题中,融差模型上的"决策"主要是借助于"融差行动"——摇晃米缸实现的,也就是通过"摇晃"动作以缩小米粒之间的空隙,从而减小它们占用的总体空间,所以不需要根据所有米粒位姿的精确信息严格算出如何调整米粒位姿,而是利用了大量米粒位姿之间的大量偏差。这体现了融差性的第二种内涵:主动地融会偏差,借助于融差行动完成决策(包括预测、规划)任务,从根本上避开了精确性思维遇到的难题。第二,融差性思维放弃保真性准则,代之以"融差度"准则,即每个问题都有其特定的融差度,满足该融差度的任何解,都被认为是可接受的,融差性人工智能系统追求的是满足融差度的解,不是精确解或最优解。在米缸例子中,当某次摇晃之后,发现米粒总体积没有变小,问题求解过程就结束了。而依精确性思维,即使观察存在很大误差、模型存在严重偏差,仍然只能进行精确的计算或推理,其结果往往是放大误差和偏差,甚至出现"南辕北辙""差之毫厘,谬以千里"的后果。第三,融差性思维的工程可行性显然远远高于精确性思维,无需赘述。根据以上分析,得出融差性第二原理——"融差行动原理":基于融差模型上的决策,执行融差行动,引导问题状态向目标状态迁移。

第三步,基于精确性思维的人工智能系统将执行决策规定的动作。在米缸场景中,决策规定的动作是分别调整缸中每一粒米的精确三维位姿,使得所有米粒占用的总空间变小。显然,每一粒米的位姿都会影响周围其他米粒的位姿,"牵一发而动全身"。那么,一个人工智能系统如何调整每一粒米的位姿,以确保调整后所有米粒的位姿都符合决策的精确要求,而不会出现偏差? 这几乎是不可能的。相反,采用融差性思维,用融差行动可以轻而易举地让缸中所有米粒同时进行调整,并在可能情况下减小所有米粒占用的总空间。这就将一个采用精确性思维几乎无解的问题,化归为一个高效率、低代价、低难度的问题。因此,融差行动的可行性和实用性比精确行动高得多。这进一步反映了融差性思维的第二种内涵,即主动融会贯通界限差别。在精确性思维中,行动和决策属于完全不同的范畴,它们之间的界限是绝对的,不可消除的;而在融差性思维中,这种界限被打破了——决策可以通过行动来实现,从而为人工智能开辟了全新的可能性。这体现了融差性第三原理——"界限融差原理",即利用不同范畴机制的相互替代求解问题。第三原理中的"不同范畴机制"主要包括感知、决策和行动三种机制,而在传统人工智能研究中通常不考虑这些机制的相互替代。所谓"相互替代",指的是用某种机制替代另一种机制的部分或全部功能。

基于融差性三原理,应用融差法求解米缸问题的全过程总结如下。首先构建米缸问题的融差模型,在此模型上进行问题求解的如下步骤:① 观察,即感知米缸装满程度;② 决策,即根据感知信息和历史信息,判断是否可能让米缸容纳更多米;③ 行动,即如果可能容纳更多米,则执行一次融差行动(摇晃米缸),然后返回步骤①,否则终止求解过程。对比可知,融差法和强力法的问题求解过程具有相同的架构,但其中具体内容存在根本不同。强力法基于精确观察、精确决策和精确行动。精确行动的典型例子是工业机械臂,重复精度一般达到亚毫米级或更高。可是工业机械臂在确定性场景中运行,为了在不确定性场景中达到类似的动作精度,感知精度和决策/规划精度也必须达到相应的水准,这在不确定性场景中是非常困难的,成为迄今无法突破的障碍。融差法基于融差性三原理,对感知、决策/规划和行动的精度要求大大降低了,从而提供了一条有效应对不确定性挑战的新思路。

下面进一步分析用训练法应对米缸问题的情况。当采用训练法应对这类问题时,其体系架构和强力法类似,也是先建立问题的某种模型,然后在模型的基础上进行感知-决策-行动循环,直到问题得到解决。不同的是,训练法的模型不是人工编程构建的,而是利用标注数据训练出来的,与强力法相比,对"数值精确性"和"精确决策知识"的要求大大降低,观察精度可能也会明显降低,所以灵活性大大提高。可是,训练法本身并不包含解决米缸问题核心挑战所需的观点、原理和机制,其中最重要的障碍是决策与行动之间的界限限制。训练法基于人工神经元网络,这种网络在标准的训练法中被用作分类、预测和决策的计算机制,所以在训练法中,决策与行动仍然是严格区分的。解决米缸问题的最大机遇在于用融差性物理动作替代决策计算,但物理动作无法直接嵌入现有人工神经元网络架构中,所以融差性行动无法被基于神经网络的训练法所利用。由此可见,一般而言界限融差原理对训练法不成立。当然,人工神经元网络可以用来"学习"动作策略,但动作策略与物理动作本身是完全不同的,而且通过人工神经元网络"学习"融差行动(比如"摇晃"动作),就要涉及与融差行动原理相关的元模型构建和训练数据采集,这些都是包含巨大挑战的全新课题。

融差性思维在现实生活中早已存在,在某些临近学科中也有雏形表现。人工智能研究要做的,是将其形式化、系统化、工程化,这样才能为人工智能所用。中国科学技术大学机器人实验室已经完成了一部分基于融差性思维的研究工作,比如实现了一系列基于融差原理的柔性手爪,可以抓握不同形状、不同大小、不同刚度的不规则物体,从刚性的木块到柔软的豆腐,而且控制简便,对观察精度的要求也大大降低。实验证实,在解决一些挑战性很大的不确定性问题中,融差法取得了非常好的效果,值得进一步研究。

讨论与思考题

1. 你心目中的人工智能,应该具有哪些能力或功能? 它能够为你的生活和工作提供哪些服务?

2. 你认为人工智能和人类智能应该是什么关系? 你期待将来人工智能超越人类智能,还是永远不超越人类智能?

3. 你对推理与计算的相互关系有什么看法? 在你的日常思维中,什么情况下使用计算? 什么情况下进行推理? 计算和推理有什么关联?

4. 试举例说明人工智能的信息处理观与机器人观的区别,如列举两项你接触过的人工智能技术,一项属于信息处理观、另一项属于机器人观,并说明它们之间的相同点和不同点。

5. 列举一些你认为强力法可以胜任的应用场景。

6. 列举一些你认为训练法可以胜任的应用场景。

7. 列举一些你认为需要强力法和训练法结合才可以胜任的应用场景。

8. 举出一个封闭性场景和一个非封闭性场景的例子,并讨论它们的区别,特别是不可预测性方面的区别。

参 考 文 献

[1] Turing A M. Computing Machinery and Intelligence[J]. Mind, 1950(49):433-460.

[2] Turing A M. Intelligent Machinery (Manuscript)[Z]. The Turing Digital Archive, 1948.

[3] 陈小平. 人工智能的历史进步、目标定位和思维演化[J]. 开放时代, 2018(6):31-48.

[4] 陈小平. 人工智能中的封闭性和强封闭性:现有成果的能力边界、应用条件和伦理风险[J]. 智能系统学报, 2020(1):114-120.

[5] 徐峰雄. "深蓝"揭秘:追寻人工智能圣杯之旅[M]. 上海:上海科技教育出版社,2005:239-302.

[6] Lenat D B, Guha R V. Building Large Knowledge Based Systems[M]. Massachusetts:Addison Wesley Pub. Co, 1990.

[7] 陈小平. 人工智能中的不确定性问题与哲学研究[M]//宋冰,等. 智能与智慧:人工智能遇见中国哲学家. 北京:中信出版社, 2020.

[8] Ilyas A, Engstrom L, Athalye A, et al.Query-efficient Black-box Adversarial Examples[EB/OL]. (2017-12-19)[2020-12-17]. https://arvix. org/abs/1712.07113.

[9] 陈小平. 封闭性场景:人工智能的产业化路径[J]. 文化纵横,2020(1):36-44+144. (微信版标题:被国外大片误导的中国人,对人工智能的误解有多深?)

[10] Silver D, Schrittwieser J, et al. Mastering the Game of Go without Human Knowledge [J]. Nature, 2017(18):354-358.

[11] Kaelbling L P, Littman M L, Cassandra A R. Planning and Acting in Partially Observable Stochastic Domains[J]. Artificial Intelligence, 1998(101): 99-134.

[12] 李德毅. 新一代人工智能十问[J]. 智能系统学报,2020(1):3.

[13] 高文. 人工智能:螺旋上升的60年[R]. 太原:2016中国计算机大会, 2016.

[14] 朱隽. 今年将建成八千万亩高标准农田[N]. 人民日报, 2019-12-09.

[15] 李国杰. 人工智能的三大悖论[J]. 中国计算机学会通讯, 2017(11):7.

[16] 丘成桐. 现代几何学在计算机科学中的应用[R]. 福州:2017中国计算机大会, 2017.

[17] Jordan M I. The AI Revolution Hasn't Happened Yet[J]. Artificial Intelligence, 2018(30):6.

[18] 汪芳庭. 数理逻辑[M].2版. 合肥:中国科学技术大学出版社, 2010.

第3章 数据伦理

大数据是人工智能的"近亲",而且应用落地更快(见1.2节)。受一些重大伦理事件的影响和促动,数据伦理已成为当前受到社会各界和大众重点关注的一类人工智能伦理问题。

2018年,从事数据分析的剑桥分析有限公司(Cambridge Analytica)陷入了巨大的舆论漩涡之中。该公司2016年在为某团队客户提供服务的过程中,获取了超过百万用户的脸书身份信息,不仅事先没有征得这些用户的同意,而且将获取的信息用于政治宣传,以影响总统选举。此事被揭露之后脸书承认,超过8 700万用户受到影响,其中包含7 600万美国用户。事件的曝光引起了西方媒体的轩然大波(见图3.1),并引起了美国民众对于竞选公正性的质疑。事件持续发酵,最终导致了剑桥分析的破产,并引发了欧洲《通用数据保护条例》的加速执行。2019年,Facebook被处以5亿美元罚款[1]。这一事件被认为是公众对个人数据以及大数据认识与理解的分水岭。民众首次意识到了大数据的巨大威力和风险,意识到个人数据的泄露不仅仅会危及个人隐私,更会被滥用,比如用于操纵大众的观点和决定。

人类逐渐意识到,在应用大数据创造财富、发现新价值、提升能力的同时,如果不加任何约束地滥用大数据,所产生的影响将不限于破坏个人信息的安全,而且会产生更加严重的社会后果,甚至加剧社会权势、地位、资源掌握的阶层分化,加剧社会矛盾和阶层割裂。由于信息本身蕴含价值的高度抽象性以及各国家地区不同群体的文化价值观念差异,导致人类目前缺乏完全一致的数据伦理认识,而且更缺少有效的理论与技术手段,在数据伦理原则的指导和伦理体系的监管下,实施数据技术的研发与应用。因此,近年来各国政府、企业和相关各类组织高度重视数据伦理,并积极展开了数据伦理的广泛研究,涉及准则、法律、政策、技术以及管理体系等主题。

图3.1 脸书与剑桥分析丑闻事件引起世界媒体的广泛报道

3.1 数 据 伦 理

数据伦理往往特指大数据伦理,是指与数据相关尤其是与个人数据相关的系统性的是非观念及道德准则[2],这套准则将用于指导数据的产生、收集、存储、管理、使用和销毁的全过程。随着信息技术的高速发展,数据伦理问题由于大数据与现代文明社会经济生活的密切联系而受到关注,并引发了社会各阶层对于数据带来的公平公正性等问题的担忧和思考。由于各个国家在法律、道德观念、意识形态、文化传统等方面的不同,数据伦理的观念和准则存在着细微差异,但在人类公平公正、个人尊严等价值观念方面又存在着高度统一。

数据伦理的范围包括:数据拥有权、交易透明性、数据知情权、数据隐私权、数据开放性、数据经济性等。

数据拥有权是指数据拥有者对单一或者一组数据的合法拥有以及相关责任与权力。具体来说,是对数据以及其包含信息的权力与控制,包括对数据的访问、创建、修改、打包、从数据中获得利润、出售和删除数据的权力,以及分配数据访问权力的能力[3]。数据拥有权是其他数据伦理问题的前提,数据的拥有权决定了数据财产的权力和责任,是个体控制其数据传播的能力保证。数据拥有权是个复杂的问题,在数字生命周期,由于多种角色的参与以及信息宿主的不断转移变换,数据拥有权可能变得晦涩不明,并且数据归属权也根据不同国家、地区的法律规定而有不同的解释。大卫·鲁辛(David Lushin)在《企业知识管理:数据质量途径》中认为,数据拥有权问题不应该是要明确谁是数据所有权的合法拥有者,而是应强调数据所有权问题的复杂性,并提出潜在的对数据提出主张的实体名单[4],其中包括:

(1)创建者:创造或者产生数据的团体;

(2)消费者:使用并拥有数据的团体;

(3)编纂者:从不同信息来源挑选以及汇编信息的实体,例如新闻媒体出版机构等;

(4)企业:有着全部数据涌入并具备数据权利的企业、在生产过程中创建数据并拥有数据的企业,例如某些从事电子商务行业的互联网企业;

(5)出资人:委托他人创建数据并提出数据拥有权主张的用户,例如委托他人进行拍摄的团体或个人;

(6)解码者:在特定环境中,信息被锁定在特定的格式中,通过对信息的解锁而成为信息拥有者的团体被称为解码者,例如一些从事数字修复的技术组织;

(7)包装者:出于特定目的收集信息并为特定市场或者一组消费者提供不同规格信息服务而使信息赋值的团体,例如从事翻译工作的团体以及个人;

(8)阅读者即拥有者:读者通过对数据的阅读获得信息所有权,并且读者可以将信息添加到信息库中获得价值,例如通过开源软件提供解决方案的从业者;

(9)拥有权主体:对数据提出拥有主张的主体,通常作为对同样数据提出主权诉求的竞争者的回应而出现,例如都对某数字版权提出拥有权利的竞争者;

(10)数据以及数据许可购买者:组织或个人通过购买数据的许可而提出数据拥有权主张。

可以发现,数据拥有权并不是一成不变的,分析在不同场景下数据权利主体,有利于正确理解数据伦理的本质含义。

交易透明性包括算法公平性以及数据透明性两个原则。算法公平性源于人类对于在大数据分析应用过程中,引入的算法偏差造成的不公平现象的担忧,这种不公平的策略包括一些具有歧视性的犯罪嫌疑人算法,一些过于简单的搜索排序算法等。算法公平性侧重于防止引入算法偏差导致的系统压迫[①],要求算法的使用应该透明、公开、利于监督,在保证公平公正的前提下尽可能考虑个人与群体的差异。数据透明性则立足于主体的数据被正当使用。个人数据不得更改既定收集和使用目的,不得被通过不正当手段用于牟利或者其他数据用途。

数据知情权是指,当特定个人或者法人组织采集或使用私人数据时,信息的主人有

---

① 系统压迫,又被称为制度压制,是指地方的法律对一个或多个特定的社会身份群体造成不平等的待遇。

权知道其数据是如何被使用的,即信息的主人需要对数据的采集、使用或者转移知情并明确表示同意,数据控制者需要告知数据拥有者出于什么目的采集什么样的数据,收集的数据会对数据主人产生什么样的影响,数据将会在什么时间移交给谁,数据在什么时间被销毁,如何销毁。

在中国,隐私权是指自然人享有的私人生活安宁与私人信息秘密依法受到保护,不被他人非法侵扰、知悉、收集、利用和公开的一种人格权,而且权利主体对他人在何种程度上可以介入自己的私生活,对自己的隐私是否向他人公开以及公开的人群范围和程度等具有决定权。数据隐私权并不是指保守个人的数据秘密,而是指其在法制框架下的选择其数据公开的权力。由于大数据极大可能带来隐私的侵犯,数据隐私权一直是数据伦理讨论的重要内容。以下是数据隐私权关注与讨论的部分内容:

(1) 数据的访问由谁来控制[5];

(2) 政府对于市民个人数据的探究引发的法律规范问题;

(3) 数据遗忘权力的主张以及相关法律规定[6];

(4) 如何避免采用过于简单的模型评价个人信誉;

(5) 个人身份的识别以及带来的身份泄露问题;

(6) 在互联网中言论自由以及不当言论的追责机制;

(7) 诸如"人肉搜索""恶意灌水"等网络暴力的监管问题;

(8) 数据监管与个人数据隐私的协调;

(9) 与数据隐私相关的加密算法、传输机制等。

数据开放性是指特定数据应该不受包括数据版权、专利等法律的限制,被公众自由访问、分发的权利,包括开源代码软件、开源硬件、内容开放、教育开放、教育资源开放、政府数据开放、知识开放、开放访问、科学开放等。数据开放最早在20世纪初以免费专利等形式存在。20世纪90年代,随着维基(Wiki,也译作"维客")系统、开源运动以及自由软件运动等大量涌现,数据开放进入了蓬勃发展阶段。在同一时期,美国政府逐步在国家层面构建数据共享框架,并在科研、教育、环境、医疗等领域获益。2010年左右,包括ImageNet、MNIST、Kaggle等开源数据集密集出现,极大地促进了人工智能、生物、医药领域技术的发展。2013年6月,美、英、法、德、意、加、日、俄八国共同签署了G8开放数据宪章,制定了数据开放原则和数据开放领域等内容,得到了很多国家的支持和认同。中国政府于2017年开启了政府数据开放的序幕;到2019年,中国的公共数据平台得到了爆发式增长。从各国数据开放现状来看,数据开放已经由民间组织推动转变为政府主导,数据开放的重心也从注重开放内容与数量转变为注重数据质量、注重挖掘数据内在信息与价值。

数据经济性追求数据的经济价值平等,涉及数据的定价和数据价值的实现与分配,其中数据定价是指如何用经济指标去衡量一项数据服务和技术服务的价值,如何确定单个个体数据在整体数据服务中占的价值比例。数据价值实现与分配则考虑如何建立个人数据交易模型,如何建立个人数据价值分配与变现的机制与通道。尽管目前有人提出基于互联网的重新分权以及去中心化等多种设想,但基本理论研究仍然处于摸索阶段,基本理论框架尚没有成型。

数据伦理是上述一系列与数据相关的社会道德与经济问题的综合,目前尚存在大量的悬疑和持续的争议。随着大数据与经济社会的深入融合,对旧的经济社会秩序持续不断冲击并产生影响,数据伦理的探讨和研究也将在相当长的一段时间内持续进行。与此同时,对于共识程度高、可操作性强的部分伦理问题,世界各国正在加紧建设相关的数据伦理管理机制(见3.2.1小节)。这表明,人类已经开始进入人工智能伦理体系建设阶段(见1.2节)。

3.2　数据隐私

数据隐私是数据伦理最重要的核心内容之一,也是广大民众关心的焦点。对数据隐私的侵犯往往是对个人数据的知情权、数据透明、数据访问控制权的侵犯,具体包括:数据主体在没有得到通知的情况下,数据被收集和使用;数据原定采集和使用目的被改变;数据主体失去了对数据访问的控制权,数据在不经主人同意的情况下被任意扩散。从数据整体生命周期来看,数据隐私的侵犯主要发生在数据搜集、数据交易和数据管理过程中。

3.2.1　数据搜集

目前公众对于数据隐私的最大疑虑来源于对于个人数据的收集。现代信息技术高度发达,具有强大的信息收集能力和计算能力,一些看似无关紧要的隐私数据经过拼合,就能精确定位到特定个人,可以推断出个人购物喜好、价值观念等信息。个人数据蕴含巨大经济价值,一些企业组织开始有意识地收集并利用这些信息。

目前个人数据的主要收集方式包括:

(1)利用物联网技术手段收集数据。包括通信运营商在提供服务过程中收集的包括GPS、基站定位、手机物理信息等数据,在公共场所、安保场所通过监控设施采集到的数据,通过Wifi嗅探技术收集到的手机信息;

(2)互联网服务商在提供服务过程中收集的业务数据。比如淘宝、京东等电商软件收集的用户消费记录与个人信息,支付宝等软件收集的用户金融信用数据等;

(3)出于法律、社会福利、征信、健康等原因提交的个人数据。例如,个人在办理税收、公积金、信贷、保险、车辆登记、入学登记、医院住院等事务时提供的个人数据;

(4)一些企业组织通过互联网搜集与分析技术获得的个人信息与数据,例如通过"网络爬虫"或者对Cookie的追踪技术搜集的用户信息;

（5）电脑、移动端应用程序收集的电脑日志等资料,通过木马程序收集的个人数据资料。

从数据伦理的角度看,判断数据收集是否侵犯数据隐私的关键在于,数据的主体是否明确意识到个人的数据正在被收集,数据收集过程中数据主体是否明确有哪些数据被收集,收集的数据会给数据主体带来何种影响,数据主体是否有权利选择其数据不公开等。如图3.2所示,微软在收集浏览器崩溃数据时提供了明确的声明,提示了数据的用途、数据内容以及给数据主体带来的影响。对于数据收集阶段的隐私保护,需要从法律、技术手段和数据监管三个方面着手进行。

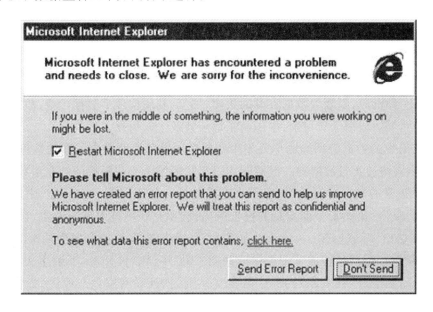

图3.2　微软提示数据收集的目的以及内容

在法律方面,有很多法律强调了数据知情权,例如北京发布的《图像信息管理系统技术规范》规定,开放的公共区域的电子眼设施,必须设置醒目的提示,并对提示牌的颜色大小、摆放位置均规定了标准[7]。欧盟的《数据保护通用条例》更是对数据隐私保护做了严密繁琐的规定。目前法律对于用户数据的采集范围以及数据资料的详细程度的规定较为粗泛,无法防止程序软件的数据过度收集,因此需要对相关法律法规做进一步完善。

技术方法上,对于用户数据隐私保护主要采用限制访问、数据分离、安全传输机制、数据扰动几种技术手段。限制访问是指通过对计算机物理器件、互联网信息的访问进行控制来施行数据保护,例如手机操作系统通过相机、GPS、通讯记录的权限控制来限制应用软件抓取数据的行为,互联网内容服务商通过设置Robot.txt以及采用IP识别、Session标记、Cookie加密等多种技术手段防止数据被自动抓取。数据分离是将涉及隐私的数据与权限分散保存,主要技术包括采用区块链的分布数据方案以及采用OpenID、OAuth的网站资源控制访问方案。数据安全传输主要采用加密的数据通讯链路来进行数据交换,基于同态加密机制来解决数据交换双方身份信任以及传输过程中的数据隐秘问题。数据扰动是指在数据采集过程中加入噪音数据,使之与原始数据发生偏差,减少个人真实数据暴露的可能性,从而减少隐私攻击的可能性的一种方法,较为典型的技术有轨迹隐私泛化算法、差分隐私方法等。其中差分隐私方法是指通过对个人数据增加噪音扰动,在满足大数据统计不发生偏差的情况下,防止攻击者通过数据拼凑得出准确个人信息的一种技术手段。

数据监管是指政府采用法律以及行政监管来保护隐私数据。但目前存在监管规则极度缺乏、监管机构职责不明确等问题[8],有待于法律法规的加强建设、监督机制的完善。

3.2.2　数据交易

数据是一种资源,围绕着数据资源的买卖、加工、利用构成了数据产业,数据交易是数据产业的重要组成部分。目前,中国尚未形成涉及个人数据大规模交易的市场机制,因此数据交易中的数据隐私问题主要集中在互联网黑色产业链中的非法数据买卖,图3.3是暗网出售快递实时数据的一个截图。以互联网黑色产业为特征的非法数据交易,不仅扰乱了正常的数据交易秩序,也带来严重的社会秩序问题。2018年,南度大数据研究院与阿里巴巴集团安全部发布的报告指出,利用互联网技术进行偷盗、诈骗、敲诈的各类案件迭出,互联网黑、灰色产业加速蔓延,全年造成的经济损失约1 000亿元。互联网黑、灰色产业已经构成了上游供应基础工具、中游软件开发、下游违法犯罪的产业分工[9]。而围绕着"社工库"的不法数据交易则为"互联网黑色产业链"提供了数据基础。

"社工库"是黑客利用攻击手段获得结构化数据库的通俗称呼,意为社会工程数据库(Social Engineering Database),该数据包含非法渠道获得个人各种行为记录(个人网站账号、密码、分享的照片、信用卡记录、机票记录、通话记录、短信内容)等。"社工库"的构成分为以下阶段:

(1)数据盗窃("脱库")。指黑客利用某种非法手段获取原始资料的行为。

(2)抽取有价值信息过程("洗库")。指黑客从数据库中检索有价值信息以及变卖数据的过程,例如非法组织变卖受害者网络账户、登录密码、身份数据、通讯信息、行为记录等信息。其变卖方式主要通过"暗网"的数据交易完成,图3.3为某"暗网"售卖快递实时数据的交易信息。

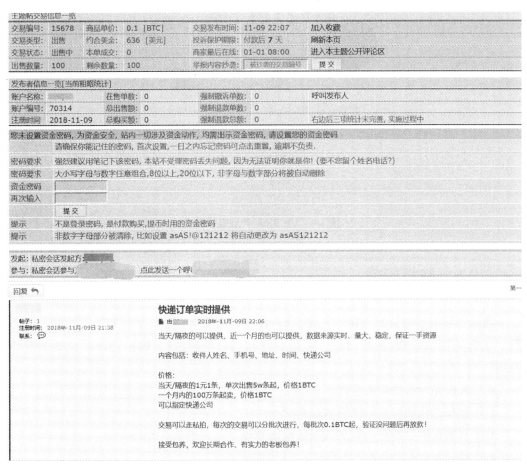

图3.3 暗网出售快递实时数据

* 数据来源 腾讯安全[10]

（3）利用数据资料的再次攻击过程（"撞库"）。由于受害人的固有设置密码习惯,黑客利用受害者的账号密码重复攻击其他网站,进而再次取得有价值信息片段并重复构建"社工库"。

如图3.4所示,"社工库"往往由不同犯罪组织共同参与、共同提供数据、共同完成"洗库""撞库"的数据构建过程,形成了组织化、分工明显的犯罪特征。而贩卖的信息往往被社会犯罪分子利用,用于实施网络诈骗、虚假营销、敲诈勒索、高利贷等犯罪行为,构成了互联网产业的黑色链条,具有很大的社会危害性。某些集中存放个人数据的网站管理技术水平低下,受攻击者往往不知情或者不敢声张,"社工库"具有攻击隐蔽、攻击目标精准的特点,对社会秩序造成了极大危害,是网络法制治理的重点目标和打击对象。对于"社工库"的犯罪治理要从犯罪器材、网络环境治理、资金结算通道等各环节展开全链条式打击,同时要提升网站技术管理手段,提供公民防范意识,加大社会宣传力度,努力减少非法数据交易的犯罪空间。

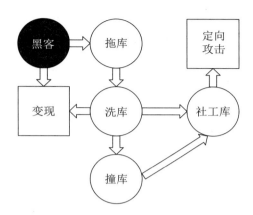

图3.4 "社工库"产业链示意

3.2.3 数据管理

数据管理是指对数据资源的管理,是在包括数据交付、控制、保护和提高数据价值的整个生命周期的计划、策略、程序、实践的开发、执行和监督。数据管理涉及如下指导原则:

(1) 数据是一种独特的资产;

(2) 数据的价值应该以经济效益衡量;

(3) 对数据的管理意味着对数据质量的管理;

(4) 通过元数据对数据进行管理;

(5) 数据管理要有计划;

(6) 数据管理是跨职能的,需要多样的技能和专业知识;

(7) 需要从企业的视角来管理数据;

(8) 数据管理需考虑数据流动,涉及方面广泛;

(9) 数据管理具有生命周期;

(10) 不同的数据具备不同的生命周期属性;

(11) 数据管理需考虑数据的风险性;

(12) 数据管理驱动技术决策;

(13) 有效的数据管理层的承诺。

由此可见,数据伦理其实并不是数据管理原则的组成部分。尽管如此,在人工智能时代,从企业的长远利益出发,为防止企业辛苦积攒的品牌和信誉受到损失,企业需要考虑以数据伦理指导数据生产、保存、管理、使用、销毁活动,并将数据伦理管理活动作为企业数据管理活动的组成部分。企业数据伦理管理活动的目的在于协调企业数据价值以及企业数据伦理风险,强调管理数据的质量与可靠性;强调防止数据的错误使用;强调数据价值的分配使用。

企业数据管理的伦理目标往往为、定义组织内的数据符合伦理的数据处理方式;教育员工不合适的数据处理方式可能带来的风险;树立最佳的符合道德的数据处理的行为以及文化;定期观察、测量、监督、矫正不符合道德的数据处理行为。具体活动则包括:对数据实践回顾并评估;识别和数据伦理相关的准则、实践以及风险;建立数据处理伦理活动的策略;发现数据实施过程中的差距并改进;加强员工数据伦理道德教育与沟通;监督并保持包括数据伦理道德的原则、策略、实践活动的一致性。企业的数据伦理活动需要通过数据治理手段与企业其他数据管理活动协调,伴随企业其他数据管理活动一起进行,并覆盖企业数字资产管理的整个生命周期。

3.2.4 案例研究

1. 直播引起的关于数据隐私的探讨

2017年12月12日,某女生在其博文中谴责了某网络平台利用公共摄像偷窥并直播个人隐私的行为,该博文被广泛转发,并引起了有关企业与网民的论战,短短两天内,双方辩论急剧升温。同年12月15日,全国"扫黄打非"办公室宣布,发现网络上有人散播利用某企业网络摄像平台制作的不雅视频。12月19日,人民日报发表评论认为,平台应承担审查义务。12月20日,涉事直播平台被关闭。事情的发生引起了中国社会各界的高度重视并引发大量讨论,但并没有取得一致意见,社会对网络隐私的焦虑仍未消除。

此案例是一起典型的数据隐私侵犯事件。在数据收集、数据交易与数据管理三个过程中没有形成对数据隐私的有效保护。在数据收集阶段,平台没有很好地完成标志标识的设置,造成了对数据知情权的侵犯;本来用于社会公共秩序的数据因为牟利原因上了直播平台,改变了数据使用的本来目的,违反了数据交易的透明性;而从数据资产的管理角度来看,企业没有平衡好数据伦理与数据价值的正确关系,缺乏有效的管理与对应手段,最终导致了企业平台的关闭,给企业和社会带来了损失。

2. 数据隐私带来的社会公共安全监管的困难

2020年3月27日,有报道称为了对抗新型冠状病毒肺炎疫情,欧洲各国通过监测被隔离人群,对冠状病毒传播进行追踪。各国政府试图通过发放应用程序来收集被隔离民众的个人数据,但由于与欧盟的《通用数据保护条例》相抵触,该做法遭到了部分政治团体和部分民众的反对,因而进程缓慢,行动缺乏协调统一。

以上案例说明用户数据隐私保护有时也会影响到公共卫生安全,如何协调好个人数据隐私的保护与社会安全,也是摆在政府治理者面前的一道难题。

3.3 数据算法

2018年9月,德国联邦政府成立了数据伦理委员会。该组织由科学家和工程专家组成,旨在提供个人信息的保护,维护社会凝聚力,维护和促进信息时代的繁荣。2019年该组织提出《数据伦理委员会的意见》,围绕着数据、数据算法、数据治理、实施途径等给出了关于道德准则的看法,并提出75条建议[11]。该意见将数据与算法共同视为算法系统,针对数据伦理准则、算法风险的评价、数据控制者的义务和数据主体权利的权衡、算法机构的监管、社交媒体的算法系统、算法的使用场景、算法的主体以及承担责任给出了意见,构建了数据算法的数据伦理框架。意见中对于算法歧视给出法律与计算机技术相关建议,根据算法系统可能造成的危害按程度给出了评估和监管框架。

3.3.1　算法歧视

2013年,威斯康星州一名男子因驾驶一辆在枪击事件中使用的车辆而遭到逮捕。该男子随后承认其试图逃离警察追捕,供认了其未经车主许可并驾驶车辆危险竞速的行为。在审判中,法官采用了一款名为康帕斯(COMPAS)风险评估软件,认为该男子再次犯罪的风险较高,给出6年监禁外加5年监管,不得缓刑的判决[12]。类似软件工具被美国司法系统普遍使用,然而通过对一些算法的研究表明,软件对于黑人的犯罪风险评估明显高于白人,广泛用于刑事判决的辅助软件具有种族歧视性,表3.1为某犯罪预测软件的测试结果。

表3.1　黑人被告的犯罪预测失败

预测结果	白色人种	非洲裔美国人
标记为高风险,但没有再次犯罪	23.50%	44.90%
标记为高风险,但重新犯罪	47.70%	28.00%

算法歧视(Algorithm Discrimination)是指由于系统性以及连续性错误的算法偏差导致的不公平结果,这种偏差往往是由于不经意的设计、算法不合适的使用以及训练数据的不完备等原因造成的。由于这种算法偏差在搜索引擎、社交媒体中的广泛使用,会无意中带来隐私侵犯并加剧包括种族、性别、性取向和民族的社会偏见。对于算法歧视关注的焦点在于算法偏差。一般说来算法偏差往往因为下列原因产生[13]:

(1) 既有偏差。这是由于潜在的社会意识和社会习俗形态造成的结果。由于某些固有观念影响到程序设计者和编程人员,导致采用错误的输入数据造成显式、隐式的设计错误;

(2) 技术偏差。主要来源于三个方面,首先由于计算机系统的算法能力、计算能力不足,或者设计人员系统设计能力不足以及其他不足造成的偏差。其次由于算法缺乏必要的上下文关系导致的算法偏差,例如搜索引擎按字母排序导致的不公平结果。最后由于算法将人类的行为过度简化为具体的计算步骤导致的偏差,例如某些采用机械比对的查重算法;

(3) 紧急偏差。指将原有的算法引用到新场景或者非预期场景中引发的错误。紧急偏差具体又包括:在大数据集相互关联比较过程中导致的非预期行为(关联偏差);被未预料到的受众使用而导致的偏差(非预期使用偏差);算法中的输入数据受到现实世界的反馈并影响算法,导致算法反馈循环或者反复迭代(反馈回路)。

防止算法偏差导致的算法歧视主要从以下方面进行:

(1) 算法技术规范性。要求算法采用的训练数据集、数据的训练过程符合某种规范。算法的训练过程最好由第三方组织实施,而并非由算法研发内部完成。对于算法的审查采用混淆矩阵(错误矩阵)来呈现算法的可视化效果。目前国际上已经有组织开展相关标准的研制工作。

(2) 算法的透明性。要求对算法的部署采用问责机制,要求算法具备可解释性。例如对机器学习算法的"可理解权力"的主张,要求抵制那些无法解释、不可审查的机器学习的算法部署。一些组织还建议监控算法的输出,确保系统算法组件可隔离,对发生偏差的算法予以关闭。

(3) 算法歧视的补救权力。呼吁对现有人工智能法律框架进行修订和制定,采取措施弥补算法造成的伤害。

(4) 算法的多元化。要求扩充参与算法设计的队伍,考虑引入女性、有色人种等,从算法团队构成上解决算法的种族、性别等歧视问题。

目前,世界各国限制算法歧视的法令较少,印度的《数据隐私法案》仍在起草中。美国的《国家人工智能研究与发展战略计划》正试图制定算法歧视的相关政策,具体的法律措施并没有出台。欧盟的《通用数据保护条例》则相对成熟,例如其第二十二条就做出如下规定:除非数据主体与数据控制者之间的合同必需或者遵守数据控制者遵循的成员国法律,数据主体有权不接受仅基于自动处理(包括配置文件)的决定。

3.3.2　算法安全

算法系统必须安全可靠。算法系统的安全可靠体现在算法透明、算法可靠、算法系统对数据的保护三部分内容。

算法透明是指能够看到系统的全局,能够通过分析的方式对系统审查。算法透明体现在三个层次:算法的实现层要求给定输入数据,其输出结果可以预测,包括操作的执行顺序、条件序列、相关参数均可见,算法系统可以执行白盒测试,此层级的算法透明往往通过开源的算法实现来体现;算法的规格层要求算法实现信息可见,包括算法模型需描述工作任务、目标以及使用场景,需描述训练数据集、包括超参数、损失函数等的训练步骤以及对算法性能的描述,此层级的算法透明往往通过发表的论文体现;算法的解释层要求算法提供算法模型的底层机理机制的解释,包括数据处理的指导原则、数据输出的原理,同样,该层级要求算法能够演示出其符合算法规格并满足人类价值观念,现有的人工智能系统尚达不到此高度。

算法可靠是指在没有人类监督的情况下,算法在复杂的环境中能够完全自主运行。

算法可靠性体现在算法性能上能够接近人类,在复杂任务中很好地完成其功能,即算法能够在短时间内做出精准的判断;算法无故障,即算法能够应对复杂的应用场景和恶劣的应用环境,能够应对对手的恶意干扰。

算法系统对数据的保护是指系统中的数据能够符合法律法规以及数据伦理的规范。对于个人数据,系统应该遵守当地数据隐私和数据保护的法律法规,并采取适当的技术手段和组织程序实施数据保护的有关原则。算法对数据保护不仅仅是一种技术手段,更多地体现出是一种管理手段,要求在算法包括数据收集、数据处理、模型训练、模型维护到算法使用的整个过程中,所有参与角色能够恪守职责,保证数据的隐秘和安全。

算法的安全更多体现在监督体制的建立,需要对算法的安全性给出评价并采取对策。德国的《数据伦理委员会的意见》根据算法的潜在威胁给出了算法安全的衡量标准框架,并根据风险等级给出相应的监督机制,如图3.5所示。

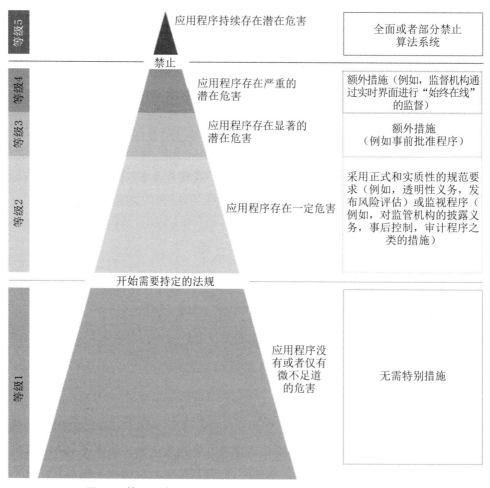

图3.5 算法系统的威胁程度金字塔以及与风险对应的监管系统

3.3.3 案例研究

某公司曾经在2014年开发了一套"算法筛选系统"来帮助筛选应聘者简历,开发小组开发出了500个模型,同时教算法识别50 000个曾经在简历中出现的术语让算法学习,但是久而久之,开发团队发现算法对男性应聘者有着明显的偏好,当算法识别出"女性"(women和women's)相关词汇的时候,便会给简历相对较低的分数,甚至会直接给来自于两所女校的学生降级。这个算法最终被媒体曝光,该公司也停止了算法的开发和使用。

算法歧视本质是由于社会存在的种种偏见以及算法人员对于特定社会现象视而不见。正如人类社会不存在绝对的公平一样,算法也无法保证绝对的公正。算法歧视将始终存在,只能通过技术手段与监督机制来限制算法偏差的社会危害程度。

3.4 数据实践

近年来,人工智能的创新与社会应用方兴未艾,智能社会已见端倪。人工智能已渗透到社会生活和经济生活的各个方面,全球已进入"数字驱动"时代,但是,在人工智能创造价值的同时也带来了难以掌控的风险,例如日益严重的数据泄露、数据污染现象。人工智能系统造成的风险,特别是灾难性的或有关人类存亡的风险,必须有针对性地计划,以减轻可预见的冲击[14]。因此,人工智能发展最大的问题,不是技术上的瓶颈,而是人工智能与人类的关系问题,这催生了人工智能的伦理学和跨人类主义的伦理学问题。准确来说,人们对人工智能的关注,不仅仅是其技术的发展,更重要的是,具有更强大智能和力量的人工智能,是否对人类具有善意,人与人工智能之间的关系是竞争、敌对,还是协作、共存? 英国议会上院人工智能报告提出,要制定国家人工智能准则,并推动形成人工智能研发和使用的全球共同伦理框架[15]。

3.4.1 数据泄露

数据泄露是指一种敏感的、被保护的、秘密的数据被未经授权的人员进行复制、传递、观察、偷窃或者使用的安全事件。伴随着大数据时代的到来,数据泄露事件层出不穷,数据泄露的规模与范围也在迅速扩大。自2013年以来,全球信息泄露的规模与频次逐年上升。仅2018年上半年,全球就发生945起较大规模的信息泄露事件,表3.2节选了2018年部分重大信息泄露以及重大信息安全事件。

表3.2　2018年部分重大信息安全事件

时间	案例	影响程度	发生地
2018 年 1 月	某地方卫生系统遭泄露	50 多万条新生儿和孕妇信息被层层倒卖	中国
2018 年 1 月	俄罗斯电信公司意外暴露数千名富豪客户个人信息	数千名富豪客户的个人信息被曝光	俄罗斯
2018 年 1 月	印度全民个人信息遭泄漏	超过 10 亿印度公民的个人资料(包括指纹和虹膜等生物识别信息)被售卖	印度
2018 年 1 月	某手机厂用户信用卡数据遭泄露	4 万名消费者的信用卡数据被黑客盗取	中国
2018 年 1 月	加拿大电信巨头贝尔公司的数据遭泄露	近 10 万用户受影响	加拿大
2018 年 2 月	瑞士电信证实 80 万数据被盗	约 80 万名客户(占瑞士总人口的 10 %)的个人信息遭到泄露	瑞士
2018 年 2 月	医生数据被窃取事件	30 余万条医生数据被盗取	中国
2018 年 2 月	某酒店防伪溯源数据被泄露	泄露防伪数据 700 万条,酒店损失超过百万	中国
2018 年 3 月	公务员泄露公民信息	82 万条公民信息被泄露	中国
2018 年 3 月	数千台 Etcd 服务器可任意权限访问	2 300 台安装了"Etcd"组件的服务器暴露在互联网上,750 MB 的密码和密钥被泄露	不详
2018 年 3 月	印度国家生物特征库 Aadhaar 疑似数据泄漏	印度政府和非政府机构网站上 2 万张 Aadhaar 卡的电子图片数据遭到泄露	印度
2018 年 3 月	印度国有运营商 BSNL 内网遭入侵,4.7 万员工个人信息被随意浏览	4.7 万员工个人信息遭到泄露	印度
2018 年 4 月	泰国最大的 4G 移动运营商 True-MoveH 遭遇数据泄露	46 000 人的数据被直接曝光	泰国
2018 年 4 月	某技术公司的个人数据被盗取	容量达 60G 的 500 万条数据被盗取,并在网上售卖	中国
2018 年 4 月	印度某政府网站意外泄露大量公民敏感信息,目前仍未修复	印度某政府网站数据被泄露,损失程度不详	印度

续表

时间	案例	影响程度	发生地
2018 年 4 月	芬兰某公共服务网站数据遭到泄露,超过 13 万芬兰公民受影响	13 万芬兰公民数据遭到泄露	芬兰
2018 年 5 月	美国监狱电话监控供应商 Securus 被黑,大量数据遭窃取	2800 个用户数据遭到泄露	美国
2018 年 5 月	上万印度板球球员个人信息遭到泄露	1.5 万~2 万印度人个人信息遭到泄露	印度
2018 年 5 月	本田汽车泄露敏感数据	超过 5 万名本田 CON-NECT 移动应用程序用户的个人详细信息遭到泄露	印度
2018 年 5 月	美国软件公司 AgentRun 意外泄露众多保险公司客户的个人敏感信息	成千上万保单持有人的个人敏感信息被泄露	美国
2018 年 5 月	环球唱片被爆泄露敏感数据	环球唱片内部 FTP 凭证、数据库根密码和 AWS 配置详细信息,包括访问密钥和密码	美国
2018 年 7 月	德国托管服务商 DomainFactory 大量客户数据遭外泄	信息泄露具体损失不详	德国
2018 年 7 月	西班牙电信 Telefónica 存在漏洞,可暴露数百万用户的完整个人数据	透过该漏洞能够访问数百万用户的完整个人数据	西班牙
2018 年 8 月	美国电信巨头 Comcast 爆漏洞	超过 2 650 万名用户的家庭住址和社会安全号码被泄露	美国
2018 年 8 月	T－Mobile 又泄露超过 200 万客户数据	230 万人数据被泄露	不详
2018 年 8 月	英国电商软件 Fashion Nexus 爆漏洞	多个品牌网站 140 万购物者隐私遭到泄露	英国
2018 年 8 月	某知名酒店集团 5 亿条数据被泄露	超过 100G,近 5 亿条数据被售卖,涉及 1.3 亿人的个人信息以及开房记录被泄露	中国
2018 年 8 月	AWS 官方人员导致 GoDaddy 数据泄漏	成千上万保单持有人的个人敏感信息被泄露	美国

时间	案例	影响程度	发生地
2018 年 8 月	澳大利亚 16 岁高中生数次入侵苹果服务器,下载 90G 文件	苹果服务器 90G 数据被偷窃	美国
2018 年 9 月	某快递数据被非法获取	1 000 万条快递信息遭到泄露	中国
2018 年 10 月	亚马逊 S3 存储桶配置错误,暴露美国选民的个人信息	亚马逊 S3 存储桶因为一个配置错误,意外暴露了包括全名和电话号码在内的 52.7 万选民的个人敏感数据	美国
2018 年 11 月	某酒店信息泄露	5 亿条顾客数据遭到泄露	中国
2018 年 12 月	联想笔记本丢失	成千上万名员工的姓名、月薪、银行账号信息被泄露	新加坡
2018 年 12 月	法国外交部称紧急联络人信息数据库遭黑客入侵	54 万份个人档案信息在事件中被窃	法国

* 数据来源　360 威胁情报中心[16]

全新来源的各种数据将会给私人信息和敏感信息造成新的漏洞。数据收集是数据利用或数据处理的基础,而数据泄露则是通过进行非法数据收集提供个人或企业信息的行为[17]。现代智能技术为数据的采集提供了方便的技术手段,网络或智能设备将信息以数据化的形式记录下来,并可能永久存储于云端。在现代社会,个人的身份信息、行为信息、位置信息甚至信仰、观念、情感与社交关系等隐私信息,都可能被记录、保存、呈现,人们几乎无时无刻被暴露在智能设备面前,时时刻刻在产生数据并被记录。海量数据的收集可能会引发一系列的风险问题,这些数据一旦泄露,会为企业带来财产损失、信誉风险,也使得个人隐私保护面临巨大的挑战。

大数据的强大张力,给我们的生产生活和思维方式带来革命性改变,但数据泄露的日趋严重使人们开始意识到大数据与伦理的问题。学术界普遍认为,应针对大数据技术引发的伦理问题,确立相应的伦理原则[18]。一是无害性原则,即大数据技术发展应坚持以人为本,服务于人类社会健康发展和人民生活质量提高。二是权责统一原则,即谁搜集谁负责、谁使用谁负责。三是尊重自主原则,即数据的存储、删除、使用、知情等权利应充分赋予数据产生者。现实生活中,除了遵循这些伦理原则,还应采取必要措施,消除大数据异化引起的伦理风险。

如何防范数据泄露呢?[19]首先应加强技术创新和技术控制。对于数据泄露带来的伦理问题,最有效的解决之道就是推动技术进步。解决隐私数据保护问题,需要加强事中、事后监管,但从根本上看要靠技术事前保护。例如,对个人身份信息、敏感信息等采取数据加密升级和认证保护技术;将隐私保护和信息安全纳入技术开发程序,作为技术原则和标准。其次建立健全监管机制,逐步完善数据信息分类保护的法律规范,明确数据挖掘、存储、传输、发布以及二次利用等环节的权责关系,特别是强化个人隐私保护。最后培育开放共享的理念。进入大数据时代,人们的隐私观念正悄然发生变化,如通过各种"晒"将自己的数据信息置于公共空间,一些方面的隐私意识逐渐淡化。这种淡化就是基于对大数据开放共享价值的认同。应适时调整传统隐私观念和隐私领域认知,培育开放共享的大数据时代精神,使人们的价值理念更契合大数据技术发展的文化环境,实现更加有效的隐私保护。

3.4.2 数据污染

数据污染是指故意或无意地改变原始数据的现象或者行为,是一种信息污染,是由于人们得到的数据与原始数据不符导致数据失实,是对真实数据的扭曲。

在人工智能算法研制方面,数据的污染会在训练法(见2.2.2小节)中引入错误的不当训练数据,从而导致人工智能算法出现偏差。在更大的范围内,与数据污染相关的不良后果可能有下列几种情况。第一,数据污染可用来攻击人工智能系统和设备,通过输入受污染的数据"喂养""训练"人工智能系统,使其偏离正常的运算目标,最终产生失焦的运算行为,从而引发一系列安全风险。第二,数据污染可影响政治经济决策,数据原本的意义是客观现实的真实反映,真实数据能说明事物的各方面正确特征,而污染数据反映的是失实信息,会影响到利用已知数据进行分析和决策的一系列相关部门的工作,从而造成经济政治形势预测和判断失灵,导致经济政策决策失误。第三,在控制系统中,错误的数据输入可导致控制系统失灵或发生故障;运行阶段的数据异常可导致智能系统运行错误;模型窃取攻击可对算法模型的数据进行逆向还原,导致人工智能系统数据泄露。例如,在自动驾驶领域,"数据污染"可导致车辆违反交通规则甚至造成交通事故;在军事领域,通过信息伪装的方式可诱导自主性武器启动或攻击,从而带来毁灭性风险。此外,数据污染可以造成风险控制模型失灵,仿真计算异常等各种问题。尽管如此,数据污染也有其有利的一面,人类可以适当地引入数据污染对隐私数据进行保护,例如谷歌、苹果等公司通过对个别数据增加噪音的方式来保护个体数据。

由于数据处理过程是一个连续相干过程,初期的数据污染会随着数据处理层次的加深而更加严重,也变得更加难以分辨和排查,因此数据污染治理应该从源头抓起。数据污染的典型来源包括:

(1) 数据的收集过程中,因操作程序不当而引入涉及法律问题的数据造成的数据污染。例如数据采集过程中,采用了违反数据版权或者其他法律规定、触犯民族禁忌的数据等,从而造成非法数据处理结果。

(2) 在运用物联网技术的数据采集过程中,因为设备、管理、环境干扰等原因造成的数据偏差。例如传感器接近高压线输电线路造成的干涉扰动,某些生物、环保传感器由于没有按规定清洗、校正造成的数据偏离。

（3）在人工进行数据调查过程中,由于调查不细致或者工作疏忽造成的数据污染。

（4）团队或者个人出于某种目的实施的数据干扰。例如某些团队或者个人通过聊天机器人散布的一些言论或者数据。

（5）数据处理过程中引入的数据污染。例如在工业信号数据清洗过程中,引入不当的过滤、压缩算法引起的信号损失或者数据错误。

（6）数据分析过程中,采用不适当的统计口径或者错误方法引入的数据错误。

（7）出于保护数据隐私的需要,有意识地加入数据扰动。

解决数据"被污染"问题,实际上是解决数据质量治理问题。[20]首先需要有明确的组织,这是持续建设企业文化的土壤,而数据质量治理文化建设一定是一个确定的、有组织的并且需要长期、持续推进的事情。在组织保障和质量文化的基础之上,还应侧重研发流和数据流。对于研发流而言,需要进行强管控,这是因为业务形态决定了研发周期很短;对于数据流而言,也需要建设很多能力,如果源头被污染了,且不能控制其污染到下游,那么越往下修复成本就越大。

其次,研发平台需要能够感知发布任务的故障问题以及数据质量问题。平台需要能够识别出潜在风险,因为需要非常及时地了解被破坏的数据。当风险被识别出来之后,就需要"智愈"能力,之所以使用"智",是因为原本数据处理任务往往是离线的,在这段时间里会有人员参与质量保障任务。而"智愈"能力就希望通过人工智能算法来配合数据处理工作,使得感知能力叠加算法能力,能够对于数据感染进行自愈。

最后是运营能力,数据质量不会被展现在前台,如果数据质量足够好,完全可以实现无感知,使用者不用再担心数据能不能用,也不会出现敢不敢用的疑惑,因此数据质量对于运营而言也非常重要。

3.4.3 案例研究

1. 印度麦当劳220万用户数据遭泄露

印度麦乐送(McDelivery)应用泄露了220多万麦当劳用户的个人数据。[21]安全公司Fallible的研究员称,此次泄露的用户数据包括姓名、电子邮箱地址、电话号码、家庭住址、家庭和社交个人资料链接。此次用户数据泄露的根源在于McDelivery公开可访问的API端点(用于获取用户详细信息)未受保护。攻击者可以利用该问题枚举该应用的所有用户,并访问相关数据。

此次事件暂未引发严重后果,但是可以想象,用户的姓名、电子邮箱地址、电话号码、家庭住址、家庭坐标和社交个人资料链接等资料一旦被有心人组合利用,很可能破解用户其他账号(如金融账号),或导致用户安全受到威胁。这一事件的发生,不仅导致个人隐私出现安全问题,同时引起了现实社会中伦理问题的激化。多数不法分子通过该网站获取他人私人信息散播到网络中,大众的知情权与个人隐私权的矛盾再一次引起数据伦理问题。

2. 卡明斯基(Kaminsky)攻击事件

2008年7月,丹·卡明斯基(Dan Kaminsky)攻击通过精心构造 DNS(域名系统)报文,在 LDNS 查询某个域名时,冒充真正的权威 DNS 做出回应,使得 LDNS 得到一个虚假响应。如果 LDNS 接受了这个虚假响应并写入缓存,LDNS 就会被污染。这种攻击产生的后果是 DNS 服务器缓存中的记录被修改,比如用户本来想访问 http://www.baidu.com,如果本机没有缓存,就会向本地 DNS 查询该域名的 IP,但由于 DNS 服务器被污染,所以用户得到的 IP 并不是想要去的地方,而是一个攻击者设定的 IP,这样,用户就被牵引到完全可能是恶意的网站。

《DNS 与 BIND》的作者认为,这可能是互联网历史上最大的一次 DNS 安全事件。在用户层面是无法感知和防范这种攻击的,因为攻击破坏了互联网底层的基础设施——域名服务。由此引发的数据污染和治理问题引人深思。

3. 永恒之蓝(WannaCrypt)病毒

2017年5月12日,永恒之蓝(WannaCrypt)勒索蠕虫突然在全球爆发,受到攻击的对象包括英国医疗系统、快递公司 FedEx、俄罗斯内政部、俄罗斯电信公司 Megafon、西班牙电信等。原因是一个名为 ShadowBrokers 的黑客团体利用 Windows 系统漏洞加入了自我复制功能和比特币勒索功能,短短一个小时之内,超10万机构、组织被攻陷。就目前已知的 WannaCrypt 受感染主机中,有相当一部分还是在使用 Windows XP、Windows8 等超龄服役的系统,因此此次事件中,医疗、银行和学校成为了 WannaCrypt 传播的重灾区。

安全和便捷本就是一对伴生的矛盾体。现在有不少用户为了方便,在局域网内分享文件或者共享打印机,长期为网络端口大开方便之门,或者利用破解软件"蹭"其他用户的 WiFi,这也为一些不法之徒和黑客提供了便捷之门,由此引起了相关的数据伦理问题。

4. 微信"吸粉"引发的数据污染

2020年3月18日,微信方面向媒体透露,针对多个公众号套用"疫情之下的某某国:店铺关门歇业,华商太难了!"文章散布谣言的事实,删除相关文章100多篇,封禁公众号50多个。经调查,此类文章均是由福清三家公司注册的多个公众号发出的(如图3.6所示)。这几家公司为了博求关注,以更换主角姓名、从事行业、所在国家的方式,运用多个公众号批发内容雷同的文章,夸大扭曲事实真相。目前除相关公众号被封禁之外,司法机构也将介入调查[22]。事件表明,数据污染有的时候并不仅仅是纯粹技术手段可以解决的,一些场景下需要通过管理工具、甚至是司法工具来解决问题。

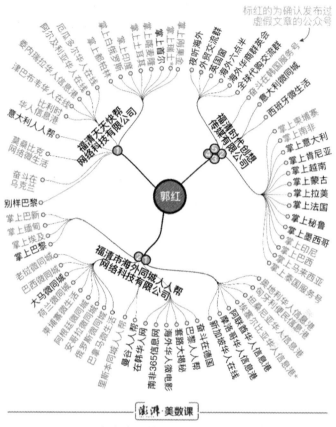

图3.6　涉及传播谣言的公司以及微信公众号

*澎湃新闻　陈良贤　制图

3.5　大数据伦理

近年来,人工智能已经迅速融入到经济、社会、生活等各个方面,在全世界燃起了燎原之势,被用于改善医疗保健,提高农业效率,缓解和适应气候变化,提高生产系统的效率等,从而成为当今时代最具变革性的力量之一。[23]与此同时,人工智能也会带来一些潜在的风险,比如不透明的决策、基于性别或其他类型的歧视、对私人生活的侵犯或被用于犯罪目的。虽然人工智能所带来的利益远大于风险,但这些问题与风险也是不可忽视的,这是人类面临的一项挑战。

欧委会消费者事务委员梅格丽娜·库列娃(Meglena Kuneva)女士指出:"个人数据是互联网的新能源、数字世界的新货币。"如今,人们极为看重数据的价值,数据具有数量庞大、时效性强、价值密度低等特点,但单个数据或者数据孤岛并不能实现社会应用,为了将数据价值最大化,就必须对数据进行收集、评估与分析,并允许数据跨境自由流动,但这些实现的前提是要制定合理的保护措施。如今企业的各种运营和战略,甚至包括投资决策,都是建立在数据驱动之上。在进行数据流动、共享的过程中也伴随着各种风险,认识、规避这些风险,制定合理数据保护措施,是如今数据时代最为重要的事情。

3.5.1 数据实验风险

2018年10月24日,中华人民共和国科技部官网公布6份行政处罚文件,对6家公司违反《人类遗传资源管理暂行办法》做出处罚决定[24]。从行政处罚内容可以看出,一些企业和境外研究组织合作,将人类遗传资源信息泄露到国外。由于担心中国的人口基因数据被西方世界掌握,从而研制出精准的基因武器,涉事企业受到了媒体和大众的强烈质疑与谴责,企业由此蒙受巨大的经济和信誉损失。

大数据产业链包括数据的采集、存储、安全、分析和应用,其中大数据分析是大数据价值化的重要手段。大数据技术在推动社会发展、创造价值的同时,一些问题和风险也悄然而至,比如个人信息的过度收集以及滥用,这些问题与风险若不及时处理,将会影响个人安全,带来社会问题,甚至影响整个时代的发展。如今,我们面临的数据风险主要来自四个方面:

(1) 数据主体相关权利保护受到更多挑战。在个人信息数据的获取和使用面临着许多问题,而这些问题都给数据主体的权利带来一定威胁。收集数据时数据主体对其个人数据是否知情? 如何保护个人信息? 如何平衡数据收集、保存、传输过程中的个人信息保护以及数据商业化之间的关系? 当个人数据被滥用侵害到隐私甚至个人安全时,该如何降低对数据主体的伤害以及防止此后类似事情的发生? 保护用户隐私的法律是否能够完全保护隐私? 数据主体是否拥有个体自由,是否被直接或间接强制、监测、欺骗或操纵等,这些都属于个人数据风险。[25]我们需要在保护个体权利和自由的基础上,最大化人类福祉和公共利益,如何制定规则保护个人信息、尊重个人隐私与保护公民权利是我们在享受数据时代带来的利益的同时所要面临的挑战。

(2) 数据保护问题带来的风险。大数据技术的开发与运行过程中不仅涉及个人数据,还包括企业数据、工业数据、商业秘密、知识产权以及涉及社会安全、国家安全的多种重要数据,这些数据的保护也存在巨大风险。在整个应用系统中,包括数据采集、传输、存储、使用以及流通等多个环节,每个环节都有各种风险,且均面临着数据泄露、数据遭篡改等风险。

(3) 个性化应用给个人带来的偏见。如今大数据已经应用到我们生活的很多方面,比如各种新闻讯息推荐,而这些个性化推荐算法有时候会影响用户的认知,可能造成不平等、歧视与偏见。例如很多浏览器开发的算法是基于用户搜索历史记录和点击,随着搜索和点击次数增多,用户就会一再地确认自己的偏见而无法意识到错误。如今的社交媒体已成为大部分人获得新闻信息的主要渠道,其中的推荐算法机制引导我们进入观念类似者的小群体空间内,它只为用户提供他们喜欢或选择相信的信息,是否真实并不重要,形成所谓的"信息茧房"[1](详见6.2.2小节)。这些现象警醒我们,数据与算法这些看上去客观的手段与方法,并不保证一定能带来更多真相,有些情况下甚至可能走向反面。如果应用数据的过程不遵守一套完整的规范,或者在数据应用中出现了漏洞而未能察觉,未来人们或许会被更多由貌似客观的数据堆积成的假象所包围。

（4）高质量的数据是大数据技术发展的前提和基础。[26]数据集的规模不足、缺乏真实性与完整性、多样性与均衡性不足、"脏数据"带来的污染等都会导致一定的风险问题,若模型没有矫正的环节,一旦结果有偏差,系统本身无从得知,根据错误结果持续优化,最终反而变本加厉。大数据应用系统必须消除这些偏差,仔细校验和测试这些数据集,确保数据收集的完整性,当数据是从人的行为中收集时,它可能包含误判、错误和失误。虽然当数据集足够大时,这些错误将被忽略,因为正确的行为通常会超过错误的行为,但其痕迹仍然保留在数据中。

尽管大数据技术的价值不可否定,但也存在一定的风险。我们需要对这些问题有足够的警惕,增强对抗风险的能力,合理应用大数据技术,从而促进合法的、道德的、健康的可信赖人工智能的发展。

3.5.2　数据技术倾销与保护

数据技术倾销是指出口国把一种数据技术产品出口到另外一个国家,予以进口国消费者大量的优惠让利（包括容许盗版、复制等手段）来逐步占领进口国的市场,从而造成进口国相应产业或行业遭受实质性损害或将要造成损害的行为。简单来说,数据技术倾销就是指数据技术产品正版厂商为获得高额利润,通过鼓励盗版,当盗版以低价吸引一定数量的用户群或挤垮竞争对手后,再通过打击盗版获得垄断地位的行为。其目的就是消灭竞争对手,垄断整个市场,这种不正当的竞争手段为世界贸易组织所禁止,因此反倾销也成为各国保护本国市场,扶持本国企业强有力的借口和理由。由于各国家数字竞争日趋激烈,数据技术倾销已经成为某些国家谋求"数字霸权"的重要手段。

倾销的危害性非常大,[27]它挤占出口国其他企业的海外市场份额,损害出口国消费者的利益,扰乱出口国市场秩序,阻碍进口国相应产业的发展,扭曲进口国市场秩序,对知识产权造成巨大威胁。所以为使大数据技术未来持续稳定的发展,必须制定相关的保护措施,包括:

（1）制定相关法律,防止数据技术倾销的发生。不能只着重于眼前利益而放弃长远

---

① 信息茧房是指个人的信息来源像蚕茧桎梏于"茧房"一样的现象。

的利益,让国内外数据技术相关产业公平竞争才能在一定程度上预防技术倾销,对于已经存在的技术倾销行为,要根据相关法律进行处罚。

(2)保护国内的数据技术相关产业。为它们的发展创造良好的发展环境,包括鼓励商业银行投资,减少工商业税务管理的限制,加强消费者权益的保护及知识产权的维护等。

(3)保护知识产权。盗版泛滥最重要的原因是知识产权保护不严格。如果抵制盗版,由于相关数据技术产品费用较高,会一定程度抑制技术倾销的产生。所以要有相应的措施来防止盗版,对于盗版的行为予以处罚,才能有效地防止技术倾销的发生。虽然在保护数据技术产业利益的同时,会在短期内损失一部分消费者的利益,但是这有利于数据技术的持续发展与长远利益,可以说利远大于弊。

为维护国内市场经济秩序,保护国内竞争性企业的经营和发展,我国逐步成为对外反倾销的主要发起国之一。多方面数据显示,[28]倾销保护主要通过规模经济效应促进了国内企业创新,对外反倾销更多地提高了高生产率企业和私营企业的创新水平。上述研究结论意味着,中国政府可以在世界贸易组织框架内,合规地采用反倾销措施抵制外国企业的倾销行为,为国内企业提供公平的市场环境,提升国内企业的竞争力。数据技术倾销保护在一定程度上可以保护国内相关产业发展,提高它们的竞争力,促进大数据技术的创新。

3.5.3 案例研究

由于大数据被视为各国生存和发展的重要战略资源,拥有优势的数据资源能够提高国家对世界局势的掌控和竞争力,因此国家之间围绕数据资源的占有和利用的博弈日趋激烈。有人担心,信息技术资源具有优势的国家正图谋数字霸权(Digital Supremacy)以追求国际影响力。

2013年6月,《华盛顿邮报》和《卫报》揭露了多家科技公司参与了美国政府的数据监控计划——棱镜计划[29],见图3.7和图3.8。一些国际大公司向美国国家安全局提供包括电子邮件、语音、视频、VOIP通话、社交网络详细资料等数据,其监控对象为美国境内与境外通讯的各厂商客户。由于棱镜事件的曝光引起世界各国的反对和谴责,美国逐渐追求获取海外数据的法制化过程。2018年美国通过了《澄清境外数据合法使用法案》,该法案原则上要求美国的数据通讯服务供应商在收到政府凭证后,必须提供其拥有或者运营的服务器上存储的客户以及服务对象的数据。但同时当法院或者公司认为政府的要求违反了数据存储所在国家地区隐私权时,提供了拒绝和质疑的机制[30]。此项法案是美国政府与科技公司多年争执不断的结果,此项法案的通过也意味着科技公司与美国政府就数字监管达成协议。受此影响,多个国家也相应地提出了各项法律规定。2019年4月,俄罗斯通过了《主权互联网法案(修订版)》,要求互联网公司使用政府提供的加密工具;2019年6月,埃及通过《数据保护法》,禁止向境外转移或者提供个人数据;2019年11月,印度通过《个人数据保护法案》,规定敏感和重要的数据必须在印度境内保存或处理。

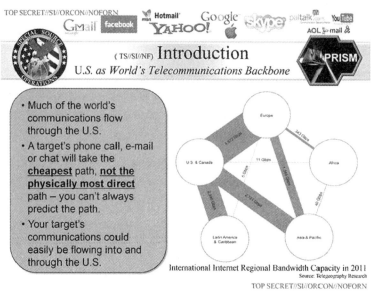

图3.7 棱镜门计划中揭示了全世界有大量通讯流经美国

图3.8 威瑞森电信(Verizon)向美国政府提交近百万用户电话记录

讨论与思考题

1. 远程参加 Zoom 会议的用户已达 2 亿人次。即使用户没有 Facebook 账户，Zoom 应用端内嵌的 Facebook SDK 仍会收集用户机型、所在城市、时区等信息，用户的数据共享设计可以被 ZoomBombing 的攻击手段随意利用，使得黑客能够闯入会议系统。该公司 CEO 已对 Zoom 的安全漏洞道歉。请就此事件分别从数据隐私以及数据污染角度发表你的看法。

2. 2019 年 4 月 11 日，视觉中国网站将"事件视界望远镜"项目发布的黑洞照片打上"视觉中国"标签，声称对图片拥有版权。而照片的原版权方欧洲南方天文台则申明，其网站图片、文字均可自由使用。随后发现，视觉中国霸占滥用大量不具备版权的图片对外销售，并利用诉讼手段谋求利益。2020 年 4 月 10 日视觉中国因涉嫌诈骗、虚假诉讼被公开举报。此次事件被称为"视觉中国黑洞风波"。请分析并列举"黑洞"照片在事件过程中可能涉及到的数据实体。

3. 据国际计算机科学研究所联合 CNET（网络媒体公司）的调查研究，大约有 17 000 款安卓应用程序会收集用户的操作信息，即使用户将这些手机程序删除，但用户信息仍将被永久保留。研究指出，这些应用将广告 ID 与手机上难以更改的用户标识相关联，并跟踪用户。一些搜索巨头则将这些数据用于对用户投放针对性的宣传广告。请你就这种程序是否违反数据伦理发表看法，并从技术角度给出解决方案。

4. 2016 年 4 月 12 日，患有滑膜肉瘤的一名学生去世前称，他通过网络检索发现某医院的生物免疫疗法并在该院就诊，耽误了病情，随后了解到该医疗方法在美国已经淘汰。因涉事医院与网站的竞价排名有所联系而引发热议。你认为此次事件是算法偏差引起的吗？请阐述你的观点。

5. 目前社会上存在着一种观点：尽管某些算法存在偏见，但与人类相比，其结果更加准确、更为公正。这似乎为有缺陷的算法的大规模应用找到了理由。你认为这种观点是否正确？可能引发什么问题？如何解决？

6. 2018 年 7 月 8 日，某地成功破获一起特大数据隐私侵犯案件，涉及公民信息数据近百亿条，共 4 000 GB 数据，某上市公司涉案，但未被列入被告。随即该公司披露，此案系公司某客户出售公民个人信息，公司个别人员因涉案接受调查。请参考这一事件，从数据安全角度讨论如何防止数据泄露。

7. 据美国"政治"网站（Politico）报道，美国国内新冠病毒检测数据难以共享，原因是负责新冠病毒检测的大型商业实验室拒绝向政府和卫生工作者公开数据库。这些商业实验室声称数据涉及个人隐私，不愿在未经事先授权的情况下共享数据,并坚称其行动符合法律。请你从数据伦理的角度,解释这些商业实验室的行为,并从社会监管角度的角度讨论应如何处理此类问题。

8. 药饵攻击(Poisoning Attack)主要用于攻击机器学习,即攻击者在训练模型中注入"坏数据",从而造成机器学习结果发生偏差。例如图3.9,支持向量机在对两组数据进行区分时,由于引入了少量的错误训练数据而造成结果的巨大偏离。请从数据质量管理的角度,阐述如何防止和治理药饵攻击。

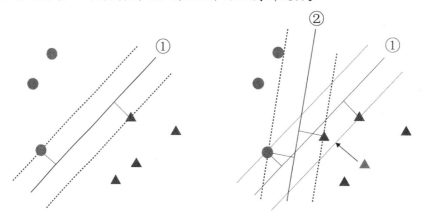

图3.9 由于引入"坏数据"造成的机器学习偏差

9. 2019年6月28日,工业和信息化部办公厅发布《电信和互联网行业提升网络数据安全保护能力专项行动方案》,展开为期一年的网络数据安全保护能力专项行动,对50家重点互联网企业以及200款主流应用数据进行安全检查。通过制定网络数据安全标准,开展网络安全专项治理,强化行业网络安全管理,推动网络数据安全技术防护能力建设,强化社会监督建设和宣传等手段促进我国的网络数据安全。讨论此举的意义以及政府可能采取的进一步措施。

10. 2018年3月签署的《澄清境外数据合法使用法案》,使得美国执法机构更容易规避海外数据隐私法律的保护,收集来自其他国家的电子邮件和个人信息。讨论此举对世界各国数据隐私保护的影响,以及各国应该采取的对策。

参 考 文 献

［1］Snider M，Baig E C. Facebook Fined $5 Billion by FTC，Must Update and Adopt New Privacy, Security Measures[EB/OL]. (2019-07-24)[2020-03-02]. https://www.usatoday.com/story/tech/ news/2019/07/24/facebook-pay-record-5-billion-fine-u-s-privacy-violations/1812499001/.

［2］Kitchin R. The Data Revolution：Big Data，Open Data，Data Infrastructures and Their Consequences[J]. Journal of Regional Science，2014:27.

［3］Loshin D. Knowledge Integrity：Data Ownership[EB/OL]. (2002-12-27)[2020-03-27]. http:// www.datawarehouse.com/article/? articleid=3052.

［4］Loshin D. Enterprise Knowledge Management：The Data Quality Approach[M]. San Francisco： Margan Kaufmann Publishers Inc，2000.

［5］Davis K，Patterson D. Ethics of Big Data[M]. Sebastopol:O'Reilly Media，2012:17.

［6］Walker R K. The Right to be Forgotten[J]. Hastings Law Journal，2012(64)：257-261.

［7］北京市质量技术监督局. 图像信息管理系统技术规范 第12部分:图像采集区域标志的设计与设置　非书资料:DB11/T 384.12-2018[S]. 北京:北京市质量技术监督局，2018:1.

［8］刘筱娟. 大数据监管的政府责任——以隐私权保护为中心[J]. 中国行政管理，2017(007):56-60.

［9］南度大数据研究院. 2018 网络黑灰产治理研究报告[EB/OL]. (2018-08-22)[2020-03-23]. http://www.iwshang.com/Post/Default/Index/pid/256742.html.

［10］腾讯安全. 暗网非法数据交易是隐私信息安全的重大威胁[EB/OL]. (2018-11-15)[2020-03-31]. https://s.tencent.com/research/report/566.html.

［11］Germany's Data Ethics Commission. Opinion of the Data Ethics Commission[Z]. 2019.

［12］Israni，Thadaney E. When an Algorithm Helps Send You to Prison[EB/OL]. (2017-10-26) [2020-03-15]. https://www.nytimes.com/2017/10/26/opinion/algorithm-compas-sentencing-bias. html.

［13］Friedman B，Nissenbaum H. Bias in Computer Systems[J]. Acm Transactions on Information Systems，1996，14(3):330-347.

［14］Asilomar AI Principles[R]. Asilomar:2017 Asilomar Conference，2017.

［15］House of Lords. AI in the UK:Ready,Willing and Able?[Z]. 2018.

［16］补天漏洞响应平台,360安服团队,360安全监测与响应中心,等. 2018年国内外信息泄露案例汇编[EB/OL]. (2019-02-04)[2020-03-19]. https://bbs.360.cn/thread-15670272.

［17］IDC. 数据时代2025[R/OL]. (2017-05-11)[2020-03-19]. http:www.xinhuanet.com/fortune/ 2017-05/11/c_129601736.htm.

［18］The European Commission's High-Level Expert Group on AI. Ethics Guidelines For Trustworthy AI [R/OL]. (2020-07-19)[2020-04-02]. https://ec. europa. ed/digital-single-market/en/news/white-paper-artificial-intelligence-european-approach-excellence-and-trust.

［19］杨维东. 有效应对大数据技术的伦理问题[N/OL]. 人民日报，2018-03-23[2020-03-26]. http://

opinion.people.com.cn/n1/2018/0323/c1003-29883864.html.

[20] 蚂蚁金服科技. 数据被污染很可怕？看看蚂蚁金服的数据治理之道[EB/OL]. (2019-02-27)
[2020-03-27]. https://www.sohu.com/a/298031021_99940985.

[21] 董毅智. 盘点国内外互联网十大安全事件[EB/OL]. (2019-02-22)[2020-04-03]. https://www.
wdzj.com/zhuanlan/guancha/17-7877-1.html.

[22] 朱轩. 微信回应"华商太难了雷同文章刷屏"：封禁50个违规公众号[EB/OL]. (2020-03-28)[2020-
04-01]. https://www.guancha.cn/politics/2020_03_19_542544.shtml? s=zwyxgtjdt.

[23] European Commission. On Artificial Intelligence：A European Approach to Excellence and Trust
[R]. 2020.

[24] 中华人民共和国科学技术科技部. 人类遗传资源管理[EB/OL]. (2019-06-12)[2020-04-01].
http://www.most.gov.cn/bszn/new/rlyc/xzcf/.

[25] The European Commission's High-Level Expert Group on AI. Ethics Guidelines For Trustworthy
AI [R/OL]. (2020-07-19) [2020-04-02]. https://ec. europa. ed/digital-single-market/en/news/
white-paper-artificial-intelligence-european-approach-excellence-and-trust.

[26] 赛博研究院,上海观安信息技术股份有限公司. 人工智能数据安全风险与治理[R/OL]. (2019-
09-09)[2020-04-18]. https://www.sohu.com/a/339876131_781358.

[27] 刘晓勇. 技术倾销：基于微软市场策略的分析[J]. 商场现代化. 2007(02):104.

[28] 何欢浪. 中国对外反倾销与企业创新：来自企业专利数据的经验研究[J]. 财经研究. 2020,46
(02):4-20.

[29] Barton G，Laura P. British Intelligence Mining Data from Nine U.S. Internet Companies in Broad
Secret Program [EB/OL]. (2013-06-06) [2020-03-01]. https://www. washingtonpost. com/
investigations/us-intelligence-mining-data-from-nine-us-internet-companies-in-broad-secret-
program/2013/06/06/3a0c0da8-cebf-11e2-8845-d970ccb04497_story.html.

[30] United States Congress. S.2383 - CLOUD Act[Z]. 2018.

第4章　企业的人工智能伦理构建

随着公众对于隐私保护的重视程度不断加深，人们发现一些智能硬件与手机软件可能存在一种风险——未经同意的监听监视。2018年底，某款知名品牌智能音箱发生重大监听事故。该事件曝光了部分智能硬件公司为了获得更多语音数据，其智能产品能在一定时间内自动开启录音功能，在用户不知情的情况下记录用户的言行。此外，设定闹钟、收听音乐、询问天气、查找交通路线等，仅这4项功能就能拼凑出用户的个人习惯、音乐品味、工作性质以及位置信息，描绘出用户画像。利用这些信息，企业可以寻找到对应用户及其同住人。根据名字甚至仅有姓氏，又可以快速锁定其朋友圈。手机软件的监控功能更为强大，只要用户将手机麦克风与摄像头权限开放给某个应用，它就可以随时监听，或者偷偷打开摄像头监控周围环境。有工程师指出，用户开放位置信息意味着共享其三维而非二维位置，即可定位至其所在楼层。[1]

自从人工智能成为多国国家战略以来，人工智能的伦理风险与安全问题受到社会各界的高度重视，至今全球已发布70余套人工智能伦理规范或准则。2017年7月，国务院印发了第一个涉及人工智能领域系统战略部署的文件《新一代人工智能发展规划》，明确指出"三步走"的战略目标，其中包含了2020年部分领域的人工智能伦理规范和政策法规初步建立，2025年初步建立人工智能法律法规、伦理规范和政策体系，增强人工智能安全评估和管控能力，2030年建成更加完善的人工智能法律法规、伦理规范和政策体系。[2]

人工智能技术正在广泛渗透到各行各业，并通过企业的产品和服务普遍地影响着生产和生活的方方面面。因此，在人工智能伦理规范、法律法规的制定和实施过程中，企业的作用至关重要。企业既是人工智能技术和产品的研发者，也是促进产业提质增效并推动智能经济发展的动力源泉，又是权衡企业利益和社会伦理风险的直接决策者，是将伦理规范引入产品研发和企业标准的责任主体，还是企业伦理准则和监察机制的建构者和执行者。企业既承担着自身生存与发展的商业责任，又承担着为社会提供符合伦理的产品与服务的社会责任，并对企业责任与社会责任的统合协调负有协举责任。企业在伦理准则的建立与执行过程中充满着矛盾与挑战，其核心的关键问题是：如何在受益于人工智能技术发展的同时，又能够保障员工、用户和社会大众的公共利益？

4.1 企业伦理的发展沿革与理论基础

企业伦理学和社会责任理论是企业伦理发展的重要理论基础。随着企业在人工智能时代进行数字化、智能化转型所面临的组织关系变革、商业模式变革和相应企业社会影响与伦理责任的变革，企业伦理学面临着内涵和外延的全面转型。企业开展人工智能技术应用提高了自身实力和经济效益，同时也需要承担更多人类社会的非经济价值责任。此外，传统的道德评估理论也需要在人工智能企业的伦理实践中，根据研发设计需求、应用场景需求、用户大众需求而与时俱进。

4.1.1 企业伦理学

企业伦理学是一门研究企业道德的学科，对企业道德现象进行分析、归纳、描述和解释。[3]具体地说，企业伦理是关于企业及其成员行为的规范，是关于企业经营活动的善与恶、应该与不应该的规范，是关于怎样处理企业及其成员与利益相关者关系的规范，通过社会舆论、内心信念和内部规范发挥作用。随着企业与经济发展的变革，企业伦理的问题对象和道德责任关涉也发生了相应转变。[4]

（1）第一阶段。早在20世纪50—60年代，经济高度发达的美国和欧洲等西方国家相继出现一系列企业经营丑闻，如受贿、规定垄断价格、欺诈交易、环境污染、违背道德的营销行为等，引起美国政府以及商学院的重视并进行了调查分析，同时将环境责任和道德营销纳入到企业伦理问题中，企业伦理决策模型初步形成。

（2）第二阶段。20世纪70年代情况愈演愈烈，非法政治捐款、非法股票交易、窃取商业机密、欺骗性广告、价格共谋、产品不安全等问题，引起美国企业界和学术界的广泛关注和讨论，因此，面向企业社会责任与经济的道德决策的企业伦理研究更加深入。

（3）第三阶段。进入20世纪80年代，企业伦理学进入全面发展阶段，从美国和日本扩展到了加拿大、西欧、澳大利亚、东南亚等地，并与社会责任一同出现在西方管理学教科书中。权威著作层出不穷，如弗吉尼亚大学R.爱德华·弗里曼等学者的《公司战略与企业伦理》（1988年）；哈佛商学院肯尼斯·R.安德鲁的《实践中的伦理：管理道德企业》（1989年）；佐治亚大学阿基·B.卡罗尔的《企业与社会：伦理和利益相关者管理》（1989年）等。一些大型公司建立了道德委员会以及社会政策委员会，以制定企业应遵循的道德标准。

（4）第四阶段。20世纪90年代初，美国90%以上的管理学院开设了企业伦理学的相关课程，其不仅成为管理学的主要内容，还向市场营销学、战略管理学、组织行为学、会计学等课程渗透。同时，研究范围也从国内研究扩大到国际市场营销道德的研究，揭示各个国家文化的差异性、道德观念的区别以及各国营销道德之间的矛盾。

（5）第五阶段。2000—2020年，企业伦理细化为企业生产运营管理伦理、人力资源管理伦理、市场营销伦理、企业财务管理伦理、企业环境伦理与国际经营伦理等，并且形成基于伦理的企业文化建设体系。企业伦理逐渐内化为企业文化的核心价值观，并同时成为企业核心竞争力的一部分，体现在企业内成员对某个事件或某种行为好与坏、善与恶、正确与错误、是否值得效仿的一致认识。

（6）第六阶段。2020年开始，与人工智能相关的企业伦理将不仅涉及经济伦理、企业内部经营与管理伦理、企业外部的环境伦理与国际经营伦理，还将涉及科技伦理、网络伦理、机器伦理、算法伦理、数据伦理等崭新的领域。以往的企业伦理研究主要以单一企业为主体，以各利益相关者为客体，以经济利益的损益为主导进行伦理反思，然而这种单线逻辑已经不能完全满足当代企业伦理发展的社会需求。当代人工智能企业伦理是以企业个体、产业链和生态圈的集合为主体，以人类的生命及财产安全、隐私、自治、公平与正义等为面向，以保护人类自主性、避免技术失控为长期目标的伦理反思。

4.1.2　企业社会责任

一般认为，"企业社会责任"（Corporate Social Responsibility，CSR）概念最早是由欧利文·谢尔顿（Oliver Sheldon）于1923年出版的《管理的哲学》中提出，他将企业社会责任与公司经营者满足产业内外各种人类需要的责任联系起来，认为企业社会责任包括道德因素在内。[5]1953年，霍德华·R.鲍恩（Howard R.Bowen）的著作《商人的社会责任》被公认为是现代公司社会责任研究领域开端的标志，他提出了社会责任的最初定义："商人有义务按照社会所期望的目标和价值，来制定政策、进行决策或采取某些行动。"他明确了三层含义：一是强调了承担社会责任的主体是现代大公司；二是明确了公司社会责任的实施者是公司管理者；三是明晰了公司社会责任的原则是自愿。但经过25年的观察，鲍恩放弃了"自愿原则"，他发现公司与工会组织结盟、控制媒体、影响政府，其权力是如此巨大，影响如此广泛，以至于自愿的社会责任已不再能有效地约束公司。因此，他转而提出社会责任的有效性应建立在社会控制公司的基础上，即"公众控制"。

20世纪60年代至今，逐渐形成了五种社会责任理论，分别是利益相关者理论、社会责任分级理论、企业公民理论、企业社会回应理论和责任铁律。[6]

（1）利益相关者理论。利益相关者理论主要是从企业社会绩效评价的角度提出，企业不仅要对股东负责，而且要对所有的利益相关者负责。伊戈尔·安索夫（H.lgor Ansoff）首次提出利益相关者理论，他认为，理想的企业目标必须综合平衡地考虑企业的诸多利益相关者之间互相冲突的索取权。基于市场交易的资源分配机制，企业利益相关者可分为初级利益相关者和次级利益相关者。前者为建立于市场交易的资源分配机制上的相关群体，包括员工、股东、消费者、债权人、供应商、经销商和竞争者等，后者为建立于政府公共政策与社会公益资源分配机制上的相关群体，主要包括社区、政府、外国政府、特殊利益团体、大众媒体、支持团体和大众等。[7]

（2）社会责任分级理论。社会责任分级理论从实证角度分析哪些社会责任是必要和正当的，以及这些责任之间的关系。1971年，美国经济发展委员会首次用"三个同心圆"说明了企业社会责任层级：内圈是企业的经济责任，包括生产产品、提供就业和经济增长；中圈是对社会价值观和优先权的变化采取积极态度的责任，包括保护环境、尊重雇员、给消费者提供完整信息、公平对待等；外圈是尚未明确的责任。1997年，英国可持续发展中心提出了"三重底线"观点，即企业不仅要考虑经济底线，还要考虑社会底线和环境底线。较为普及的是阿齐·卡罗（Archie B.Karroll）于1979年提出的企业社会业绩三维概念模型，包括社会责任维（经济责任、法律责任、伦理责任、慈善责任）、社会响应策略维（主动策略、适应策略、防御策略、反应策略）和利益相关者问题维（股东、工作安全、产品安全、歧视、环境、消费者主义）。

（3）企业公民理论。企业公民理论认为企业与个体社会公民一样，在社会合法性方面，既拥有社会公民的权益，也应该承担起对社会的责任。世界经济论坛将企业公民定义为，企业通过它的核心商业活动、社会投资、慈善项目以及参与公众政策而对社会作出贡献。企业如何处理与经济、社会、环境的关系以及利益相关者关系的方式，影响着企业的长期发展。一方面企业公民将企业社会责任从一种自愿行为发展为公民观下公民对社会的义务；另一方面企业公民强调对各级利益相关者的重视，不再将企业置于中心地位。企业公民将社区放在中心，企业作为整个社会生态大环境中的成员之一，与其他利益相关者相互依存，共同承担社会责任。

（4）企业社会回应理论。社会回应理论的提出将企业社会责任的研究从企业是否应当承担社会责任的道德争论引向企业的管理过程，即企业在实践中应当如何对外部的社会压力作出反应，控制外部社会压力对企业的影响，降低企业面临的风险。弗雷德里克认为，企业社会责任主要回答"为了谁的利益？根据什么道德准则？"等问题，而企业社会回应重点在于回答"产生什么效应？根据什么操作指南？"等问题。他指出，企业社会回应理论是社会责任从理念和伦理概念向行为导向的管理概念的转变，使企业社会责任从理论研究走向企业的管理实践。

（5）责任铁律。凯恩·戴维斯（Keith Davis）于20世纪60年代指出，实际上企业家而非企业在做社会责任的决定。企业社会责任具有两面性：一面是企业社会责任的经济性，由于企业家管理的是社会中的经济组织，所以他们在影响公共福利的经济发展方面负很大责任；另一面是企业社会责任的非经济性，企业家同时负有培养和发展人类价值观的责任，这是截然不同的一类社会责任，无法用经济价值的标准来衡量。所以戴维斯指出，企业社会责任意味着对他人具有"社会-经济"和"社会-人类"两种责任，而"社会-人类"责任通常被忽略。"责任与权力形影相随"的观点产生了所谓的"责任铁律"，其三个要点是"责任与权力联系在一起""责任越少、权力越小"以及"企业非经济价值"。

4.1.3　伦理道德评估

伦理学是关于优良道德的科学,是关于优良道德的制定方法、制定过程以及实现途径的科学。[8]目前应用于企业伦理的伦理原则和道德哲学,主要有功利主义、权力论、公正论、关怀论和美德论。[9]

(1) 功利主义。功利主义是一种目的论、结果主义伦理原则,由边沁开创,并由密尔和西季威克继承与发展,其核心原则是最大多数人的最大幸福。平等地对待和尊重受行为影响的所有人(包括行为人)的利益、幸福或功用,构成了功利主义的基本形式,个人利益与公共利益和谐一致是功利主义的预设前提。判断行为是否趋向于增加利益相关者的幸福,不是根据行为的动机判断,而是从其结果上来判断是否产生最大效用的善。然而功利主义面临两种批评,一是快乐、幸福的不可量化和不可通约性以及理性能力的有限性。最大多数人的最大幸福往往会在计算和比较方面遭遇理论上和实际上的双重困难。二是允许不道德行为。由于只考虑行为结果而不考虑行为本身,为了实现利益最大化可能会导致违背基本道德原则的行为。

(2) 权利论。权利论的哲学基础是康德的绝对命令,一种经典的义务论。康德的三条绝对命令是:"要只按照你同时能够愿意它成为一个普遍法则的准则去行动,即'绝对善的意志';无论是你的人格中的人性,还是其他任何一个人的人格中的人性,你在任何时候都同时当作目的,绝不仅仅当作手段来使用,即'人是目的';每一个理性存在者的意志都是一个普遍立法的意志,形成'目的王国'。最高且唯一的道德原则是意志自律。"[10]然而功利主义批判康德的纯粹理性过于主观,他提出的普遍性规则的前提是基于功利的普遍同意。其次,康德的道德律无法协调道德规则相互冲突的问题,当人与人发生利益冲突时,谁的或哪项权利是首要权利,应由谁裁决,合理性标准是什么,并未提供解决方案。

从应用伦理的角度看,权利可以分为道德权利和法律权利。其首先是一种道德权利,法律权利的产生是为了实现道德权利的强制保障。权利论的道德原则是,当行为人有道德权利从事某一行为,或从事某一行为没有侵害或增加了他人的道德权利时,该行为是道德的。道德的本质在于关心或顾及他人的利益。道德权利又分为两个方面,一是消极的权利或自由权利,如隐私权、生命不被剥夺权、处置私有财产权等。消极权利意味着每一项权利都要求人们履行不干涉他人的义务。二是积极的权利或福利权利,包括享受教育、获得食物、医疗服务、住房和工作等。积极权利意味着要求人们主动履行义务。

(3) 公正论。公正问题一般包括分配公正、交易公正、程序公正、惩罚公正、补偿公正等。① 分配公正解决当不同的人对社会利益和负担有不同要求,且这些要求无法同时被满足时,怎样分配才公正的问题。主要的公正分配方式有平均分配、按贡献分配、按需要和能力分配以及罗尔斯的分配正义问题等。② 交易公正是衡量契约权利和义务的价值规范,它包含对交易主体的正当性、交易内容的合理性、交易比例的等价性和交易程序的规范性的考察。③ 程序公正是对决策过程的独立价值和道德意义的考察,其包含自主原则、中立原则、平等原则和理性原则。具有普惠性、公平对待、多方参与、公开性和科学性等基本特征。④ 惩罚公正涉及三个问题:道德责任有何免除条件、惩罚对象如何判定以及惩罚力度的适当性。⑤ 补偿公正是指加害者对受害者进行补偿的道德义务,然而补偿的种类、方式与数量并不易确定,例如名誉受损、生命残害等非财产类损失应如何计量。

(4) 关怀论。关怀论的道德基础是关怀伦理学,是指对与我们有密切关系、尤其是有依靠关系的人,承担特别的关怀义务。关怀伦理的两个道德要求,一是培育和维护我们与特定个人建立起来的具体的、可贵的关系,并且不以"功利"为目的,而以关怀本身为目的。二是每个人都应该对与我们有关系的人,特别是易受损害的、仰仗我们关怀的人,给予特殊关怀,对他们的需要、价值观、欲望和福利作出积极反应。然而关怀伦理学可能会导致偏袒和不公正,另外要求人们对孩子、父母、配偶和朋友等给予特别关怀,这似乎是在要求人们为了他人福利而牺牲自己的需要和欲望。

(5) 美德论。功利主义、权利论、公正论和关怀论都是以行动为中心的伦理学,关注如何处事;而美德伦理学是以行动者为中心的伦理学,关注如何做人。

西方伦理学以亚里士多德为肇端,他在《尼各马可伦理学》中强调道德研究以实践为目的——"我们不是为了了解德性,而是为了使自己有德性,否则这种研究就毫无用处"。他将灵魂的德性分为非理性的道德德性和理性的理智德性。道德德性是人的非理性灵魂在正确的理性原则指导、约束下的关于选择适度的品质,如快乐、痛苦、节制、勇敢等;理智德性纯粹合于理性,其中沉思的理智把握的是事物本然的真,它不是欲求,没有目的,而实践的理智把握的是相对于目的或经过考虑的欲求的真。[11]

中国的美德伦理是以天道为根基,以德行修养为核心的生命哲学和实践功夫体系。中华文化之魂中蕴藏着尊道贵德、修己成人以至于天人合一的伦理美德。中国传统伦理思想虽灿若繁星,理论内涵与外延各有侧重,但以儒家、道家与禅宗为首的伦理体系无不尊重人类与宇宙的精神和谐,强调以自事其心为修德体道的实践路径。儒家遵奉仁和中庸,得道者多助,以"志于道,据于德,依于仁,游于艺"为准则;道家尊崇道法自然,内圣外王,以"生而不有,为而不恃"为玄德;禅宗以顿悟自性为务,以"念念行平等真心","常以敬自修其身为功,常以离境自净自心为德"。

无论东方智慧还是西方思想,美德伦理都向人描绘了超越个人欲望与功利目的的处世路径。以无为之心处有为之事,方能秉承公德而避免唯利是图、自私自利的行径。企业的发展离不开企业领导人和各方参与者的德行境界,故美德伦理对于企业战略决策与企业文化构建具有重要的现代意义。耶鲁大学技术与伦理研究中心主任、《道德机器:如何让机器人明辨是非》的作者温德尔·瓦拉赫(Wendell Wallach)提出在发展人工智能伦理的同时,也应该反思生命伦理学和人类未来命运,即我们是否在创造一个有意义的世界,如何能够让人性的价值框架发展进步,我们应该彻底反思人类到底应该如何思考底层的思维模式。他认为从某种程度上说,现行发展仍旧是三百余年来科学思想的产物,但是单纯依赖科技进步的想法似乎是失衡的,因此面对人工智能的社会与伦理挑战,他对基于儒学、道学和佛学等东方哲学的路径与视角饱含兴趣。如何在实践角度将"和谐"的思想融入决策,跳出西方的思想框架,对于构建当代人工智能伦理思想具有积极意义。

根据对以上五种伦理理论的介绍,下面简要分析道德评估理论在人工智能产业应用中存在的一些难点和挑战。一般而言,伦理理论都是抽象的,它们与实际应用之间存在巨大的实践鸿沟(见1.2节),主要表现为伦理原则在实践中一般不具有可操作性。以功利主义的"最大多数人的最大幸福原则"为例,从理论上看是足够明确的,从实践上看却十分含糊。什么是"最大多数人的最大幸福"? 如一家公司正在研发某款人工智能产品,该产品通过使用某项用户隐私数据,为用户提供更好的服务。那么,这项设计是否符合"最大多数人的最大幸福"原则? 该公司如何得知是否符合这一原则? 通过全民公决还是用户投票? 其结果真的能够反映"最大多数人的最大幸福"吗? 显然,其他伦理理论(如权利论)也面临着同样的困境。

这个例子表明,虽然"让人工智能产品研发遵守伦理原则"确实是大家的共识,但如何找到切实可行的落实途径才是真正的挑战所在。事实上,对于上述案例中的产品设计问题,当代社会采用的解决办法之一,是借助于技术标准(见1.2节)的约束作用。一个技术标准是一类产品的强制性、可执行和可检验的准则,由国家或行业组织制定,由国家有关部门监督执行,相关企业必须遵守。回到上述案例,如果已经制定和颁布了相关的技术标准,该标准规定了这项用户隐私数据是否可以使用、使用的条件和要求(如征得用户同意[①]),则该产品的设计直接依据技术标准即可,从而避免了以伦理原则"最大多数人的最大幸福"为直接依据的不可行性。

由此可见,一般情况下,伦理准则难以直接在产品研发中落地,目前实际采取的落地路径是用伦理准则指导技术标准、法律法规、产业政策等等的制定,形成伦理原则的实施细则,并由这些实施细则约束企业的产品研发。显然,标准、法规、产业政策的制定必须符合一定的伦理原则,而且必须填补伦理原则中存在的巨大实践鸿沟。另外,完全依靠技术标准、法律法规、产业政策等传统伦理制度手段,对于人工智能伦理体系建设来说是不够的,有必要根据人工智能的特点进行更广泛、更深入的探索。

4.2　企业人工智能伦理的构建对象分析

人工智能在全球范围内正在快速发展。《中国新一代人工智能科技产业发展报告(2019)》显示,截至2019年2月28日,共检测到745家中国人工智能企业,约占世界人工

---

① 有人认为,只要征得用户同意,就可以解决任何涉及隐私的伦理问题,因而不需要相关的技术标准。但实际上,由于专业知识局限等原因,多数情况下多数用户不能准确理解一个隐私条款的实际含义,因而不能正确判断该隐私条款是否符合自己的利益。这也是"霸王条款"泛滥的原因之一。

智能企业总数的21.67%,仅次于排名第一的美国(1 446家,占比42.06%)。美国人工智能企业呈现出全产业布局的特征,在基础层、技术层、应用层均有布局;目前中国人工智能企业主要集中在应用层(占比75.2%),但发展势头更猛。[12]除了上述人工智能"专业公司"之外,不以人工智能为主营业务但涉及人工智能技术的各类企业的数量,远远多于人工智能专业公司。上述企业都属于人工智能企业伦理的构建对象,因而将它们统称为人工智能企业。

4.2.1 人工智能伦理的企业主体分析

根据产业描述,人工智能产业链的主要构成可分为基础层、技术层和应用层。[13]由于产业投入的核心领域不同,处于人工智能产业链不同环节的企业将涉及不同的人工智能伦理问题,在企业职能和企业伦理责任方面也具有不同的侧重点。如表4.1所示。下面分别加以说明。

表4.1 人工智能产业链与人工智能企业伦理分析

人工智能产业链	产业核心领域	涉及人工智能伦理	主要伦理问题	企业职能	企业伦理责任
基础层	计算硬件、计算系统技术	大数据伦理	数据隐私泄露;数据污染造假;数据权属不明;数据暗箱交易等	算力、算法、数据的研发与整合	数据收集、数据存储、数据处理和算法研发等
技术层	算法理论、开发平台、应用技术	算法伦理、机器伦理、机器人伦理	算法黑箱、算法决策削弱自治;算法歧视;算法操纵;机器道德与道德机器;机器人的法律地位等		
应用层	医疗、金融、教育、文娱、零售、物流、政务、安防等行业应用	大数据伦理、算法伦理、机器伦理、机器人伦理、社会伦理等	事故责任分配问题;人机关系等	应用场景结合	伦理审核、筛查禁用、反馈问题、联合开发等

来源:产业链分层参考前瞻产业研究院

基础层。基础层作为人工智能产业链的产业基础,是提供硬件、软件以及数据和算力支撑的核心层,由芯片、传感器、数据资源、云计算平台等企业组成。由于大数据(见第3章)是人工智能不可或缺的底层支撑要素,大数据伦理也成为基础层企业应该关注的核心伦理问题。企业在数据的采集、标注和分析过程中,涉及诸多可能违反大数据伦理的问题;由于第三方平台窃取数据造成数据泄露、数据污染、数据造假,数据失实或出于政治或商业目的的人为造假;数据权属不明,数据所有权、使用权、存储权、共享权等尚未得到明确,数据应该属于企业数据资产还是企业应该为用户的"隐私付费"尚未得出一致结论;数据暗箱交易,数据灰产游离于监管之外,对用户安全和政府治理带来威胁与困难等。

技术层。技术层通过人工智能及相关技术利用底层数据支撑上层商业应用。涉及的技术包括强力法算法、训练法模型和算法(机器学习)、开发平台(基础开源框架、技术开放平台)和其他应用技术(计算机视觉、语音识别与合成、自然语言理解)等。相应地,算法伦理、机器伦理、机器人伦理等成为技术层人工智能企业伦理反思的核心领域。在算法方面,需要反思、研讨和应对的伦理问题包括算法模型本身缺乏可解释性造成的算法黑箱,算法决策权逐渐增加与人类决策主体性相应降低的主体性挑战,由种族歧视、性别歧视等组成的算法歧视,以及基于大数据分析和一对一精准营销或心理变数营销等的算法操纵。机器伦理与机器人伦理关注的问题包括随着人工智能决策权的不断增强,是否应该赋予机器道德判断的能力和权利,是否应将机器视为道德主体,如何将伦理规则融入人工智能技术以实现机器的道德决策,机器人是否应获得独立的法律地位等。

应用层。应用层由人工智能技术支撑下向用户提供服务的产品,与用户直接关联。2019年,中国人工智能企业的应用领域及占比为企业技术集成与方案(15.7%)、关键技术研发和应用平台(10.50%)、智能机器人(9.80%)、新媒体和数字内容(9.40%)、智能医疗(7.70%)、智能商业和零售(6.70%)、智能制造(6.70%)、智能硬件(6.40%)以及科技金融、智能网联汽车、智能教育、智能安防、智能家居、智能交通、智能物流、智能农业、智能政务和智能城市等[14]。"AI+"应用场景不断深化,体现了人工智能正在从影响单一行业逐渐向赋能百业发展,正在从解决简单问题开始向复杂问题挑战。[15]由于应用层企业涉及各行各业,且产品应用集成算力、算法和数据等综合人工智能技术,所以应用层企业除了面临大数据伦理、算法伦理、机器伦理和机器人伦理之外,还涉及综合的社会伦理问题。例如,由于人工智能系统应用导致责任主体虚化,因无人驾驶汽车故障而发生事故、人工智能医疗助手诊断错误而致命时应该如何分配事故责任。此外,杀人机器人、性爱和代孕机器人、陪护机器人等截然不同的人工智能应用将创造怎样的人机关系等,都是应用型企业应该纳入考量的伦理问题。

人工智能企业伦理的构建与实施,需要产业链上下游和生态圈多元主体进行合作,实现责任共担,伦理共建。企业自身的平台化和生态化发展,促进了基础层、技术层和应用层向全产业链发展。各类人工智能创新中心等平台的建立和相应的产业集聚,也进一步促进了人工智能产业生态圈的形成。由于基础层和技术层企业主要以"B2B"(企业对企业)模式面向企业,而应用层企业需要通过"B2C"(企业对消费者)模式直接面对用户和大众,所以应用层企业如果利用数据和算法造成了伦理问题,往往受到用户和大众的指责和追责。但是,由于基础层和技术层企业实际承担了数据处理和算法开发,并且其研发成果通过逐级应用最终影响到用户的生命、财产安全以及精神自治,故依据"责任铁律"的权责一致原则,基础层和技术层企业有责任在其研发中承担相应的人工智能伦理责任。进一步,通过"AI+"赋能百业进行数字化、智能化转型的传统企业,也有伦理义务审核上游企业所提供的人工智能解决方案是否存在伦理问题,并在应用阶段发现企业产品与业务涉及触及伦理红线时,应禁用不合伦理的人工智能解决方案,并向研发端合作者积极反馈应用场景中的潜在伦理问题,辅助产品伦理设计的改进。

从企业规模与研发实力的角度看,构建人工智能伦理规范的企业对象,应包含大型人工智能企业、在业务层面进行人工智能转型的传统中小型企业和基于人工智能创生的小微企业等各类企业实体。首先,以大型人工智能企业应在企业人工智能伦理规范的建设中发挥引领作用,其中处于人工智能基础层和技术层的人工智能企业应在算法伦理与数据伦理方面承担主要责任。其次,面向用户的人工智能商业应用企业应充分考虑产品应用场景中可能发生的伦理问题,并在产品投入市场之前进行伦理测试。此外,随着传统企业在业务转型过程中应用人工智能技术的占比增加,以及人工智能技术开源访问、可供大众公平获取的程度不断提高,广泛的中小企业和小微创业者,也将对社会产生巨大的技术与伦理影响,故中小企业乃至由1—3人组成的小微企业,也应该将伦理规范纳入企业经营理念当中,明确产品与服务的伦理"红线"。

4.2.2　人工智能伦理的利益相关者分析

企业是一个利益集合体,在企业经营过程中将与各类利益相关者发生联系。利益相关者是指可能对组织的决策和活动施加影响,或可能受组织的决策和活动影响的所有个人、群体与组织。企业的利益相关人即企业重要的伦理相关人。

传统企业的利益相关人分析与以下关键问题相关:[16]

谁是企业现行的利益相关人,谁是潜在利益相关人?

利益相关人之间的利益关系是什么?

企业决策会给利益相关人带来什么收益或者伤害?

利益相关人受到伤害后是否会采取行动? 采取何种行动?

企业对利益相关人应承担何种经济、法律和道德的责任?

然而,随着全产业链企业乃至全行业的数字化和智能化转型,人工智能企业的利益相关者理论与传统利益相关者理论在内涵和外延上产生了根本性的革新。在传统利益相关者理论中,初级利益相关者包括员工、股东、消费者、债权人、供应商、经销商和竞争者等,次级利益相关者包含社区、政府、外国政府、特殊利益团体、大众媒体、支持团体和大众等,各个利益相关者是彼此独立的团体。然而企业在数字化转型中采取的"公司平台化、资源共享化、产品服务化、服务智能化、员工社会化、客户员工化"等战略变革,使人工智能企业呈现出"无边界化"趋势。[17]企业主体与竞争者、合作者之间通过平台化和生态化产生多维复合性关系,员工、客户与大众之间的界限逐渐模糊,各利益相关者之间存在身份转化现象。同时,企业的组织变革与利益相关者关系变革,也给企业的伦理机制构建带来了全新的挑战。

1."生态化"的企业间关系

企业通过人工智能技术向"生态化"转型开放企业边界,将创造更多的企业间协同合作的机遇。企业的组织形态可以分成四种:一是以"点"态存在的独立企业,自成封闭体系;二是以"线"态存在的产业链企业,打破自身边界,与上下游紧密合作,注重"双赢"以提升供应链效率;三是以"面"态存在的平台化企业,基于信息化和数据化能力联通供需端,精准匹配需求,完成从单向传播到双向传播再到多向传播的转型,如电商平台的崛起。此外,传统企业也在进行内部管理平台化和产业链平台化,使平台上的每个组织和个体实现价值,形成广泛连接和网络效应;四是以"立体"形态存在的生态型企业,生态型意味着企业向多元化、多维度发展,原有的企业边界被打破,呈现为相对开放式系统,以协同为主导,任何有能力、有技术、有产品的第三方都可以借助企业平台参与企业经营。

2."动态化"的雇佣关系

人工智能在赋能企业更好地了解用户需求的同时,也赋能企业打破原有雇佣关系的固定合作模式,创造了具有弹性、动态性和开放性的新型劳动关系。动态化的雇佣关系存在以下特征:

首先,由"雇佣"向"合作"转化。比如海尔"人单合一"的平台化转型打破了企业与员工的原有雇佣关系,以共同投资创业的方式,将海尔分化为上千个独立核算的业务单元,避免了初创企业过高的融资成本、管理成本、营销成本和人力资源成本。

其次,由"静态"合作向"动态"合作转化。比如万科地产以事业合伙人制度完成了管理层股权激励和组织扁平化改造,以项目为目标组建临时团队,项目任务结束后就解散。平台化意味着企业资源正在向前端"下放",同时以"开放"合作的态度保证合作者的相关利益。

此外,由"企业自有"向"社会获取"转化。员工社会化,是由虚拟社交带来的经营和管理方式变革,原先的上下级科层制组织关系通过互联网平台逐步社群化,企业可以通过调动社会上的闲置劳动力和闲置资源,由原先需要向员工支付固定薪资和福利的雇主与雇员关系,转化为向其抽取佣金的平台合作关系,且避免了固定成本压力,例如滴滴模式、微商模式和众包模式。

企业组织变革给企业的伦理约束力带来了实际挑战,即如何能够约束非雇佣关系的社会合作者完全按照公司的伦理要求进行作业。快车企业司机杀人案件,表明了员工社会化过程中可能出现的责任漏洞,对于非雇佣制的合作者,企业同样应该对其建立具有实际管控力的企业伦理措施。企业员工是人工智能企业伦理构建的重要利益相关者,员工所涉及的企业伦理问题,已不仅仅是收益的公正分配和风险的合理分担问题。人工智能相关企业应充分考虑到商业模式变革、组织行为变革、人力资源管理模式变革,将给员工带来何种就业风险,员工的从业责任与义务应如何重构,这将如何影响员工在企业伦理中的作用与地位等问题。

3. "数据耕民"的诞生

狭义地说,人工智能企业的用户是作为"人工智能数据耕种大军"的数据资产创造者——"全球34.2亿网民、23.1亿社交媒体用户、37.9亿移动用户"[18]。而广义地看,随着人工智能技术的"赋能百业",不断渗透到人们日常生活的方方面面,并且已经进入智能穿戴设备、智能家居等私人领域和智能政务、智能城市等公共服务领域中,无论是否注册为某家企业的用户,人们都已经有意无意地受到了人工智能技术的影响,乃至监控和操纵。如在用户的隐私数据应用方面,时刻存在侵犯知情同意权和数据泄露等风险。此外,用户作为构成企业核心数据资产的原始提供者,在企业获得数据收益时,是否也应该获得数据授权收益? 企业是否应该为用户的隐私付费? 这些问题需要进一步讨论。

4. 人类主体性丧失风险

从局部分析来看,人工智能技术推动了企业间关系,员工、客户与大众关系的全面变革。从整体而言,人工智能技术突破了原有利益相关者分类,影响人类全体,并且从根本上带来了人类主体性丧失的风险,如自动化偏见、强制异化、全景监狱、反向形塑与潜在操纵等风险。

第一,自动化偏见风险。相对于非自动化,部分人对自动化的结果更有信心,这种现象被称为"自动化偏见"。它普遍存在于制造、信息和人工智能领域,也根植于人们的头脑中。自动化偏见使人们更重视自动化信息而非个人的实际体验。继而产生另一个相关现象——"证实性偏见",它重塑人们对世界的认知,使其与自动化信息更好地保持一致,这进一步确立了自动化结果的合理化地位,人们有时甚至会摒弃一切与机器视角相冲突的主体观察。[19]例如,1983年,国外某航空公司的飞行员出于对自动驾驶程序的完全信任,将控制权拱手相让,导致飞机偏离航线并最终坠亡。偏见不仅是无视的过失,也是盲目的认同。研究显示,75%的机长会听从自动系统的指令,这表明一旦有了直接的行动建议,机长们就不会再深入分析问题产生的原因。自动化偏见正在不断危及人的生命。来自华盛顿州的一群人跟随导航的指引,将车驶入了湖中导致全部身亡。美国死亡谷国家公园的护林员对此习以为常,他们用"GPS之死"来形容人生地不熟的游客总是相信导航,而非他们的理智判断。[20]自动化偏见的深层原因并非根植于技术,而是大脑本身,因为人们倾向于以最少的认知活动来解决实际问题。[21]这从客观上促成了自动化的认知黑客地位,它无形中窃取了人类的决策权,承担着越来越多的认知任务,并不断强化其权威。人工智能技术的热潮被誉为第四次工业革命,我们在对人工智能的技术潜力寄予厚望的同时,不断加强其自动化决策能力,但与此同时人类自主决策程度正在相应被削弱,由此给人类社会带来的负面后果和伦理影响并未被充分考虑。最后可能导致的结果是,人们的思考方式越来越像机器,倾向于不再思考。[22]

第二,强制异化风险。人工智能产品和服务正在使用户产生个体异化乃至群体异化。用户异化就其行为来说是用户自己做出的,然而其行为意志并不是完全自愿的,构成非己的、异己的行为。[23]例如,企业未与用户共建数据安全保护措施和全面的知情同意机制,并且强制要求用户必须在使用软件之初在知情同意中选择"同意",才可以使用软件。这也迫使用户为了产品和服务所提供的便利,或者因为工作和所在社群的群体性需要,而被迫以个人数据交换产品与服务。而注册后用户信息的再利用往往并未经过用户的知情同意,大多数人并不知晓他们的数据是如何被系统收集并商业化的,企业在使用数据的过程中并没有提供相应的透明性。某动物园强制游客刷脸被告上法庭事件,则表明用户对于企业获取其个人数据并非都是自愿的,大多数人往往因为缺乏维权渠道,所以只能妥协。企业应该避免以提升服务质量和客户体验为名,以用户个人信息作为享受产品服务的强制性交换条件,从而构成机制性暴力。虽然产品和服务可能给客户提供了一定的正价值,但是个人信息的暴露也有可能给用户带来不可预估的负价值。而异化的正价值可能只是暂时的、局部的、非根本的;而负价值则可能是长远的、全局的、根本的。

第三,全景监狱风险。算力的迅速跃升推动了全球监控的更广泛实施,人工智能和大数据在虚拟世界的社交媒体、各类网站和现实世界的智慧城市、智慧家居和智能穿戴设备等领域的全面融入,意味着社会正在加速进入"线上+线下"无死角的全景监控模式,而未来脑机产品的应用则进一步带来对脑神经活动进行监控的风险。这意味着对于每一个公民来说,无论你是否完全乐意,你在线上与线下的行为轨迹已经被"全生命周期式"记录下来,并可以用作对你的一切心理偏好、性格特征、生理状况甚至脑神经活动模式进行数据分析和挖掘,从而生成用户个人的"数字孪生",利用它能够更好地优化针对用户进行精准营销广告投放,实现更好的客户服务体验,进而获得更高的成交率。然而讽刺的是,大众目前并未获得其"数字孪生"的访问权限、分享权限和撤销权限,这些权限目前仅掌握在科技企业的手中,逐渐形成一种数字集权趋势。而企业是否拥有用户个人数据的所有权和分享权,尚缺乏伦理讨论和法律规定。德国哲学家韩炳哲认为,在如今的"透明社会"中,"诗意地栖居让位于有助于提高注意力资本的广告。海德格尔意义上的'物'消失了,数字化的透明造就了经济上的'全景监狱',它所追求的不是心灵的道德净化,而是利益和关注度的最大化。……完全照明带来的是完全剥削"。[24]

第四,反向形塑与潜在操纵风险。人类无法看到科技带来的不透明性、复杂性以及个人和集体在此基础上所产生的更广泛的连锁反应。知识的幻觉和人类对主导权的渴望掺合在一起,共同推动了进步的征途。[25]但让人们只能看到进步和效率,忽略了技术的负面作用和对人类的反向形塑。情景主义哲学家居伊·德波(Guy Debord)认为,"世界已经被拍摄",发达资本主义社会已进入影像物品生产与物品影像消费为主的"景观社会"。景观已成为一种物化了的世界观,而景观本质上不过是"以影像为中介的人们之间的社会关系","景观就是商品完全成功的殖民化社会生活的时刻"。而随着日常生活的"景观化"(Spectacularisation),人们的生活方式也会变得越来越受到商品和媒介的控制。

用户和大众并不清楚科技企业背后的运作逻辑,并有可能遭受政治、商业、技术与媒体相结合的潜在操纵。例如算法营销,机器学习算法能发掘出用户在社交媒体的个人信息和行为记录更深层次的关联,从而通过心理变数营销操纵用户选择。心理变数营销即是根据目标人群的个性特点来进行定制化宣传,通过剑桥分析事件的揭露,当今应用已愈发普遍。此外,算法机器产生的虚假新闻、假评论也使用户无从分辨。在数据"过剩"

的时代,单纯地依靠更多的信息和交际并不能照亮世界或使人眼明心亮。大量的信息并不一定产生真相,反而可能充斥着被操纵、利用的"后真相"。[26]

科技的发展正在导致权力和知识的集中化,大众应该充分了解人工智能技术可能存在的漏洞、企业的潜在商业逻辑和企业应承担的伦理责任,在享受产品与服务的过程中保护个人隐私和基本权益,主动发挥监督作用。首先,需要警惕对技术的盲目乐观,对用户及大众进行人工智能伦理知识普及。如果用户与大众对人工智能技术可能带来的安全风险和潜在危害缺乏认识,就会在应用场景中缺乏自我保护意识和维权意识。其次,目前在人工智能技术与伦理的研发过程中,通常是"闭门造车",缺乏公众的参与讨论。建立可信任和负责任的人工智能,需要建立研发者与使用者的交流渠道和互动机制。最后,用户和大众应在人工智能技术伦理与企业伦理的建构与发展中,利用社群优势发挥积极作用。用户和大众在发现企业产品与服务的伦理漏洞时,应当向企业、媒体与政府进行充分反馈,并监督企业是否采取相应有效措施,以作出良性的内部管理变革和社会回应。

4.3 企业伦理与企业利益的义利之辨

在人工智能时代,商业竞争的核心已经不仅仅是技术的竞争,更是伦理的竞争,只有充分考虑利益相关者的伦理需求,企业才能在技术发展的洪流中立于不败之地。企业需要与各方利益相关者构建友好合作关系,充分考虑到各方利益,避免仅出于自身利益考虑而伤害利益相关者权益的行为。企业涉及"义利之辩"的伦理问题时,不仅要重视企业非道德价值如利润和效率等,也要注重道德价值的实现。假如效率与公平等道德价值发生冲突,应该公平优先,而不是效率优先。[27]然而也有学者认为,本质上有争议的企业经营和伦理规范这两种不同概念体系间的冲突,会增加企业的工作量和成本,并且当道德考量与商业动机冲突时,它们很可能会被丢弃。企业面对利益冲突时应该如何承担社会责任,正在成为一个至关重要的重大议题。

从实践层面来说,企业在某些情况下或许能够对明显违背伦理道德的业务设立红线,但是数字化、智能化企业的商业模式和经营逻辑本身,便可能潜伏着严重的伦理危机,这些危机或并未被企业察觉,或即便察觉,企业也已想陷入进退两难的境地。

4.3.1 "新黑暗时代"

训练法主要通过采取数据训练神经网络模型,而实现所需的智能功能,这条技术路线目前受到各界的普遍看好,并且很多人产生了过度乐观的预期。过度乐观现象在人工智能第一次和第二次浪潮中都曾经出现过,并且带来了历史教训,可是并未被多数人吸取。在其他学科中,这种情况也屡见不鲜。《新黑暗时代》的作者詹姆斯·布莱德尔(James Bridle)指出,仅仅依靠大数据将不利于科学研究。以过去六十年间的医药研究为例,尽管医药工业取得巨大发展,但是随着药物研发的投资不断增加,新药物的发明速度却在持续地、明显地下降,科学家们甚至创造了一个新词汇描述这一现象——"尔摩定律"(Eroom's Law),即将摩尔定律倒过来写。"尔摩定律证明,在科学界,人们已经逐渐意识到科学研究方法出现了严重的问题。在不同因素的影响下,不仅新发明的数量在减少,而且也变得越来越不可信。"[28]

产业经营者往往高估技术的实际水平,并且通过商业化教育手段向公众夸大人工智能的作用,乃至于在公众心中,人工智能被塑造为某种带有"智能"光晕的"全知、全能、全对"的"超人类"技术,仿佛无需费心费力研究具体场景的通用人工智能即将到来,并将给人类带来无限光明。通过夸大宣传,部分企业试图引导用户建立对人工智能的信任感和依赖感,进而实现企业盈利和产业发展。然而这一"套路"不仅多此一举,而且注定适得其反。由于受到封闭性的限制(见 1.1.3 小节和 2.3.1 小节),上述"美好图景"至少在短期内是不可能实现的,过度的渲染反而让用户迅速感受到高期望值的落空,最终对企业和整个人工智能产业产生不利影响。事实上,依据封闭性准则,人工智能的大规模产业应用并不以所谓的"通用人工智能"为前提,只需依靠人工智能的现有技术,就能够实现当前社会和经济发展及产业升级的目标。

在现阶段,产业研究者和企业领导人仍旧应该营造公平与透明的商业氛围,在产品营销的过程中,注重传播内容的真实性与可信性,客观地提示产品可能存在的潜在风险,承担起"企业公民"对各级利益相关者的全面责任,避免将企业利益置于唯一的中心地位。

4.3.2　企业利益与员工利益

站在企业经营的立场来看,人力成本的不断增加成为很多企业最头疼的问题之一,这也是很多企业极力希望用机器人替代人力完成生产的主要原因。在此需求之下,企业数字化转型为企业描绘了一条以"数据技术替代人工,优化体验,节省成本,提高效率"的优化路径。[29]随着企业数字化转型的深度和广度的增加,多个部门乃至某些部门的大部分员工都将面临失业危机,丧失安全保障。而在企业数字化转型中"幸存"的员工也面临着数字考勤、全程监控以监测工作效率等新型压力,从而加重他们的负担。从企业"节省成本"和"提高效率"的角度来讲,裁减员工和监督效率似乎无可厚非,但对于受到影响的员工来说,其利益却将严重受损。[30]

数字化转型过程中,除了企业成本降低与员工失业危机和就业压力加大的核心张力之外,技术发展对于企业内部治理是否会有本质升级呢?王兴山认为,智慧企业时代,将迎来人力资源服务化的升级。"人力资源管理回归核心:找到关键人才,发展关键人才,驱动关键人才。"并且随着"员工体验影响客户体验",随着"80后""90后"员工的增多及新技术快速发展，人力资源的工作开始转向以员工满意度为企业的核心竞争力之一。[31]由此可见，随着企业向扁平化、社交化、智能化转型，员工的工作体验被企业视为经营的核心目标之一，员工在企业中获得更高的重视程度，这无疑会对企业文化产生积极影响。然而重视员工工作体验，是否代表着员工在企业经营的决策中被赋予了一定的话语权？当面临企业业务涉及违背伦理道德的潜在风险时，企业管理层是否具有禁止产品研发和投入市场的否决权？

通过数字化工作流程服务员工更好地开展工作，只是迈向企业伦理化发展的第一步，基层员工是否有权向企业高层管理者和领导人"上书"而不影响自身利益，企业高层管理者是否有权否决侵犯公众隐私和自治的产品开发和营销措施，以维护公众权益，进而对企业业务发展产生实质性影响，才是企业伦理化发展的核心关键。

4.3.3　企业利益与用户利益

企业利益和用户利益的一致性表现为只有让用户受益企业才能可持续发展。但在企业数字化转型过程中，企业利益与用户利益之间存在着三类冲突。

第一，人工智能产品与服务的数据采集与用户隐私保护之间的冲突。企业经营的数据逻辑是要改变"数据孤岛"，通过追踪、记录用户数据，将更多数据汇集在一起产生更高的产品效率。而用户隐私保护则要求在未经用户允许的情况下，禁止追踪用户的个人特征信息和行为数据并商用于其他领域。尽管数据权益问题还未产生公允的论断，各类监控和数据采集措施已经随着产品和服务深入到人们生活的各种细节中去。"运算式认知需要监视，是因为它只能通过自己直接可得的数据来推导出真相。换句话说，如果所有认知都坍缩成为运算上可识别的事物，那么所有认知都将成为一种监视"。[32]可以这样认为，在大数据时代，隐私肯定会受到一定程度的影响，共享数据的每个人都是其中的"共谋"。然而是否应该因此限制企业的数据获取呢？目前人工智能技术应用需要基于大数据进行深层神经网络训练，比如用于深层神经网络的训练。如果限制企业获取足够数据，那么从技术角度来看，这会在一定程度上影响企业的产品和服务的品质，不充分的数据集也可能加剧算法的偏见。因此，消解人工智能技术的功能实现与数据保护之间的张力，不仅需要加强企业伦理规范及其有效实施，而且需要相关企业深化技术创新，完成能够兼顾产品效益与用户隐私的技术体系升级，而这种升级恰恰是人工智能伦理体系的核心内容之一（见1.2节）。

第二，基于算法的用户分级商业策略与用户歧视、偏见与区别对待之间的冲突。从商业经营角度来说，对用户进行市场细分并有针对性的乃至区别性的对待，有利于提高企业的商业利益，但此类商业策略往往对用户不利。例如，部分国家已经出现了一种存在于"代理歧视"（Proxy Discrimination）中的隐形偏见现象，即公民的部分公开信息在不知不觉中，就可能泄露更加隐秘的个人信息，例如邮政编码可以作为种族的代理词，用词的选择可以代表其性别，加入Facebook的一个基因突变群组就可能让这个人被列为医疗保险的高风险类别,尽管这个信号还没有被明确编码到算法中,但是人工智能的技术手段可以利用用户网络行为痕迹与数据记录,构成用户日后被其他机构分类并区别对待的衡量指标。加州大学伯克利分校对金融科技公司的一项研究发现,无论是面对面的决定,还是用于抵押贷款的算法,都会让拉美裔或非裔美国借款人支付更高的利率。

第三,"注意力经济"与用户上瘾沉迷之间的冲突。谷歌首创的免费搜索、广告收入的新模式逐渐在互联网经济中得到推广,这个商业逻辑来源于哈尔·瓦里安(Hal R. Varian)的信息微观经济学创新。他在著作《信息规则》中对有关信息时代、网络、垄断、成本、收入和广告等新生产要素做出了颠覆性的定义。他认为人与信息连接后,将会产生巨大的"用户注意力",因此买卖用户注意力,而是不直接卖产品,是新经济的一个重要支撑模式。该"注意力经济"商业框架一直从搜索引擎沿用至如今的人工智能驱动型商业,成为了信息产业和知识经济的潜在商业逻辑。[33]

如今这一"注意力"经济模式在未经伦理反思的情况下已被企业广泛应用,对成人尤其是孩子造成上瘾的负面影响,比较突出的是视频算法推荐应用。某些算法能够得到视频网站提供的数百万观众每分钟的观看偏好数据,用来提高相关应用系统的性能,然而却"驯养"出了一大批观剧成瘾不能自拔的观众,反映、强化、加剧了系统内在的偏执性。[34]开箱视频起源于技术社群的新产品打开包装体验,自2013年这一潮流进入儿童玩具领域后,人们发现一给学前班的孩子们播放这种视频,他们的视线就会像激光一样集中,连续几个小时浏览此类视频。[35]但是,这些视频往往毫无实质性内容和教育意义。

视频制作商往往仅关心如何获得更多的点击率,以获得直接收益,或者如何通过免费模式增加用户使用时间,从而获得广告收益。让用户产生上瘾与沉迷对于用户有何负面伤害,并不在商业平台的考虑之列,因为该商业模式的核心利益依赖于用户粘性。在业界衡量一个视频企业的企业业绩和成功标准,即是用户的平均观看时长。

4.3.4　企业利益与竞争者利益

资本和市场往往通过建立壁垒和垄断以维护核心商业利益,而这很可能对中小企业的良性发展产生抑制作用。随着企业数字化、智能化转型,资本、技术和人才越来越集中在少数大企业和"独角兽"企业手上,商业垄断甚至逐渐成为企业商业经营的常态。吴霁虹(Jihong Sanderson)通过跟踪全球500强企业的数字化商业运营规律,总结出"N/L/D三维效应",即"网络效应、垄断效应和锁定效应",并称"我在十多年的跟踪研究中,反复用不同的技术、不同的企业、不同的商业模式来验证三维效应,至今还没有遇见超出这个规律的例子。"[36]可见,三维效应之一的商业垄断作为数字化企业的核心商业运营逻辑,已经成为企业发展的现实情况和普遍追求。而面对竞争激烈的人工智能企业生态圈,企业是否应该适当开放技术和数据壁垒,营造共同发展的企业生态圈呢?随着数据占有量逐渐成为企业的核心竞争力的一部分,西门子监事会主席哈格曼·施内布(Hagemann Snabe)说:"西门子愿意共享数据以避免形成垄断,例如分享西门子在医疗领域数据以改善治疗水平。我们没有理由去做数据垄断,这会扼杀所有小型公司。"[37]可见商业利益与社会责任并不一定矛盾,积极地承担企业社会责任将会为企业带来更广阔的发展空间和良好的声誉。此外,德勤、简柏特和峡湾等咨询机构也参与到了企业应如何以公平的方式推进人工智能部署的讨论中,并提出了它们的见解。

4.3.5　企业利益与公共利益

在社会责任分级的各类理论中,除了企业需要承担的基本经济职能之外,皆肯定了企业对于公共利益负有的必要责任,以及应遵守的社会底线和环境底线。然而在企业向数字化、智能化转型过程中,社会底线和环境底线有时却被新型技术手段所践踏,仿佛算法与数据正在为企业向经济维单向度发展插上"隐形的翅膀",通过技术的不透明性,将公共资源攫取为企业利益。安德鲁.爱德华(Andrew V.Edwards)提出:"最新的数字化一代已不像早期的乔布斯、盖茨那样为理想主义所驱动,而是如何在总效益并不好的情况下自己赚到大钱。今天的天才大多投身于小事,比如开发能画画和唱歌的软件,而国家和全球地位结构性威胁(如贫困、公共交通或环保)始终没有得到解决。引发最坏结果的,不仅有金钱,还有收集更多人的数据以便卖得最高价钱的邪恶欲望。"[38]

在过去几十年的工业发展过程中,国家经济发展有时是以牺牲公共环境为代价的,而各国已经逐步意识到"先污染,后治理"的代价,并提出以保护生态环境作为企业社会责任的可持续发展理念。然而利用新型技术对环境保护监测进行蓄意欺诈,则是近几年出现的道德沦丧现象。2015年9月,美国环境保护总署对美国在售的新车进行常规排放测试时发现,某型柴油汽车的行驶系统中安装了隐蔽的软件,这一软件通过监测车况能够识别汽车是否处于被检测状态,这样汽车启动时就会自动切换至低耗能、少排放的"特殊模式",而一旦上路则恢复高耗能、高污染模式。据估计,该型汽车的二氧化氮实际排放量是法定标准的40倍,仅在欧洲的"诈骗装置"所隐藏的尾气排放量,会使欧洲约1 200人的寿命减少10年。根据该事例,布莱尔德认为"科技的不透明性已经成为企业欺骗大众、破坏地球的惯用手段","它们是真真切切地在杀人"[39]。

4.4　构建企业人工智能伦理的措施与挑战

通过上一节企业利益与公共利益的内在冲突分析,可以认识到构建企业人工智能伦理以平衡企业单一利益诉求的重要性和必要性。企业单纯以功利主义原则对利益与风险进行计量,其结果往往是有形的物质价值胜出,而用户无形的精神价值和生命财产安全被忽略。因此,以社会与人类的全局视角重新定位企业伦理,建立联通企业的经济效益与其社会效益之间的协调机制,并通过适当方式进行社会监督,才是未来产业的可持续发展之道。

4.4.1 重建企业人工智能伦理的措施

由于人工智能正在引领产业发展,并创造性地改变社会的生产方式和人们的生活方式,相关企业能否承担其应有的伦理责任,将对人类社会发展产生重大意义。企业应该自主建立面向人工智能应用的伦理机制,将人工智能伦理规范纳入企业人工智能社会责任框架,进行负责任的产品与服务设计研发。人工智能伦理学中的人工智能伦理原则将规范性伦理因素嵌入技术设计与伦理治理。近年部分领军人工智能企业在伦理事件频发的背景下,先后发布了各自的企业人工智能伦理准则,设立企业的人工智能伦理委员会,以建立和落实企业人工智能开发与部署的指导方针并承担相应的企业社会责任。

1. 企业人工智能伦理准则的建立

2016年,亚马逊、谷歌、脸书(Facebook)、IBM(国际商业机器公司)、微软共同组建了人工智能联盟(Partnership on AI),苹果于2017年1月加入该组织。人工智能联盟以"前竞争"(pre-competitive)精神指导人工智能技术的开发和使用,侧重于分享最佳的企业人工智能伦理实践经验。例如,它将涉及评估人工智能系统在无人驾驶汽车和医疗保健等安全关键领域的表现,公平性和透明度,偏见或歧视,和人类与人工智能如何有效地协同工作等问题。[40]在2019年1月的达沃斯论坛上,有人提出,巨型企业在企业的人工智能伦理建设中处于突出地位,因为它们不仅研发产品,也构建框架,甚至在消费者行为等方面都拥有话语权。[41]面对企业经营中逐渐显露的伦理问题,一些大公司已提出各自的企业伦理准则和相应的解决措施:

谷歌由于业务发展,较早地开始了企业伦理实践。虽然其设立外部AI伦理委员会的首次探索并未成功,但其实践经验对其他企业仍具有借鉴意义。2014年,谷歌以6.5亿美元的价格收购了英国的人工智能创业公司深度学习(DeepMind)。DeepMind的创始人设定的交易条件之一是要求谷歌创建一个人工智能伦理委员会。这似乎标志着负责任的人工智能研发新时代正在到来。但是,自从谷歌的人工智能伦理委员会成立以来,谷歌和DeepMind一直对该委员会的成员和工作讳莫如深。它们拒绝公开确认该委员会的成员,或就该委员会如何运作披露任何信息。[40]2015年,Google Photos(谷歌照片)将黑人归类为大猩猩,引发种族歧视担忧。2018年6月,谷歌提出了人工智能七原则,即为对社会有益、避免制造或加剧社会偏见、提前测试以保证安全、由人类承担责任(人工智能技术将受到适当的人类指导和控制)、融入隐私设计原则、坚持科学的高标准、建立符合伦理的应用[42],并完成了首个人工智能企业的人权影响评估(HRIA)[43]。此外,谷歌明确列出了"不会追求的人工智能应用",如会对人直接造成伤害的武器或其他技术。2018年12月,谷歌旗下的视频社交网站YouTube又被指出向客户推送极端主义、虚假新闻等内容。YouTube承认由于算法失误推送了假新闻并道歉,但其后算法推荐系统改善仍有待考察。2019年3月底至4月初,谷歌组建的人工智能伦理外部咨询委员会"先进技术外部咨询委员会"(ATEAC)仅幸存一周有余,便分崩离析。即使如此,其对于企业人工智能伦理构建的探索仍在继续。

微软构建人工智能伦理准则,并设立人工智能伦理委员会。2018年1月,微软公司总裁施博德表示,要设计出可信赖的人工智能,必须采取体现道德原则的解决方案,因此微软提出6项基本准则:公平、包容、透明、负责、可靠与安全、隐私与保密。同期,微软发布了新书《未来计算:人工智能及其社会角色》,以分享微软对人工智能技术发展及其所引发的新的社会问题的思考。同年,微软创建了自己的微软人工智能与工程研究伦理委员会"AETHER"(Microsoft's AI and Ethics in Engineering and Research),并将它与人工智能联盟联系在一起,与同行公司分享建立伦理委员会的"最佳实践"。该委员会由公司内部的高管组成,积极制定内部政策,并决定怎样负责任地处理出现的问题。[44]

脸书通过产学研合作建立人工智能伦理研究所。2018年3月,脸书隐私数据泄露导致操纵选举事件掀起轩然大波。2018年5月,脸书建立了专业伦理团队,以保证其人工智能系统在做出决策时尽可能符合道德标准,减少偏见。2019年初,脸书投入750万美元与慕尼黑技术大学合作首次建立了人工智能伦理研究所,旨在探索医疗中的透明性和责任,研究领域涉及医疗保健、商业、制造、媒体、政策制定和网络经济,以及人类-人工智能交互中的人权等问题。[45]

IBM较注重用户友好的产品伦理功能设置。2018年,IBM Watson首席技术官罗伯·海(Rob High)提出IBM人工智能开发的三大原则——信任、尊重与隐私保护。同年,IBM Research和MIT Media Lab的科学家团队开发出了一种通过实例学习道德规则的技术,能够避免将道德规则整合到人工智能算法中时只能基于静态规则。例如在电影推荐系统中,允许父母对孩子观看的电影设置道德约束。研究人员能够在符合道德规范和满足用户喜好之间,设置一个阈值来控制这两者之间的优先性。在IBM的演示中,父母能够通过一个滑动条来设定道德原则和孩子喜好之间的平衡性。[46]

百度董事长兼首席执行官李彦宏在2018年世界人工智能大会(WAIC)上提出:"遵循人工智能伦理,指的是一家真正的人工智能公司,不仅在技术层面与人工智能紧密结合,而且要拥有人工智能的企业文化。这意味着公司发展必须遵循人工智能伦理的4个原则:第一,人工智能最高原则是安全可控;第二,人工智能创新愿景是促进人类更加平等地获得技术能力;第三,人工智能存在价值是教人学习、帮人成长,而不是取代人、超越人;第四,人工智能终极理想是为人类带来更多的自由和可能性。"李彦宏建议,由政府主管部门牵头,组织跨学科领域的行业专家、人工智能企业代表、行业用户和公众等相关方,开展人工智能伦理的研究和顶层设计,促进民生福祉改善,推进行业健康发展,掌握新一轮技术革命的主动权。[47]

2019年7月,腾讯研究院和腾讯AI Lab联合发布了人工智能伦理报告《智能时代的技术伦理观——重塑数字社会的信任》。腾讯认为在"科技向善"理念之下,需要倡导面向人工智能的新型技术伦理观,包含3个层面:技术信任,人工智能等新技术需要价值引导,做到可用、可靠、可知、可控("四可");个体幸福,确保人人都有追求数字福祉、幸福工作的权利,在人机共生的智能社会实现个体更自由、智慧、幸福的发展;社会可持续,践行"科技向善",发挥好人工智能等新技术的巨大"向善"潜力,善用技术塑造健康包容可持续的智慧社会,持续推动经济发展和社会进步。[48]其在2020年1月发布的《科技向善白皮书》中指出,从商业角度看,科技向善所追求的用户长期价值和社会福祉最大化,有可能成为商业竞争中的新竞争力。科技向善的双重含义,一是实现技术向善,指向"善品创新",二是避免技术作恶,指向"产品底线"。

4.4.2　企业人工智能伦理委员会

随着人工智能越来越多地渗透到企业决策中,企业将在隐私数据保护、产品安全性和公平性等方面对用户和社会负有更高的伦理责任,如果企业不相应地采取伦理措施以保护用户利益,则有可能失去用户和消费者的信任,因此企业的内生性人工智能治理对企业生存和发展至关重要。企业建立人工智能伦理委员会的目的与意义,在于让人工智能伦理成为企业战略的重要组成部分,通过与企业内部和外部多方利益相关者合作,使合伦理性在产品研发设计和产品营销等过程中得到充分的实践执行。然而,虽然部分科技企业已建立了企业人工智能伦理委员会,但到目前为止,可共享的成功治理经验有限,甚至谷歌人工智能伦理委员会在建立短短一周之内就宣告解散。因此,企业人工智能伦理委员会的建构与运行需要更加完善的顶层设计和实践检验。

美国东北大学伦理研究中心与人工智能伦理委员会共同发布了一份研究报告,通过从其他类型的道德委员会,如胚胎干细胞研究监督委员会(ESCRO)、机构审查委员会(IRB)、医院道德委员会和机构动物护理和使用委员会(IACUCs)的发展、特征和功能中汲取经验,该报告提出了构建伦理委员会的五大核心问题,即组织职能、核心价值观与伦理准则、组织成员、组织地位与权利和治理程序。[49]伦理委员会可以在企业和用户之间建立并维护信任关系、管理风险、建立可执行的愿景和价值观,并探索前瞻性的负责任发展方式和良好的治理模式。

1. 组织职能

伦理委员会的构建首先需要解决的问题是确立组织职能,明确委员会构建意义和成功运行委员会的定义和标准。旨在制定广泛的政策指导或在高层中充当咨询部门的伦理委员会,与负责根据数据在企业研究、人工智能系统或产品设计中如何复杂地实际应用从而进行决策的伦理委员会相比,在制度、组织、职责、权力、参与者和程序方面将是完全不同的。如果预先对委员会的组织职能没有清晰的概念,则很难设计和建立有效的委员会。

2. 伦理内容

伦理委员会的活动与决策以伦理规范、准则、标准、目标以及价值观等道德内容为指导,体现了委员会要维护和促进组织的基本价值观或基本的道德承诺。具体而言,伦理规范以基础价值观、核心准则、实质性内容与协商资源投入的形式发挥作用。基本价值观通常是对数据和人工智能道德出于诸如隐私、安全性、透明性和公平性等的考虑。核心准则是支持基本价值观的指导原则,包含根据道德或法律应该采取何种措施,如公平性准则、知情同意准则、可解释性准则、匿名性准则等。例如企业以知情同意准则和匿名性准则为核心准则,那么在收集和共享数据过程中保护用户主体的自治权等任何程序、技术设计、合作伙伴关系和各类倡议中,伦理委员会都应该确保以上过程符合知情同意和匿名性准则标准。实质内容和协商资源则是明确在实践中需要何种具体措施核心原则才能得以实施,是围绕实施的执行层伦理内容。如解释性准则在实践中,需要具备某种知识背景的人或是特定语言专业才能理解,还是要根据解释背景、涉及的风险和决策而有所不同。

3. 委员会的成员构成

为了确保有效地识别道德问题并在特定情况下应用核心准则,监督委员会成员必须具备必要的专业知识范围、观点的多样性,并且能够抵制偏见和利益冲突,如委员会应由代表不同观点、具有内部和外部观点以及具有不同技术和非技术背景的人士组成。因此,包括技术专家、伦理专家、法律专家、针对性问题专家在内的多领域专家,能够帮助伦理委员会实现知识的多样性并平衡利益冲突。在某些情况下,公众的参与对伦理委员会的工作也很重要。伦理委员会应在需要时邀请核心或常设委员会以外的其他专家参与相关伦理议题的讨论。

4. 组织地位和权力

为了使伦理委员会有效地履行其职能,必须设置适当的组织形式,并明确定义其职责和权限,而且必须有足够的资源和授权。第一,在组织形式方面,确定其隶属于某个部门还是设立为一个独立单元,对于从事广泛的道德敏感性较高活动的大型企业或组织是尤为重要的。第二,确定伦理委员会的组织级别,以明确它应向谁报告以及负责监督其活动的人员。对于较小的组织,如果在内部不适合配备委员会成员,则有必要在咨询安排中聘请外部专家。第三,在职权方面,明确定义和传达伦理委员会负责评估的数据相关活动、政策决策和应用程序至关重要,可以通过所涉及的部门(如卫生保健)、技术的类型(如面部识别和生物识别)或活动的类型(如在外部共享数据)来定义评估对象。伦理委员会在组织内可能拥有多种权力和立场,一种情况是,向委员会的咨询可以完全是自愿和协商的,委员会的调查结果仅是建议。另一种情况是,委员会可以有权阻止研究或停止产品发布,直到令人满意地解决了所确定的道德问题为止。

5. 治理程序

伦理委员会有效治理的关键是确立明确有效的工作流程,这在很大程度上取决于委员会的权限及其在组织中的地位。还需要确定如何将案件提交给委员会,委员会需要或有权获得哪些信息,委员会成员具有何种作用,会议的形式和结构,如何做出决定,以及如何、何时以及向谁传达决定等。郭锐认为,企业构建人工智能伦理委员会的工作流程和规范,应包含领导人工智能伦理风险控制流程的实施及监督,参与人工智能的伦理风险评估,审查伦理评价结果,定期审查决策执行情况。[50]委员会可以针对人工智能可能产生的伦理风险建立相应的内部风控制度,对风险进行识别、评估、处理、监控及汇报。对于伦理风险的管理应从人工智能产品或服务的设计阶段开始,并贯穿于产品或服务的整个生命周期。此外,委员会应定期进行伦理风险评估,确定一段时间内相关伦理风险应对措施是否适当且有效,常态化的委员会可以定期对以往的伦理评价进行二次审查,确保伦理评价结果的适时性。在伦理委员会之下,还可以设立承接决定并负责执行的伦理风险管理小组。小组对委员会决策的执行情况,也需定期审查和监督。

除了以上构建企业人工智能伦理委员会的内部视角外,与外部的互动同样重要,缺乏透明性是伦理委员会饱受公众指摘的原因之一。虽然一些企业提出了伦理准则并建立了伦理委员会,但因从未公布伦理委员会的组织构成、研讨内容和决策结果,因而甚至被认为只是企业用来避免政府规制的"伦理洗白"工具。例如,谷歌及其子公司DeepMind都设立了人工智能伦理准则和人工智能委员会,但从未透露其实际参与者或工作内容。[51]

针对企业的人工智能伦理治理问题,全国人大常委会法工委经济法室副主任杨合庆指出,必须引入多方行动,例如引入独立的第三方监督机构,企业设置专门的道德或者伦理委员会,监督企业收集、处理、使用个人数据信息等。使之更好地应用于增进人类福祉和促进经济社会的需要。这一委员会可以仿照上市公司监督委员会的设置,主要由外部人士组成,并且由外部人士来担任负责人。[52]中央网信办政策法规局副局长李长喜曾表示,互联网平台具有主体多元、活动多样、行为多重的特性,这为治理提出了复杂的要求,需要有相适应的方式进行治理。采取政府监管、行业自律、用户参与和社会监督的方式能够较好地应对这一现状。

4.4.3　构建企业人工智能伦理的挑战

企业是决定人工智能产品是否符合人工智能伦理准则的执行主体和责任主体。构建企业人工智能伦理的挑战一方面来自于宏观环境,另一方面来源于企业自身。

1. 企业人工智能伦理构建的宏观挑战

企业是实践人工智能伦理的责任主体,然而目前人工智能伦理尚未得到企业界的普遍重视,主要存在以下几个原因。

第一,企业伦理的战略定位滞后、缺失。目前多数企业的数字化和智能化转型仍以提高绩效为主要导向,而部分世界一流企业已经明确认识到,企业伦理正在成为人工智能时代企业的核心竞争力,并开始考虑如何在产品研发、平台构建和行业应用中,建立伦理驱动型战略的先发优势,抢占新一轮竞争的战略制高点。一些世界一流企业在企业人工智能伦理建设中的大动作,被一些后进企业视为"莫名其妙",其实恰恰反映出先进企业的深层战略动机。因此,受到后发劣势制约的第三世界国家企业亟需清醒地意识到,自己现有的后发劣势正在从技术领域扩大到企业伦理领域,在自己全力弥补现有技术后发劣势的同时,占据先发优势的企业正站在一条全新赛道——企业伦理的竞争上,埋头奋进,力图再次独占鳌头。

第二，人工智能伦理研究和人才培养相对滞后，相应学科与课程亟待融入基础教育，为人工智能伦理治理培养大批人才。为了获得分析、应对人工智能技术给公众和社会带来的现存与潜在伦理风险的知识和技能，离不开人工智能伦理教育和培训，而且这种教育和培训必须涵盖企业所有岗位的员工，而不能局限于伦理岗位的专职员工。伦理思想与技术研发的深入结合能够实现对未来人工智能可能产生的重大危险与伤害事件的前置预防，从而避免"科林格里奇困境"，即技术后果没有在研发早期被预料到，当其负面后果被发现时，技术却已成为整个经济和社会结构的一部分，因而难以补救负面后果。2018年以来，哈佛大学、康奈尔大学、斯坦福大学等美国高校均开设了人工智能伦理课程，旨在培养负责任的技术人才，以应对人工智能应用领域频繁出现的伦理事件。[53] 近年来我国对科技伦理高度重视，开始将人工智能伦理纳入基础教育，以增强各专业学生的伦理责任意识，提高伦理素养，培养伦理实践能力。

第三，人工智能企业伦理实践尚未普遍实施。企业是人工智能伦理的责任主体。企业可以从研发端构建低风险、高安全、符合道德伦理的人工智能技术模型，并在进入市场前对人工智能产品进行风险检测。目前企业人工智能伦理实践相对于产业发展呈现出明显的滞后性，企业在伦理规范和政策治理规制方面十分薄弱，很多企业缺乏构建伦理规范的责任意识和操作规程，缺乏相应的内部审查机制和外部监察机制，致使企业陷入重技术不重伦理的责任"真空"式发展，或使企业提出的人工智能准则流于口号。

2. 企业人工智能伦理构建的自身挑战

企业正处于艰难的数字化、智能化转型阶段，在生存与发展的两端挣扎，而企业伦理建设需要企业拨备适当的人力、物力和财力，从而提高了企业的工作量和成本，这也是很多企业延迟推进伦理建设的一个重要原因。另外，当企业制定了人工智能伦理准则之后，能否得到充分践行仍然面临多项挑战。企业人工智能伦理委员会和人工智能伦理准则的构建与提出只是企业人工智能伦理治理的第一步，让人工智能伦理在每一项业务中得到落实才是更为根本的实践挑战。虽然部分领军型人工智能企业发布了企业人工智能伦理准则，但是大部分企业还仍未采取任何伦理措施。据简柏特咨询公司的调查显示，95%接受调查的公司表示，它们想要治理人工智能的偏见问题，但是只有34%的公司有相应的治理措施。人工智能伦理在应用层面面临如下挑战：① 缺乏共同的目标和信托责任；② 缺乏专业发展的历史和规范；③ 缺乏将伦理准则转化为实践的成熟方法；④ 缺乏健全的法律和专业责任机制。[54]这些问题共同构成了企业人工智能伦理实践面临的挑战。

首先，企业股东、员工、用户和其他相关方的基本目标有时可能会产生冲突，由于公司及其雇员对股东负有主要信托责任，企业利益在伦理决策中往往被置于首要地位，而公共利益并不享有优先地位。开发人员与用户之间的信托责任并未建立，可能无法通过某种约定俗成的伦理规范进行道德约束，同时欠缺具有法律制裁效力的治理措施。

其次，明确定义且广泛适用的人工智能伦理规范尚未在企业层达成共识。从企业的角度看，在不同国家文化背景、不同学科要求、不同大众群体的视角下，"正确""公平"和"隐私"等概念具有完全不同的解释方式，具有道德相对论的风险。

第三,人工智能伦理原则的实用转化缺乏切实可行的路径。专业协会和理事会、道德审查委员会、认证许可证制度、同行自治、细化行为守则和其他由强大机构支持的机制,可以通过评估困难的案例,与识别过失的行为并制裁不良行为者,来确定日常实践的道德可接受性。在现实世界的开发环境中将原理转化为实践,需要收集利益相关者的意见,并将伦理学家纳入开发团队。

最后,缺乏法律制裁措施和专业问责机制。签署缺少明确定义和可执行性的自律守则,不会给开发人员带来任何实质性的设计改变。当道德考量与商业动机冲突时,它们可能会被丢弃[55]。不能假设在注重效率和利润的商业流程中,伦理价值能够得到"自动的"执行。[56]同时,建立企业违反伦理准则的外部制裁机制也是坚持和有效实施准则的必要环节。电气和电子工程师协会(IEEE)和美国计算机协会(ACM)之类的专业机构缺乏强制组织执行的正式制裁权,如果没有企业许可,就不会产生实质影响。如果在企业自治失败后没有互补的惩罚机制和治理机构"介入",那么企业伦理准则就有可能仅仅是提供对可信赖人工智能的虚假保证。[57]

4.4.4 人工智能伦理规范保障措施

企业的人工智能伦理治理需要多方配合。在社会层面,高校和研究机构开展前瞻性科技伦理研究,为相关规范和制度的建立提供理论支撑;各国政府、产业界、研究人员、民间组织和其他利益相关方展开广泛对话和持续合作,通过一套切实可行的指导原则,鼓励发展负责任的人工智能;行业监管机构负责将一般化的伦理原则细化为针对产品的技术标准,并实施企业外部的伦理监督和违规处罚;投资机构应将伦理问题纳入环境、ESG(社会和治理)框架,引导企业进行负责任的人工智能产品开发;其他社会组织可以通过培训、发布伦理评估报告、总结代表性案例等方式,推动人工智能伦理规范的构建。[58]

1. 获得利益相关者的共同支持

2019年达沃斯世界经济论坛上,人工智能专家与来自不同企业和行业的董事会成员和关键利益相关者合作,设计了"人工智能董事会领导力工具包"(AI Board Leadership Toolkit),通过人工智能的技术、品牌、治理和组织影响四个核心问题,帮助董事会权衡关键问题、履行监督职责、满足不同利益相关者的需求并做出方法路径的积极探索,例如任命首席价值官、首席人工智能官或人工智能伦理咨询委员会。[59]

将伦理注入人工智能首先要确定什么对利益相关者重要,利益相关者包括客户、员工、监管机构和公众在内。企业可以通过透明地使用人工智能,帮助与利益相关者建立信任。例如企业应该披露影响客户的自动决策系统的使用情况。公司应该尽可能地向用户解释它们收集了什么数据,如何使用该数据,以及这些数据的使用如何影响用户。

2. 构建算法与数据集的设计伦理

人工智能系统开发者应该充分在系统设计阶段融入伦理规范,在设计、研发和运行过程中充分考虑到算法的可解释性和透明性原则,还有数据集的隐私保护。无论企业是以研发人工智能为主要战略与业务,还是购买人工智能商业工具,都必要运用设计思维预先考虑算法中的潜在偏差,并在设计阶段提出解决方案。2019年4月,欧盟委员会发布了一套指导原则,用于指导组织如何开发人工智能的伦理应用。两天后,美国政府提出了(2019)《算法问责法》,以构建针对高风险人工智能决策系统的问责机制,如针对人脸识别或基于敏感个人数据的算法问责。

3. "自下而上"建立企业人工智能伦理

面对企业转型过程中人工智能可能引发的社会伦理风险,企业管理层应尽早建立企业人工智能伦理准则,并通过员工将伦理准则具体化、可操作化,形成各部门技术开发人员或技术应用人员的操作手册。在人工智能伦理规范的构建与执行过程中,企业技术员工有义务将伦理规范融入产品与服务的设计阶段,并发挥监督作用。企业人工智能开发人员必须接受培训,以测试和纠正可能产生的系统偏见。同时,企业应建立"吹哨人制度"和"自下而上"的监督反馈渠道,确保企业员工在保障伦理规范执行的过程中有监督权和反馈路径以发挥积极作用。技术员工在人工智能产品的研发与应用方面占有一定的主导权,并且负有避免伤害人类的义务。杀人机器人的研发曾在美国激起争论,科技工作者组织了公众运动,向其雇主施压,要求他们停止制造可能被用于社会危害的技术和人工智能。[43]

4. 建立实施及审查程序,实行问责制

企业的人工智能伦理管理实践,需要在部门和组织层面实行有约束力的、高度可见的问责制结构以及清晰的实施和审查程序。通过定义明确的包容性设计要求、透明的道德审查和独立的道德审计流程,明确企业伦理实践的操作指南。由于企业仅出于自愿原则而执行伦理机制缺乏强力约束,故企业的人工智能伦理治理需要结合企业的自律与他律,通过内生性治理结构与外部监管机制的结合,确保人工智能以符合人类福祉的方式在可控范围内发展。在政府治理的问责背景下,企业在研发、生产、营销和财务等经营环节中,应该设立"责任到人"的问责机制,以保障出现伦理问题时可以事后追责,并且更好地创造负责任的人工智能工作氛围。

从总体情况来看,企业需要采取人工智能伦理规范,但是引入过多的规则也可能会扼杀创新,并给企业带来更高的成本,人工智能伦理规范的构建与执行应当因地制宜地,根据各方面因素的综合考虑做出合理决策。

4.5　企业经营与人工智能伦理的高度融合

随着人工智能企业的生态化和传统企业的人工智能化,技术变革正在推动企业的组织结构、商业模式、生产运营模式、人力资源管理模式和市场营销模式等企业经营管理模式的全面变革。工业时代的商业逻辑具有连续性、可预测性和非线性的特征,而智能时

代的商业逻辑在数据、协同与智能的基础上,正在向非连续性、不可预测和非线性思维重构。[60]价值创造和获取方式正在发生本质性变化,企业既要进行自身的智能化转型,又要防御技术驱动下的"跨界打劫"。企业的生存面临着新型挑战,企业内部经营管理的伦理内涵也同样面临相应转变。

4.5.1　企业生产运营伦理

推动人工智能融入大众生活的主体力量是企业。廖建文提出,"产品是怎样的,组织才是怎样的"。在人工智能时代,产品内涵向内容、数据、服务和硬件发生了重大转变。产品与服务作为用户关系构建的桥梁,同样也在形塑用户和大众的生活。企业应该对技术给人类带来的全面后果高度重视,以向社会提供合伦理性的产品与服务,并为产品的安全性与合伦理性负责。

1. 产品设计伦理

人工智能技术的快速迭代让企业发展的"时间轴"变短,企业的寿命、产品的生命周期和争夺用户的时间窗口,都在快速缩短。[60]在高强度的竞争压力下和快速变革中,企业在设计阶段融入伦理规则,产出合乎伦理的产品与服务,从而构建企业的伦理竞争力并实现可持续发展,成为现阶段的重中之重。

在过去的60年中,可持续发展的概念以环境保护为核心,改变传统的以"高投入、高消耗、高污染"为特征的生产模式和消费模式,实施清洁生产和文明消费为核心,协调经济、生态和社会三要素持续、稳定、健康发展。而在人工智能时代,可持续发展的概念也亟需同步扩展,上升到伦理层面。

人工智能产品的设计者应该承担合伦理性产品设计的义务,并为产品的安全与质量承担责任。由于人工智能技术本身存在较高的理解门槛,企业管理层和社会大众缺乏直接干预产品伦理属性的能力,伦理与产品的融合需要通过技术人员的创新才能"落地"。拉德(Ladd)曾提出,"……行业成员应该对社会具有特殊的责任和义务"。[61]由于专业人士经过特殊培训,具有特殊的知识和技能,因而能够预测并评估设计行为的结果,所以专业人士应该承担阻止产品对用户及社会产生潜在危害的特殊义务。针对工程师应承担的伦理义务,阿尔珀恩(Alpern)指出,"尽管工程师并没有受到专门的道德义务的束缚,他们在工作中所运用的普遍道德原理也决定了他们要比普通人作出更大的个人牺牲",他提出关注原则,"在其他条件相同的情况下,人们应该适当关注,避免给他人带来严重的伤害",并且推论"可能发生的危害的大小以及在危害产生的过程中人们所起到的中心作用决定了适度关注的程度。"继而提出适度关注推论,"与其他人相比,当一个人处于会造成更大伤害的职位或者当他(或她)在带来伤害的事件中起到更关键的作用时,必须要行使更大的关注义务来避免这种事情发生"。技术人员在履行专业义务时应该尽力遵守可持续发展的伦理原则,在各技术层面以保护公共安全、公共健康和公共福利为首要目的。

2. 产品安全伦理

企业在不断向机器智能赋权的同时,产品安全隐患正在造成用户生命和财产安全损害和精神损害风险的不断增高。例如,某平台打造的"打击犯罪的机器人"在硅谷的一家商场里使一名16岁的少年受伤;某医疗保健应用程序曾对癌症治疗提出了错误的建议,可能会导致严重甚至致命的后果等。[62]此外,可植入技术、可穿戴设备虚拟现实等人工智能技术相关的衍生人工智能产品等。这类人工智能产品的研发生产不仅存在危害消费者人身、财产安全等物质损害风险,还存在使消费者产生逃避现实、上瘾等内在的精神损害风险。

为保障人工智能产品的安全,亟需建立体现人工智能伦理原则的安全标准化体系。目前致力于人工智能安全标准制定的平台主要有各国的技术标准化组织,以及国际标准化组织和国际学术组织。例如,ISO/IEC JTC1是一个技术领域的国际标准化委员会,2018年4月,ISO/IEC JTC1/SC 42人工智能分技术委员会第一次全会在北京召开,SC 42重点将在术语、参考框架、算法模型和计算方法、安全及可信、用例和应用分析等方面开展标准化研究,并致力于人工智能自治、机器人、工业物联网的无害性,人工智能窃听,人工智能算法歧视等问题研究。[63]IEEE发布《合乎伦理的设计:将人类福祉与人工智能和自主系统优先考虑的愿景》,包含三项标准。第一,机器化系统、智能系统和自动系统的伦理推动标准;第二,自动和半自动系统的故障安全设计标准;第三,道德化的人工智能和自动系统的福祉衡量标准。[64]中国TC260于2018年4月对标准研究项目《人工智能安全标准研究》进行立项,旨在分析人工智能面临的安全威胁和风险挑战,梳理人工智能各应用领域安全案例,提炼人工智能安全标准化需求,研究人工智能安全标准体系。[65]

由于企业标准须符合行业技术标准,故技术标准的设立具有对全行业的约束力,尤为值得重视。

3. 产品质量伦理

人工智能产品的质量判断与普通产品不同,质量缺陷不一定能在产品交付时马上暴露,具有潜藏性、突发性和不确定性等特点。针对缺陷产品应制定相应风险管理办法。胡元聪提出,对于人工智能缺陷产品的认定标准规范、生产免责规范和召回管理规范亟待革新。[62]认定标准规范方面,《产品质量法》第46条仅包含对消费者人身、财产安全的不合理危险,未涉及产品可能对用户造成的精神影响,并且未将数据收集与用户隐私受到侵犯纳入标准规范。生产免责规范方面,《产品质量法》第41条中规定的生产免责主要侧重于产品交付时的义务,然而随着生产者对其人工智能产品工作性能的监督控制不仅限于生产研发阶段,而是持续到消费者使用的整个过程,消费者因第三款规定的产品发展风险抗辩而处于弱势地位。当发生智能机器人的医疗事故、自动驾驶的交通事故、智能交易的重大失误、无人机误判恐怖分子错杀平民等问题时,让消费者承担责任并不合理。召回管理规范方面,质量预警和信息披露制度都难以实现。人工智能产品的部分安全风险伴随消费者的使用而产生,难以在生产研发期间予以控制。其次,由于代码和算法的不透明性,人工智能企业在缺陷产品召回管理的信息披露方面的隐瞒、欺诈等行为将无从约束。

为应对以上新型风险,企业需要建立人工智能产品的跟踪观察制度。[66]"跟踪观察义务"是指产品投入流通以后,生产者和销售者应当继续跟踪观察,如果产品在使用中存在可能危害消费者、使用者等危险,生产者和销售者就有义务对此种危险采取措施,以减少危险的发生。[67]在用户损害赔偿方面,传统制度已不能完全囊括智能主体理应承担的所有义务。算法活动以"信义义务"为核心调整传统受托人关系以及基于合同相对性进行损害赔偿,法律应当为不同潜在责任主体创设不同缺省合规义务,引导算法运营商、技术开发方内部化不合理社会成本,以构建人工智能责任体系的中国标准。[68]

4.5.2　企业人力资源管理伦理

人工智能生产方式给各行各业的企业人力资源带来了极大的冲击,由此可能引发大量技术性失业和相应的人力资源结构调整,同时也创造了人力资源管理的新型伦理问题,如劳动关系转型潜藏劳动者权益受损风险,智能化招聘蕴含系统性歧视,和数字化绩效侵蚀员工权利等问题。技术对于人力的局部替代也创造了新型的工作关系——"人机协作"。

1. 技术性失业与平等社会

陈春花提出"数字化生存"时指出,以往所有的技术革命都是淘汰工具、转换流程、更新管理模式,以及创造更大的新需求和新的市场生存逻辑。然而这一轮技术、数字和知识带来的巨大变化之一是"把人淘汰掉"。[60]这对企业利益与社会平等公正之间的协调,提出了严峻挑战。

尤瓦尔·赫拉利在《未来简史》中警告,未来社会可能会出现"无用阶级"。詹姆斯·布莱德尔认为,在许多领域"科技恰恰是加剧不平等的关键因素"。智能机器将取代大量工作,可能造成失业陷阱和职业歧视,并引发更深层的贫富分化与阶级固化,将直接冲击人类作为劳动者的存在价值。2017年1月,麦肯锡全球研究院发布《未来产业:自动化、就业与生产力》报告,指出:在800多种职业的2 000多项工作活动中,将近60%的职业或行业中有至少30%的工作内容在技术上可以自动化。麦肯锡也曾预测,到2030年全世界将有3.9亿人因机器人和人工智能的大规模普及而改行,有8亿人会失业,丧失收入与安全保障。[69]花旗银行与牛津大学合作的研究报告显示,人工智能将会代替美国47%、英国35%、中国77%的岗位。[70]李开复认为,人工智能投资资本将迅速涌入金融领域、医疗领域和自动驾驶等领域,在5—10年内将会带来超过10%的GDP(国内生产总值)贡献。随之而来的岗位替代将有序地从薪酬较高、重复性较强的工作开始,而有时蓝领反而难被取代。例如,清洁工人本身工资不高,而且机器很难清理干净,所以清洁工人很难被取代,但医生助理工资很高,减少助理数目能够更大程度地降低企业成本。[71]

从企业人力结构角度分析,机器人的广泛应用将取代从事流程化工作的劳动力,导致技术与管理人员占比上升。[72]由此高端就业岗位和普通就业岗位间的收入差距可能进一步扩大。随着人工智能带来的生产效率提高、社会财富增长等,应当充分考虑增长红利是否主要由少数大企业、大资本和高端技术人员和管理者获得,员工利益如何保障,收益的公平分配如何实现。

兼顾员工利益是企业伦理的一部分，企业应根据自身人工智能战略布局，尽早衡量企业业务要求与员工技术水平之间的差距，并制定具体的培训教育计划来弥补相应能力差距，避免大规模裁员。企业可以通过与学术科研机构合作，创建产学研试点项目或设计培训教育体系，帮助企业员工面向人工智能实现技能转型，同时帮助应届毕业生适应智能化岗位需求。企业人力部门需要根据企业人工智能业务转型充分考虑到员工需求并为其重新进行职业生涯规划，为员工提供技能和兴趣相一致的培训和发展。

2. 人力资源管理的新型伦理问题

传统的人力资源管理方法依赖人力资源规划、招聘与配置、培训与开发、绩效管理、薪酬福利管理以及劳动关系管理六大模块。[73]人工智能给企业人力资源管理带来的主要伦理变革主要有以下三方面：

第一，劳动关系转型潜藏劳动者权益受损风险。在互联网、大数据和人工智能的技术影响下，新型组织模式创造了新型劳动关系，例如"众包模式""兼职模式"和"合伙人制"。在降低企业人力资源成本的同时，新型人力资源管理模式将工作机会开放给更多自由职业者和企业内部成员。但同时也可能带来对劳动关系的腐蚀性，例如劳动关系主体不确定、劳动时间不确定性、报酬支付不确定、劳动保障不确定、劳动风险不确定、工作的责任不确定、法律救济不确定等伦理风险。[74]而随着劳动关系的流动性增强，组织关系变得更加脆弱，劳资双方的伦理约束力正在下降。在劳动法律中的"劳动关系"向民事法律中的"雇佣关系"转型的过程中，劳动者的加班待遇、社会保险待遇、休息休假待遇等在民事法律相关规定中不见踪影。除了工资外，保护劳动者的其他福利待遇成了无源之水、无本之木。

第二，智能化招聘蕴含系统性歧视。从聊天机器人到智能视频面试平台，从简历筛选到真人面试评判，人工智能技术已经渗透到招聘的各个环节。2018年10月，某知名公司人工智能招聘工具被曝性别歧视。基于十多年来投递简历的分析，人工智能招聘系统形成了一种固有模式，即优选男性求职者，对包含"女性"这个词的简历低星评级。[75]自动化简历筛选在提高效率的同时，也提升了算法的隐性标签式选择偏见，如果样本只包含一类同质群体，它就有可能筛除不同类型的个体，哪怕他们在工作中很优秀。最终该人工智能招聘工具被关闭。

第三，数字化绩效侵蚀员工权利。目前企业大多采用指纹识别或者脸部识别的方法进行考勤，而智能化技术可能实现"无声"的考勤和评估系统，创造新型数字化绩效系统。例如，"通过手机的移动跟踪，借助无所不在的摄像头采集数据后的人脸识别技术，可以随时观察和管控员工的各种活动细节。所有代打卡、代考勤等行为都可以避免，而且能够知道员工在整个的工作时间中是否真正在工作。"[76]该应用背后的技术支持，来自于手机自动连接Wi-Fi的功能。手机自动搜索Wi-Fi功能暴露了手机的行踪和轨迹。然而"移动位置监控＋全景摄像头"的全方位监控，可能会带来"全景监狱式"的工作模式和业绩考核，极大程度地限制了员工的自由空间。此外，无缝考核带来的高压模式，也有可能对员工的身心健康产生不利影响。

3. "人机协作"的新型工作关系

随着部分重复性较高的工作被人工智能系统或机器替代,工作空间将会逐渐形成"人机协作"的工作环境和工作关系。企业可能需要重新对其人员结构进行调整,如将部分员工分配至人员相关部门,部分员工分配至机器相关部门,其余的则被留在混合模式(即利用技术提高人类工作效率)下的部门。同时管理人与机器将赋予人力资源部门全新的挑战,这涉及如何同时进行提升型劳动力的再培训和打造出新的人力资源流程用以管理虚拟员工、机器人及其他构成"无领"劳动力的人工智能驱动型功能,图4.1展示的是针对无领员工的新思维模式能力。德勤研究表明,未来,预计会有更多企业通过重塑人机混合环境下的职务和工作方式以顺应无领劳动力的发展趋势。人机将实现无缝协作,在同一个生产力环节中相得益彰。同时,人力资源部门也将制定新的战略和工具,以招聘、管理并培训人机混合型员工。[77]

在各自拥有不同专业技能和能力的情况下,人类与机器可在同一工作团队中形成共生关系,全方位地为企业带来诸多裨益

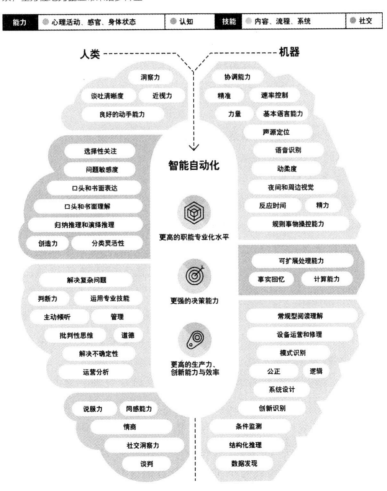

图4.1　针对无领员工的新思维模式能力

来源:德勤管理咨询报告《2018技术趋势:协作企业》

"无领"劳动力的出现也给工作空间带来了文化、网络与法律监管方面的风险。[77]文化方面,传统的人际互动部分被人机互动所替代,可能会对知识共享和创造性协作产生阻碍,此外机器人通常只有有限的态势感知,可能无法针对例外情况制定决策。在某项工作实行自动化前,应该判断哪些功能可能需要人的判断力和决策力,避免人机冲突。网络方面,机器人可能成为黑客的攻击目标,具有员工及客户数据泄露的网络风险,故应该建立监控测试措施,提高各部门协作。法律与监管方面,则应该注重在工作自动化过程中可能发生的员工隐私侵犯问题、网络终端或设备故障导致的自动化监管职能失效问题等。

讨论与思考题

1. 请结合4.1节介绍的企业伦理学理论以及道德评估理论,自拟应用场景,分析让人工智能产品符合伦理原则的必要性,并讨论权利论(或公正论、关怀论、美德论)在产品研发中直接落地的不可操作性及其解决办法。

2. 人脸识别是否侵犯个人隐私

2018年7月,中国人发生首例脸数据刑事案件,有人非法窃取人脸数据2 000万份,制作三维头像并通过支付宝认证,以骗取注册红包奖励。2019年10月,杭州的野生动物园要把指纹入园认证改为人脸识别认证,一位身为法学教授的杭州市民认为人脸识别的安全性和隐私性都让人担忧,一旦被泄露、非法提供或者滥用,就极易危害消费者的人身和财产安全。于是他向杭州富阳人民法院提起诉讼。"动物园强制要求游客进行人脸识别,我觉得这显然违法了《消费者权益保护法》,也不符合《网络安全法》,更不符合目前正在制定的《个人信息保护法》。"2019年5月21日,英国公民布里奇斯(Ed Bridges)将南威尔士警方告上法庭。他认为,警方在未经本人同意的情况下,使用自动化人脸识别技术对他进行扫描,侵犯了他的隐私权。2019年5月开始,美国部分州政府陆续宣布本市禁止使用人脸识别,如加州旧金山市、马萨诸塞州的萨默维尔市等。Clearview AI是美国纽约的一家人工智能面部识别创业公司,该公司从社交媒体平台上搜集了30多亿张照片,并将其提供给美国和加拿大600多家执法机构用来识别涉嫌犯罪活动。2020年初,该公司遭到黑客攻击,其全部客户名单被黑客窃取,但因及时修补漏洞,入侵者未拿到客户的搜索记录。

人脸识别是否应该纳入国家安全治理体系与公共服务体系中,作为强制性应用的治理方式之一?是否应该赋予采集人脸识别数据的企业相应的数据所有权、存储权和共享权?这是否构成对个人隐私权益的侵犯?如何规范人脸识别信息的采集、存储和使用流程,以保障人脸识别的数据安全?

（资料来源：虎嗅.中国人脸识别第一案，来的太晚了，https://baijiahao.baidu.com/s？id=1649244562964328983&wfr=spider&for=pc。）

3. 数据灰产

2020年3月，有人揭露了在电报（Telegram）上提供付费查询隐私数据的信息贩卖灰色产业，通过数字货币和机器人平台进行交易。在其社会工程学数据库中，用微博OID（对象标识符）即可查出用户手机号和关联的真实姓名、密码、邮箱、QQ关联账号、密码以及身份证号等信息。隐私保护者建议，尽量减少使用同一个网名。因为灰产会将账号当成索引，搜索、关联其他平台。其次，尽量少使用同一个密码或密码关键词；输入密码前切换至信任的输入平台；注册多个邮箱，使用不同邮箱注册其他平台账号，切断各个平台之间的联系等。个人数据的保护和数据灰产的治理，已成为一个十分紧迫的伦理和安全问题。

（资料来源：在Telegram卧底调查隐私交易，作者被人肉搜索、短信轰炸，https://www.sohu.com/a/383815575_161795？scm=1002.44003c.fe017c.PC_ARTICLE_REC。）

请结合以上案例，分析企业是否应该具有数据所有权、使用权、存储权以及共享权？并试论如果企业具有该项数据权利，应以何种方式承担该数据的隐私保护责任？此外，数据灰产应如何治理？

4. 请结合人工智能伦理的企业主体分析以及企业人工智能伦理构建办法，探讨以下问题：试想您是一家企业的首席执行官（含巨兽型企业，中小企业以及多元主体），您将如何构建企业的伦理机制以承担企业社会责任？如果您是一家科技企业的研发人员，您将如何在人工智能产品研发中落实人工智能伦理？

5. 操纵选举事件

2018年，英国某公司通过向第三方公司购买超过2.2亿美国人的精确人格信息，通过精确微定位成功地覆盖了各种人格的选民，进而通过大众心理分析向其精准投放了带有操纵意图的Facebook广告以影响美国大选，最终起到了重要作用。该公司一位研究员表示："平均来说，根据一名用户在Facebook上的68个'爱好'就可以推测其肤色（95%准确率）、性取向（88%的准确率）、党派倾向（85%的准确率）"。牛津大学菲利普·霍华德（Philip Howard）的研究表明，33%的支持某候选人的Twitter（推特）帖子是由聊天机器人产生的，而支持另一候选人的帖子中，这一比例只有22%。

上述涉事公司不仅在未获得知情同意的情况下使用了社交媒体用户的个人数据，还能根据非隐私数据推测隐私数据，并且进一步利用算法进行数据造假和精准营销操纵。

（资料来源：阿米尔·侯赛因.赛迪研究院专家组译，终极智能：感知机器与人工智能的未来，北京：中信出版社，2018：163-169。）

根据以上案例，对下列问题进行讨论：在数据共享与交易方面应如何赋予用户实际选择权？如何监管企业利用用户数据衍生数据的用途？如何建立信息真实性的识别机制？

6. "幽灵车"和"灰球"

某公司为了让用户觉得它的系统看上去比真实情况更成功、更活跃、更有呼必应，曾在用户界面故意做手脚，继而扩展到整个系统，有时会在地图上显示"幽灵车"，而实际上这些转来转去的潜在司机根本就不存在。另外，用户在毫不知情情况下行程被跟踪，这种全景监测系统常用于追踪重要客户。此外，该公司还开发了一个名为"灰球"（Grayball）的程序，专门用来拒载正在调查该公司多起违规行为的政府职员，以逃避政府调查程序，有时甚至将警察局所在区域整个拉入黑名单，政府职员网上约车时用的廉价手机也会被它屏蔽。

技术的不透明性造成了"真相"可能只把握在科技企业手中，并且可以通过技术向用户和政府营造假象，造成欺骗。

（资料来源：詹姆斯·布莱德尔．余平，梁余音译．新黑暗时代．广州：广东人民出版社。）

根据以上案例，分析如何建立针对科技企业披露数据真实性的监管机制和治理措施？

7. 全球首例无人车致死行人事故

2018年3月，某无人驾驶汽车引发全球首例无人车致死行人的事故。官方文件显示，在该公司的无人驾驶汽车发生车祸前5.6秒，车辆就已经检测到了行人，但是系统把行人误识别为汽车。在车祸前5.2秒，汽车的自动驾驶系统又把行人归类为"其他"，认为行人是不动的物体，并不妨碍车辆行驶。之后系统对物体的分类发生了混乱，在"汽车"和"其他"之间摇摆不定，浪费了大量宝贵的时间。车辆未能及时采取刹车措施，最终导致事故发生。讽刺的是，当时车上的安全员正在用手机观看电视节目，错失了最后的避险时机。

（资料来源：环球网．全球首例无人车致死案更多细节公布，车祸发生前5.6秒检测到行人．https://baijiahao.baidu.com/s？id=1649595657719236783&wfr=spider&for=pc。）

波音737与飞行员争夺控制权致两次空难

2018年10月至2019年3月，分别属于印度尼西亚狮子航空和埃塞俄比亚航空公司的两架波音737MAX8客机先后坠毁，乘客全部遇难。主流分析认为，事故的根源在于为省油，波音737MAX8的发动机被加大并上移了，为防止由此带来的失速风险，该配平系统能够在飞行员手动模式下自动开启失速保护，即对飞行员的操作可以"一票否决"，悄悄争夺控制权，按程序逻辑自动执行系统指令。最终导致"人机大战"和空难发生。

在人类不断赋权人工智能的过程中，人类的自主控制力或自治力正在下降，甚至人机可能发生决策冲突。当在发生意外事故时，尤其危及人类生命财产安全时，是否应该赋予人工智能系统最终裁决权？如何建立人类自主权与机器决策权的平衡机制？在此过程中,企业应该承担何种责任,如何承担责任,应由谁来监管？

（资料来源：环球时报.埃航一架波音737MAX坠毁与上次同机型坠机事故相隔仅4个月.https://baijiahao.baidu.com/s? id=1627610115864051026&wfr=spider&for=pc。）

针对上述两个案例,你认为其中存在哪些人工智能伦理问题？这两个事故的责任应如何判定？今后应如何避免类似事故的发生？

8. 根据本章关于企业伦理委员会的有关内容和案例介绍,阐述你对如下问题的看法：企业伦理委员会成员应如何选择？企业伦理委员会应讨论哪些议题？设置何种职能和权力？伦理委员会应设置何种组织结构与职级？应采取外部伦理委员会还是内部伦理委员会？如何保障伦理委员会有效运行？

9. 失业与就业转型

金融公司交易员曾经被认为是世界上最好的职业之一,现如今的境遇却是时乖运舛。据《麻省理工技术评论》报道,2000年顶峰时期,高盛在纽约总部的美国现金股票交易柜台有600名交易员服务大额订单,进行股票买卖操作。但时至如今,这里只剩下两名交易员"留守空房",由于人工智能"高歌猛进",不断冲击着传统的银行交易,不少银行交易员的工作都被自动化算法取代。而这并非个例,此情此景每天都在上演。人工智能的发展让深度学习等各种算法大放异彩,持续"攻占"人类的优势领域。

某物流公司在广东东莞的分拣中心有300多台分拣机器人,它们每天不分昼夜地工作,井然有序地取货、扫码、运输、投货,每小时能够运送多达12 000件的货物。这个分拣中心原本需要3 000多名员工,如今人数却不超过20人,直降99.3%。相较于传统的分拣线,分拣机器人全天的效率和作业质量都有了显著提升,这些小机器人可以24小时持续工作。此外,与人工作业相比,现在的工作环节也从6个减少到3个,骤减一半。此外,亚马逊物流员工手中的手持仪器既是亚马逊用于物流管理的方式,也是一种监控设备。它负责记录员工的每一个动作,监控工作效率。"工人们会因为没能跟上机器的节奏、上厕所或者上班迟到而被扣分——也就是扣工资。另外,无休止的劳作让员工之间的关系逐渐疏远,他们必须一刻不停地听从电脑屏幕发号施令,包装、运货,表现得像个机器人一样,或者说像一群拟人化的机器,只不过暂时比机器便宜一点点。"

请结合以上案例中人工智能给企业经营各环节带来的变革,试想人工智能的未来发展是否将对你的职业造成影响,造成何种影响？为此你需要积累哪些知识和技能？哪些用于企业管理的人工智能应用是侵犯劳动者权益而应该予以禁止的？面向人力资源管理的新型伦理问题,如何在人工智能时代保障劳动者的权益？

10. 机器伤人事件

1978年9月6日，日本广岛一家工厂的切割机器人在切钢板时突然发生异常，将一名值班工人当作钢板操作，这是世界上第一宗机器人杀人事件。2007年，马来西亚吉隆坡的一家机器人主题餐厅的炒菜机器人将虾仁炒糊，当愤怒的餐厅老板夫妻到厨房看个究竟时，这个机器人突然打了老板夫妻各一个大耳光。后查明，打人的机器人是受厨房附近的高频电磁波干扰才"失手"。2015年，意大利米兰的一个家务机器人误用含有洗洁精的洗碗水煮面给用户食用，后被用户发现。2016年，德国一家工厂发生了另一起机器人杀人事件，事发时受害人正与同事一起安装机器人，但机器人却突然抓住他的胸部，然后把他重重地压向一块金属板，最终致其不治身亡。不久后，印度一名汽配公司的年轻工人在维修脱节金属板时被一个机器人"杀害"。在这些事件的报道和议论中，机器人经常被视为责任人，甚至认为机器人故意犯罪杀人，或其本身带有杀人倾向。但经过调查，这些人为判断全部被确认为不符合事实，真实原因通常来自产品的技术漏洞。因此，人们的对追责对象的认识需要进行相应地的调整，否则将陷入对虚假对象进行追责的尴尬境地。

（资料来源:机器人网,机器人伤人事件,人工智能安全性引质疑,https://robot.ofweek.com/2016-11/ART-8321202-8500-30063910_3.html;新战略机器人全媒体,全球多起机器人杀人事件 如何定性？https://www.sohu.com/a/281962225_218783。）

针对以上案例，你认为真正应该被追责的对象包括哪些？

参 考 文 献

[1] 新浪专栏.亚马逊发生重大监听事故:被智能音箱窃听的噩梦?[EB/OL].(2018-12-21)[2020-8-24].https://tech.sina.com.cn/csj/2018-12-21/doc-ihmutuee1343388.shtml.

[2] 江丰光,熊博龙,张超.我国人工智能如何实现战略突破:基于中美4份人工智能发展报告的比较与解读[J].现代远程教育研究,2020,32(01):3-11.

[3] 王宝森,李世杰.企业伦理与文化[M].北京:经济科学出版社,2013:9-12.

[4] 成刚.利益相关人与企业伦理[M].上海:华东理工大学出版社,2006:73-76.

[5] 赵斌.企业伦理与社会责任[M].北京:机械工业出版社,2011:209-213.

[6] 赵斌.企业伦理与社会责任[M].北京:机械工业出版社,2011:214-218.

[7] 成刚.利益相关人与企业伦理[M].上海:华东理工大学出版社,2006:33-34.

[8] 王海明.伦理学定义、对象和体系再思考[J].华侨大学学报(哲学社会科学版),2009(01):26-48.

[9] 黄少英.企业伦理与社会责任[M].大连:东北财经大学出版社.2019:71-83.

[10] 康德.道德形而上学的奠基[M].李秋零,译.北京:中国人民大学出版社,2013:40-59.

[11] 亚里士多德.尼各马可伦理学[M].廖申白,译.北京:商务印书馆,2003:36-58.

[12] 腾讯研究院.中美两国人工智能产业发展报告[R/OL].(2017-07-26)[2020-08-24].https://www.199it.com/archives/619696.html.

[13] 前瞻产业研究院.2018年中国人工智能100强研究报告[R/OL].(2019-07-15)[2020-04-03].https://www.qianzhan.com/analyst/detail/220/190703-774347e2.html.

[14] 刘刚.中国新一代人工智能科技产业发展报告[R].天津:第三届世界智能大会,2019.

[15] 新华网.点亮触手可及的未来:从2019世界人工智能大会读懂智能中国[EB/OL].(2019-08-30)[2020-04-13].http://www.xinhuanet.com/tech/2019/08/30/c_1124942848.htm.

[16] 成刚.利益相关人与企业伦理[M].上海:华东理工大学出版社,2006:33-35.

[17] 赵兴峰.数字蝶变:企业数字化转型之道[M].北京:电子工业出版社,2019:19-29.

[18] 吴霁虹.未来地图:创造人工智能万亿级产业的商业模式和路径[M].北京:中信出版社,2017:73.

[19] Mosier K,Skitka L,Heers S,et al.Automation Bias:Decision Making and Performance in High-Tech Cockpits[J].International Journal of Aviation Psychology,1997(8):47-63.

[20] 詹姆斯·布莱德尔.新黑暗时代[M].余平,梁余音,译.广州:广东人民出版社.2019:41-45.

[21] Fiske S T,Taylor S T.Social Cognition:From Brains to Culture[M].London:SAGE,1994.

[22] 詹姆斯·布莱德尔.新黑暗时代[M].宋平,梁余音,译.广州:广东人民出版社.2019:44-45.

[23] 王海明.伦理学原理[M].北京:北京大学出版社,2009:252.

[24] 韩炳哲.透明社会[M].吴琼,译.北京:中信出版社,2019:16-20,75.

[25] 詹姆斯·布莱德尔.新黑暗时代[M].余平,梁余音,译.广州:广东人民出版社,2019:142.

[26] 赫克托·麦克唐纳.后真相时代[M].刘清山,译.北京:民主与建设出版社,2019:9.

[27] 陈少峰.企业文化与企业伦理[M].上海:复旦大学出版社,2009:78-79.

[28] 詹姆斯·布莱德尔.新黑暗时代[M].余平,梁余音,译.广州:广东人民出版社,2019:91-94.

[29] 赵兴峰. 数字蝶变:企业数字化转型之道[M]. 北京:电子工业出版社,2019:142.

[30] 詹姆斯·布莱德尔. 新黑暗时代[M]. 余平,梁余音,译. 广州:广东人民出版社, 2019:123-125.

[31] 王兴山. 数字化转型中的企业进化[M]. 北京:电子工业出版社,2019:87.

[32] 詹姆斯·布莱德尔. 新黑暗时代[M]. 余平,梁余音,译. 广州:广东人民出版社,2019:200.

[33] 吴霁虹. 未来地图:创造人工智能万亿级产业的商业模式和路径[M]. 北京:中信出版社,2017: 112-113.

[34] 詹姆斯·布莱德尔. 新黑暗时代[M]. 余平,梁余音,译. 广州:广东人民出版社,2019:140.

[35] Lafrance A. The Algorithm That Makes Preschoolers Obsessed With Youtube[EB/OL]. (2017-07-25) [2020-04-03]. theatlantic.com.

[36] 吴霁虹. 未来地图:创造人工智能万亿级产业的商业模式和路径[M]. 北京:中信出版社,2017: 112-113.

[37] 清科研究中心. 达沃斯论坛激辩:如何为人工智能制定规则[EB/OL]. (2019-01-26)[2020-04-03] http://finance.sina.com.cn/money/smjj/smgq/2019-01-26/doc-ihqfskcp0714926.shtml.

[38] 爱德华. 数字法则:机器人、大数据和算法如何重塑未来[M]. 鲜于静,宋长来,译. 北京:机械工业出版社,2015:4.

[39] 詹姆斯·布莱德尔. 新黑暗时代[M]. 余平,梁余音,译. 广州:广东人民出版社,2019:129-130.

[40] 腾讯科技. 硅谷科技巨头聚焦人工智能伦理问题[EB/OL]. (2017-01-31) [2020-04-03]. https://tech.qq.com/a/20170131/003727.htm.

[41] 达沃斯论坛激辩:如何为人工智能制定规则[EB/OL]. (2019-01-25) [2020-04-05]. http://finance.sina.com.cn/money/smjj/smgq/2019-01-26/doc-ihqfskcp0714926.shtml.

[42] Pichai S. AI at Google: Our Principles [EB/OL]. (2018-06-07) [2020-03-18]. https://blog.google/technology/ai/ai-principles/.

[43] Latonero M. Governing Artificial Intelligence: Upholding Human Rights & Dignity[EB/OL]. (2018-10-10) [2020-03-18]. https://datasociety.net/library/governing-artifical-intelligence/.

[44] Microsoft News Center. Satya Nadella E-mail to Employees:Embracing Our Future:Intelligent Cloud and Intelligent Edge[EB/OL]. (2018-03-29) [2020-03-01]. https://news.microsoft.com/2018/03/29/satya-nadella-email-to-employees-embracing-our-future-intelligent-cloud-and-intelligent-edge/.

[45] AI前哨·凤凰网科技. 亚马逊首批送货机器人 Scout 上线;脸书捐款 750 万美元创建人工智能伦理研究所[EB/OL]. (2019-01-24) [2020-07-13]. https://www.sohu.com/a/291316551_456329.

[46] 信息化观察网. IBM:人工智能也有道德准则[EB/OL]. (2018-07-17) [2020-07-13]. https://www.sohu.com/a/241876893_99928473.

[47] 张静. 李彦宏:加快人工智能伦理研究,构筑竞争优势[J]. 中国品牌,2019(04):59.

[48] 腾讯科技. 腾讯发布人工智能伦理报告倡导面向人工智能的新的技术伦理观[EB/OL]. (2019-07-11) [2020-04-05]https://new.qq.com/omn/TEC20190/TEC2019071100497100.html.

[49] Northeastern University Ethics Institue. Accenture Building Data and AI Ethics Committees [Z].2019-08-20.

[50] 范娜娜. 人工智能企业要组建道德委员会,该怎么做?[N/OL]. 新京报,2019-07-26 [2020-03-02]. https://baijiahao.baidu.com/s? id=1640104075583465155&wfr=spider&for=pc.

[51] Vincent J. The Problem With AI Ethics, Is Big Tech's Embrace of AI Ethics Boards Actually Helping Anyone?[EB/OL]. (2019-04-03) [2020-04-17]. https://www.theverge.com/2019/4/3/

18293410/ai-artificial-intelligence-ethics-boards-charters-problem-big-tech.

[52] 娜迪娅,李玲. 技术道德与伦理话题受关注 建议成立企业伦理委员会[N/OL]. 南方都市报. 2019-01-16 [2020-04-01]. https://www.sohu.com/a/289273810_161795.

[53] 赛迪顾问. 人工智能伦理引入美高校课堂[EB/OL]. (2018-05-14) [2020-04-01]. https://www.sohu.com/a/230380755_378413.

[54] Mittelstadt B. Principles Alone Cannot Guarantee Ethical AI[J]. Nature Machine Intelligence, 2019,1(11):501-507.

[55] Manders-Huits N. Zimmer M. Values and Pragmatic Action: The Challenges of Introducing Ethical Intelligence in Technical Design Communities[J]. Journal of Applied physics, 2009, 79(8):6312-6314.

[56] Shilton K. "That's Not An Architecture Problem!": Techniques and Challenges for Practicing Anticipatory Technology Ethics. 2015(7).

[57] Suchman L. Corporate Accountability[J]. Robot Futures, 2018.

[58] 经济日报. 人工智能伦理三问[N/OL]. 经济日报, 2019-04-05 [2020-03-02]. http://guancha.gmw.cn/2019-04/05/content_32719012.htm.

[59] World Economic Forum. Empowering AI Leadership[EB/OL]. (2020-01-18) [2020-03-02]. https://www.weforum.org/projects/ai-board-leadership-toolkit.

[60] 中国管理模式杰出奖理事会. 解码中国管理模式10:数字化生存与管理重构[M]. 北京:机械工业出版社,2018:推荐序二.

[61] 拉斯. 可持续性与设计伦理[M]. 徐春美,译. 重庆:重庆大学出版社,2016:37-38.

[62] 胡元聪,李雨益. 企业社会责任视域下人工智能产品风险防范研究[J/OL]. 当代经济管理:1-9. (2020-04-01) [2020-07-23]. http://kns.cnki.net/kcms/detail/13.1356.F.20200217.1542.004.html.

[63] 中国计算机报. ISO/IEC JTC 1/SC 42人工智能分技术委员会第一次全会在京召开[N/OL]. 2018-04-23 [2020-07-23]. https://blog.csdn.net/LrS62520kV/article/details/80059409.

[64] 中国指挥与控制学会. IEEE发布人工智能伦理标准 确保人类的安全与福祉[EB/OL]. (2017-11-25) [2020-07-23]. https://www.sohu.com/a/206546505_358040.

[65] 胡影,孙卫,张宇光,等. 人工智能安全标准化研究[J]. 保密科学技术, 2019,(09):27-30.

[66] 胡元聪. 我国人工智能产品责任之发展风险抗辩制度构建研究[J]. 湖湘论坛, 2020,33(01):70-89.

[67] 王利明. 侵权责任法研究(下卷)[M]. 北京:中国人民大学出版社,2011:251.

[68] 唐林垚. 人工智能时代的算法规制:责任分层与义务合规[J]. 现代法学, 2020,42(01):194-209.

[69] 国务院发展研究中心国际技术经济研究所,中国电子学会,智慧芽. 人工智能全球格局:未来趋势与中国位势[M]. 北京:中国人民大学出版社,2019:263-264.

[70] 刘大卫. 人工智能背景下人力资源雇佣关系重构及社会影响分析[J]. 云南社会科学,2020(01):47-52.

[71] 腾讯财经. 李开复:人工智能可能带来哪些伦理问题?[EB/OL]. (2018-01-27) [2020-07-28]. https://finance.qq.com/a/20180127/003303.htm.

[72] 德勤研究. 德勤全球人工智能发展白皮书[R]. 2019.

[73] 王志辉. 大数据驱动的智慧人力资源管理[J]. 电子技术与软件工程, 2019,(24):131-132.

[74] 刘大卫. 人工智能背景下人力资源雇佣关系重构及社会影响分析[J]. 云南社会科学,2020,

(01):47-52.

[75] 界面新闻. 人工智能不会抢走我们的工作, 但正在改变招聘方式[EB/OL]. (2019-02-13) [2020-08-19]. https://baijiahao.baidu.com/s? id＝1625340176400825471&wfr＝spider&for＝pc.

[76] 赵兴峰. 数字蝶变: 企业数字化转型之道[M]. 北京: 电子工业出版社, 2019:66-67.

[77] 德勤研究. 2018技术趋势之无领劳动力, 人机同舟共济: 携手前行, 共创新型人才模式[J]. 科技中国, 2018(12):30-36.

第5章　人工智能科研的伦理挑战

据报道,某大型科技公司一直对用户的情感可操控性进行实验。通过更改大约70万名用户的新闻源,研究人员试图了解,当在这些新闻源中放置更多正面或负面的内容时,是否会对这些用户之间正能量或者负能量的传播产生影响,从而形成"情绪传染"效果。研究报告得出的结论是,这种情绪传染可以通过社交网络而大规模诱发。这一研究成果显然具有重大意义,通过定量研究的手段证明了大众情绪的可操纵性,从而为传媒治理提供了重要的科学依据。但另一方面,这项研究采用的方法引发了巨大的争议,因为实验涉及的用户没有被事先告知,不知道他们无意中成为科研试验的对象,而且他们的新闻源被用来操纵他们的情绪和社交。[1]

人工智能及相关科研具有一些与以往不同的新特点,比如可以在社交网络中对大批用户产生广泛的影响,而且可以在不知不觉中影响用户的利益、干预用户的行为、违背用户的意志,带来大量潜在的伦理风险。因此,合理的、对社会有益的科研目的,并不必然确保科研本身的合伦理性,二者之间可能存在尖锐的冲突。传统科研有时也存在类似现象,但传统科研的被试(即作为试验对象的个人)的数量往往极为有限,而且必须事先征得被试的同意,双方达成相关协议,从而保证了被试的权益,以及对试验后果及其影响范围的有效控制。而在一些人工智能试验(如上述"情绪传染"试验)中,情况发生了根本性变化:如果事先让被试知情,则试验结果将丧失客观性;如果不让被试知情,则侵犯了被试的权利。另外,一项人工智能科研成果的社会的正、反面意义,未必总是可以在短期内得出全面和准确的判断,故而可能具有潜在的长期风险。

因此,在相关人工智能科研中,如何合理地协调科研目的和科研手段之间可能存在的伦理冲突,有效规避伦理风险,已成为人工智能伦理的一个重大挑战,是决定未来人工智能科研能否健康发展的一个关键因素。本章重点针对自动驾驶、科学数据共享和医疗人工智能,对有关伦理挑战加以介绍。

5.1 自动驾驶的伦理挑战

"无人驾驶汽车"(Autonomous Vehicles；Self-driving Automobile)，作为一种智能化载具，能够在人类不参与操作的情况下，借助智能车载系统、机器视觉、卫星导航、高灵敏雷达等技术，感知和监测周边环境，并根据用户设置的行使目标，实现自主导航和操作机动车辆[2]。近十年来，无人车研发进入高潮，特斯拉、谷歌等各类巨头企业纷纷启动了无人驾驶汽车项目，金融资本迅速涌入无人驾驶汽车市场。同时，由于"无人"的技术特性，自动驾驶已经成为全社会最为关注的人工智能落地应用之一。智能汽车会不会像智能手机一样，给人类的价值理念和交通、生活方式带来开创性、颠覆性和革命性的影响？[3]

根据有关分析，自动驾驶所具有的社会价值潜力是巨大的：① 大大降低交通事故发生的概率。人类驾驶员在操纵汽车的时候，受到驾驶员主观生理、心理和外界环境等多重因素的影响，只能具备有限的环境感知能力，一旦遇到突发情况，若反应不及时，很容易出现事故危机。研究者希望，无人驾驶汽车借助于各类车载传感器和决策控制系统，能够精准且不间断地对周围的行驶环境进行全方位的识别、感测、预判和及时响应，达到比人类驾驶员更高的安全驾驶性能。② 提升交通运输系统运作效率。将无人驾驶汽车置于统一的交通系统的智能协同下，能够最优化行使路径，设置固定的车辆安全间隙，最大化道路的交通流量[4]，避免或极大减少交通壅塞情况[5]，提升道路通行能力，实现交通运输系统运作效率的整体提升。③ 优化公共资源的配置效率。无人驾驶汽车的应用和推广，可以更加有效的配置车辆使用资源，提升汽车的共享率，优化停车所需的物理空间，其安全性和系统性的秩序标准，能够降低交通警察的工作强度和压力，直接通过网络进行驾驶信息的传输，可以减少不必要的实体道路标识，甚至是交通信号灯[6]。④ 给公众生活方式和便利度带来变革[7]，无人驾驶汽车的普及可以使得公众出行更加方便，提升生活舒适度，甚至创造出一种全新的出行和生活形态。

1969 年，人工智能创始人之一麦卡锡(McCarthy)发表题为《Computer Controlled Cars》的文章，提出基于人工智能技术的自动驾驶设想，认为可以通过摄像机接受外界信息，用人工智能技术实现对车辆的控制[8]。到了20世纪80年代，美国国防部高级研究计划局(DARPA)资助麻省理工大学、斯坦福大学和卡内基·梅隆大学等研究机构，开展了ALV(Autonomous Land Vehicle)计划[9,10]，其中以卡内基·梅隆大学NavLab系列智能车最具代表性。1986年，NavLab-1成为全球首辆无人驾驶汽车，此后还衍生出经典的NavLab-5和NavLab-11型号[11]。我国自动驾驶研制起步较晚，"八五"规划期间由6所高校共同合作，研制成功ATB-1测试样车，总体水平达到了当时的国际先进水平[12]。

根据美国汽车工程学会(SAE)和美国国家公路交通安全管理局(NHTSA)提出的自动驾驶L0~L5六级分类标准，最高级L5将实现完全自然环境中的完全无人驾驶。2020

年3月9日,工业与信息化部发布《汽车驾驶自动化分级》(见表5.1),为我国无人驾驶汽车商业化奠定制度标准,并为后续我国自动驾驶各类相关法律法规的制定提供支撑。

表5.1　《汽车驾驶自动化分级》信息概览[13]

分级	名称	技术要求
0级	应急辅助	驾驶自动化系统不能持续执行动态驾驶任务中的车辆横向或纵向运动控制,但具备持续执行动态驾驶任务中的部分目标和事件探测与响应的能力
1级	部分驾驶辅助	驾驶自动化系统在其设计运行条件内,持续地执行动态驾驶任务中的车辆横向或纵向运动控制,且具备与所执行的车辆横向或纵向运动控制相适应的部分目标和事件探测与响应的能力
2级	组合驾驶辅助	在1级的基础上,驾驶员和驾驶自动化系统共同执行动态驾驶任务,驾驶员监管驾驶自动化系统的行为和执行适当的响应或操作
3级	有条件自动驾驶	驾驶自动化系统在其设计运行条件内,持续地执行全部动态驾驶任务
4级	高度自动驾驶	在3级的基础上,增加执行动态驾驶任务接管的功能
5级	完全自动驾驶	驾驶自动化系统在任何可行驶条件下持续地执行全部动态驾驶任务和执行动态驾驶任务接管

近年来,随着研究的深入,业界逐步认识到,无人驾驶汽车的研发难度远远高于原来的预期,所以无人驾驶汽车的商业落地时间可能远远迟于过去的预期。尽管如此,相关的研发计划并没有停顿,而是做出了相应的调整,各类驾驶智能辅助类产品正在逐步成熟,并开始投入实际应用。目前,L3级的自动驾驶辅助产品已经实现商业化,如瑞典沃尔沃汽车公司的City-safety智能系统。

技术发展的过程不会是一帆风顺的,特斯拉Model S和沃尔沃XC90在2018年相继发生致人死亡的交通事故,引发了社会关于无人驾驶汽车的众多争论,包括相关伦理问题的探讨。无人驾驶汽车不仅是一项人工智能技术的现实应用,其技术本身及其应用过程也涉及社会经济、文化理念、风险管控和法律法规等一系列复杂的社会因素和问题,技术产品与这些社会因素共同构成无人驾驶汽车的社会技术系统。在这个协同系统中,仅仅依靠技术创新,并不能保障无人驾驶汽车能够真正为社会公众所接受,还必须考虑许多棘手的非技术性问题。无人驾驶汽车作为一类颠覆性创新技术,其中伦理和道德这一类"软"规范问题是最为特殊的影响范畴,伦理道德上对技术的共识,将直接影响相关法律法规的制定,还能够在一定程度上影响消费者对无人驾驶汽车的接受度。因此,不论是出于技术本身"以人为本"的可持续创新视角,还是技术发展对社会效益最大化的角度,再或者是公众在汽车消费市场中购买意愿转变的视角,无人驾驶汽车的伦理与道德问题都是无法避开的重要话题。

5.1.1 无人驾驶汽车的危机处理与抉择

无人驾驶汽车在面对突发性危机情况的应急处理方式,是无人驾驶汽车商业化所必须解决的第一个重要问题,也是无人驾驶汽车技术能力的重要体现。要想实现无人驾驶汽车真正走向大众消费市场,就必须认识到消费者购买无人驾驶汽车最基本的前提要求——安全性,即无人驾驶汽车的事故率要远小于驾驶技术优秀级别的人类驾驶员。在正常行使情况下,人们可以通过智能的交通指挥系统来实现对道路上无人驾驶汽车的协调以保障驾驶安全,这一点在本质上与人类驾驶员在面对突发道路问题时采取适当的操作是相似的,只不过无人驾驶汽车可以在智能化的交通运作体系加持下,实现面对突发情况能够在第一时间采取更加准确和灵活的处理方式。从行车安全性的角度来看,人类驾驶员与无人驾驶汽车还是具有一定的可比性,因为人类驾驶员可以在短时间内综合考量多方面因素,并根据"潜意识"及时地做出有效判断,而无人驾驶汽车则是依靠大数据和人工智能算法来计算出最佳方案。但是若遇到了不可避免的致命性碰撞,无人驾驶汽车又该如何抉择? 比如选择撞到谁或撞到什么东西,或者是否应当更重视车内人员的安全而忽略车外人员的安全[14]? 这不仅是伦理观念的问题,同时也直接关乎产品的社会接受度,在学理上和实践上都必须深入探析,以寻求最优的解决方案。

1. 从"电车难题"经典案例出发

"电车难题"(Trolley Problem)是英国哲学家菲利帕·露丝·福特(Philippa Ruth Foot)于1967年在论文《堕胎问题和教条双重影响》中提出的一个经典伦理学思想实验[15],这个思想实验可以追溯到伯纳德·威廉斯(Bernard Williams)爵士提出的枪决原住民问题。作为一个经典命题,其在哲学、心理学、伦理学和社会学等诸多学科领域引发了长期热烈的讨论,以下是四类比较具有代表性的"电车难题"类案例:

版本1:一辆失控的有轨电车沿着轨道飞驰而下,在前面的轨道上有5个人被捆在铁轨上无法动弹,而电车无法刹车,径直向这5个人加速驶来。而你站在离火车有一定的距离处,旁边是一根操纵杆。如果你拉动这跟操纵杆,电车就会转向另一边的轨道,原来轨道上的5个人就会获救。然而,你却发现有1个人在另外一边的轨道上,若电车转向,这个人根本无法逃脱[16]。

版本2:吉姆作为一名植物学家来到南美洲某一国家进行实地研究,而这个国家是由一位残暴的独裁者统治的。一天,吉姆在镇广场遇到了20名被抓起来的印第安"反叛者"。押送的头目对吉姆说,只要吉姆随机杀死其中一个人,其余人都可以因此被释放,但是如果他不愿意的话,那么所有的"反叛者"都会被处死[17]。

版本3:警局内,一名暴徒正在接受审问,据线人提供的情报,这名暴徒知悉一场恐怖袭击的相关信息,这场恐怖袭击会造成很多人员伤亡,现在这个人被当局控制住了,只有在遭受酷刑的情况下,他才会披露阻止袭击的必要信息,那么应该折磨他吗?[18]

版本4:移植外科诊室里现在有5个病人,每个人都需要不同的器官移植,不然就会死去。不幸的是,目前并没有可供移植的器官供体。现在,有一位健康的青年人旅行路过这座城市,来医院做例行体检。在做检查的过程中,医生发现这个小伙身上的器官正好可以对应那5个垂死病人的器官需求。再设想一下,如果这个年轻人消失了,没有人会怀疑医生。你支持医生杀死这个年轻的旅客,并把他健康的器官用来拯救那5个垂死的病人吗[①]?

　　问题:哪种是更符合道德的选择? 或者更简单地说,你认为正确的做法是什么?

　　以上四个版本中,同样都是牺牲或伤害一个人让更多人存活,但为何在不同情境下,不同的人会有完全不同的选择?

　　隐藏在这些思想实验背后的问题是,伦理道德的评判标准应当是预先设置的,还是依据后果的好坏来评判? 这两种伦理观点都存在一定缺陷。为追求对最大多数人来说的最大效益,可以牺牲或伤害少数人来使得多数人受益,这种情形常见于许多影视作品和现实生活中的紧急情境,如果在出于主观意愿肯定的情况下,这类的"牺牲"是值得歌颂;但假如这些被牺牲或者伤害的"少数人"在合法的前提下,并非出自自愿,而是被迫成为"牺牲者",在这种情形下,不同的利益群体将会产生不同的选择。回到电车难题,对于可以控制操纵杆的"你",如何在紧急情况下分析和衡量这5个人和这1个人的社会价值? 假如你选择伤害最小化,牺牲原本无事的一个人,如果这一个人未来将成为诺贝尔奖级别的工程师,那你做选择的依据还能够是"5>1"吗? 功利主义的评判标准一旦牵扯到复杂的未来影响,就会瞬间失去可操作性,同时还会引发另一个问题——效益是否可以量化? 按照边沁的观点,他将效益描述成"一个行为所产生的快乐的总和减去参与此类行为所有的人的痛苦"[19],将效益的评判认定为"加减法"的问题,就会难以避免地落入与过去社会或企业发展看重的"利益−成本"原则一样的陷阱,将复杂的现实情况过分简化为线性的问题是不可取的,由此引发的一系列恶劣的后果是难以预计的。

　　对"电车"类难题的质疑与反驳还有另外两个方面:① 回归实际,设想情境太过极端和理想化,已经与现实道德状况完全脱节,因此相关讨论既没有实际用处,也没有教育意义[20,21];② 对待死亡这种严肃问题,所采用的还原性分析方法,会变相支持简化的功利主义权衡方式,忽略了公正性而只关心更大的利益[22,23]。

　　总的来看,"电车"类难题的意义在于运用二分的手段,讨论在同一境域下道德难题的不同回应,虽然与现实情况可能相差甚远,例如,恐怖分子可能在酷刑条件下都不会招供。作为一个条件简单的思想实验,却引发了伦理与道德领域如此热烈的争论,同时还引出了关于道德实证心理、无人驾驶汽车道德决策[24]等相关前沿问题的研究,其影响无疑具有重要意义。

　　2. 自动驾驶的"隧道难题"

　　"隧道难题(Tunnel Problem)"是经典电车难题的一个延伸,其目的是关注无人驾驶汽车的道德规范,以及谁来决定车辆在"生死关头"的反应:你作为乘客坐在一辆无人驾驶的汽车上,这辆车正沿着单向道行使,在车辆即将行驶进入一个狭窄的隧道入口时,一

---

① 来自哈佛大学公开课《公正:该如何做是好?》主讲教师 Michael J. Sande 在课程中所举案例。

个孩子试图穿越车道,但在路中间突然摔倒,正好倒在车辆进入隧道的必经点上。现在无人驾驶汽车有两个选择:继续按照既定路线行驶撞向孩子,或者转向撞上隧道两侧的墙壁,但是你会被杀死,汽车该如何反应?[25]

"隧道难题"的核心问题聚焦于设计者和用户两个方面:第一,设计者。汽车该如何反应? 作出此反应的根本逻辑是什么? 第二,用户。谁将在此情境下有决定汽车反应方式的最高决定权?

"隧道难题"凸显的是车内乘客与路人之间的利益冲突,将困境的伦理抉择指向车内乘客是否选择"自我牺牲"[26]。但有学者认为虽然"隧道难题"将选择的主体引向乘客,但并不承认"舍己为人"作为此类困境的最高原则,因为没有人会倾向购买一辆出场就设定自我牺牲的汽车产品[3]。

3. 道德机器实验

"道德机器"是麻省理工学院主办的一个在线测试平台,用于收集人类对机器智能(例如无人驾驶汽车)做出的道德决策的相关看法。实验设计者认为,类似于"隧道难题"的伦理困境是很难用阿西莫夫机器人定律这种简单的规范性伦理原则来解决的,并强调无人驾驶汽车相关伦理原则的制定不能仅仅交付给工程师和伦理学家,还需要吸纳以消费者群体为代表的公众道德意见,现实中的"隧道难题"要比思想实验中的复杂太多,为此应当充分评估公众对无人驾驶汽车道德困境的社会期望。

无人驾驶汽车该如何抉择?①

以麻省理工学院媒体实验室爱德蒙(Edmond)为代表的研究团队通过"道德机器"平台上的多语言线上"严肃游戏",收集到来自233个国家和地区的数百万参与者用10多种不同语言做出的3 961万个决策方式。通过对这些大数据样本进行分析和聚类,研究者发现不同的个人道德偏好、区域制度、深层次文化和宗教信仰等因素都会对决策产生不同程度的影响。但也有部分一般性的共识,例如与动物相比,三个较为强烈的偏好选择是:① 保留人类;② 保留更多的生命;③ 保留年轻的生命。与德国自动驾驶与联网驾驶道德委员会所发布的道德规则[27]中第七条"发生无法避免的危机情况时,在已采取一切技术预防措施的前提下,保护人类生命应当是优先于其他动物生命或其他财产的"保持一致,但这份报告中的第九条"严禁基于个人特征(年龄、性别、身体或心理构成)进行任何区分"[28],在这一点上就与调查结果所显示出的社会期望无法达成一致。在保护孩子这一点上民意的诉求和反应比较强烈,但对于政策制定者来说,对儿童赋予特殊地位需要绝对合理的解释,一定要避免双重标准引发的不必要争议[29]。

4. 隧道难题的现实选择[30,31]

2014年开放"机器人伦理倡议"(Open Roboethics Initiative)关于隧道难题的民意调查显示,有64%的参与者选择让汽车继续按照既定路线前进,另外36%选择转弯杀死自

---

① 测试平台网址:http://moralmachine.mit.edu/。

己。这似乎意味着,在危机情况下,人们对无人驾驶汽车应该做什么无法达成共识。此外,48%的参与者认为做出决定"容易",认为"中等难度"和"困难"的参与者各占近三分之一。

当进一步询问**为何选择继续直行而杀死孩子**时,32%的人都认为是孩子的过错,他出现在不该出现的地方,自己的生命不应当因为一个不应当出现在如此危险位置的孩子而失去,另有13%的参与者说,他们总是更加热爱自己的生命而不是别人的。而选择转向并杀死乘客(自己)的参与者所依据的理由更多的包含了利他性质的原因,有11%的参与者认为他们不想像科幻电影《我,机器人》主角戴尔·史普纳那样带着负罪感地活着,即使是汽车自己做出这样的决定,仍然觉得自己对此负有责任,另外14%的参与者认为应当拯救孩子,因为孩子还可以活得更久。

在被问及**谁该对决定负责**时,44%的参与者认为决定的主导者应该是乘客自己,33%认为应当由立法者决定,仅有12%的人认为制造者或设计者应当做出决定。这可能是因为人们在事关生死的重大问题上,大多都不愿意让他人替自己做决定,更愿意相信自己能够做出更好的决定。网站研究者为此做进一步的细分:

乘客。支持乘客拥有最终决定权的主要理由(55%)集中于:乘客应该有决定自己生死的自由,另有12%参与者认为乘客是受到影响最大的人,理应拥有决定权,10%认为乘客对汽车有所有权,因此有最终决定权。

立法者。认为立法者拥有最高决定的参与者(30%)认为立法者能够比制造商或乘客更有能力做出公正的决策,另有27%的人强调,无人驾驶汽车需要一套通用的标准化规则来管理,以保证这些行为能够前后一致。还有12%的参与者认为做这种抉择是立法者的工作。这个问题的本质是一个法律问题,因此需要立法者的参与。

制造者/设计者。在这些支持由制造者或设计者做出最终决定的参与者中,部分(12%)对立法者持有一种极端的看法,认为其永远都不应当被信任,但其中最主要(63%)的原因是他们认为制造者和设计者拥有做出这些决定所需的专业知识。

从调查的统计结果来看,大部分人并没有选择"牺牲自我"去挽救路人的生命,这或许是出于保护自我的本能,接近一半的参与者都认为做出选择是"容易"的,在某种程度上也支持了自我保护的观点。在抉择权归属的问题上,大多数人还是认为用户具有抉择权,这是因为用户是困境现场经历者,具有最高抉择权限。

无人驾驶汽车的相关规则涉及更多的利益相关者,这一点要比日常生活其他技术设备更为复杂。

5. "电车难题"与"隧道难题"的不同点[32]

首先,决策主体不同。传统"电车"类难题中,不论是枪决、拉变道闸、更换器官,其行为主体都是人,而"隧道难题"中最终决策者是无人驾驶汽车。人作为决策主体时,其最终的决策受到外部和内部多种复杂因素的影响,例如不同的道德偏好、不同的评判认知和标准,甚至面对危机当天的心情都有可能影响最终决策。而无人驾驶汽车做决策所依据的算法程序是出场就内置于汽车系统当中的,无人驾驶汽车会遵循一套汽车本身无法更改和变动的伦理原则,这也就意味着在其行驶过程中不论遇到多么复杂的情况,都会按照出场时就设定在系统中的伦理原则进行判断和抉择。这就将面对危机时的伦理责任从汽车使用者转移到程序设计者身上。由于技术属于人工物,因此技术本身就内化有研发者和设计者本身的价值理念。因此,对于无人驾驶汽车来说,从其最初研发就需要伦理和道德因素的介入,只有嵌入合适的伦理原则才能使得无人驾驶汽车能够真正作为一类商品实现市场化推广。由此可见,伦理设计是无人驾驶汽车研发的重要环节,但这也带来了很多棘手的难题,例如如何将伦理嵌入机器,以及判断所嵌入的伦理原则是否合适的标准。

其次,决策主体的所处环境不同。在"电车"类难题中,决策者并非电车事故的直接危害者,即决策者自身不是决策结果的直接利益相关者,而"隧道"难题中乘客是决策的直接利益相关者、决策的直接受益者或受害者[33],对于决策结果的衡量既是"裁判员"又是"运动员"。一般在面对如此危及自身生命安全的情况下,对于车主个人,其拥有车辆的所有权,他购买汽车的目的肯定不希望自动驾驶系统导致自己因事故丧命,一般情况下肯定是希望无人驾驶汽车能够以保障自己的生命为优先。此外,"隧道难题"与"电车难题"相比,在受害者与决策者之间增加了"无人驾驶"这个中介因素,将无人驾驶汽车的技术涉及者引入伦理决策的众多相关方,使得相关责任分配问题变得更加复杂。

5.1.2 无人驾驶汽车事故的责任归属

与无人驾驶汽车危机问题紧密连接的是责任归属问题。人类驾驶员驾驶的汽车发生责任事故时,人类驾驶员作为责任主体,在这种情况下责任归属始终是围绕当事人一承担方展开的,根据相关法律法规可以清晰地将责任认定为事故中的某一方或多方。但如果是无人驾驶汽车发生事故,那么事故的责任认定与归属问题就会变得复杂起来,因为无人驾驶汽车的商品属性,事故的发生可能与产品"质量"是紧密关联的,如果要对因为商品质量原因产生的事故进行责任认定,势必会牵扯到一系列包括乘客、制造商、研发者在内的多元利益相关方。在这些利益相关方之间如何进行责任的具体划分?各方应当承担多少份额?以及这种责任界定的合理性和划分标准何在?

1. 区分"自动"与"自主"的概念差异

对于无人驾驶汽车这样的技术人工物体,"自动"与"自主"分别代表汽车发展的两个不同的阶段,汽车是工业时代的机械化产物,随着相关技术的更新迭代,汽车的自动化水平不断提升。这里所指的"自动化",是汽车本身作为一种技术人工物,其产品功能在自身所包含的各类技术应用能力不断提升的加持下,来实现愈来愈多"节省人力"的产品目标,最典型的就是手摇式车窗向电子"一键式"升降车窗的转变,"自动化"所提升的是技术产品本身的功能便捷性。"自主性"则是与智能化紧密相关的,作为一种未来的汽车属性,本质特点在于无人驾驶汽车是否能够完全由自身智能系统实现最终决策或选择,驾驶这个行为的决定主体从驾驶员转移到了汽车的智能系统,是在"节省人力"的基础上实现"去人操作化"。目前,自动化的概念在驾驶操作层面正在走向"瓶颈",在现实层面的体现就是近年兴起的"自动巡航"和"防碰撞"功能,在这两种功能的加持下,车辆能够遵守速度限制,避开障碍物,接受和处理来自许多传感器的道路信息,预测或识别危险状况,发出警告并停止移动。但厂商都会在驾驶者使用这类功能的时候,提醒驾驶员"双手不能离开方向盘",仍然有很多驾驶员"过分"相信这类自动化功能,由于自身的疏忽造成行驶事故。这类事故的规则,在汽车功能并未失灵的情况下,责任仍将归属于驾驶员或造成事故的外界因素。而"自主"则是指在知情的条件下,车辆总体上能够意识到信息的性质以及促成该行为的动机或目的,不是由某种外部的、有动力的力量所引导的,是一种做决定的能力,也就意味着汽车自身可以做出真正的选择。机器实现"自主"也就意味着机器自身是自我所有、自我调节和自我管理的主体,需要对自己的行为负责[34],这也是我们对强人工智能的普遍期望,机器可以自主决定,能够实现与人类等同的行为模式。

2. 无人驾驶汽车的责任主体性质

亚里士多德在责任主体的认定上,提出了三个原则要求:第一,承担责任的能力应当在主体能力可实现的范围内;第二,责任行为应当是主体在自愿非被迫的情境下发生的;第三,主体在起始因是无知的状态下无法产生责任行为[35]。在此基础上融入对责任对象的考量,就可以认为所谓责任主体是指主体能够控制自身行为,且知晓其行为,并在原则上能够知晓其行为给他者造成的影响与后果[36]。任何不满足以上预设条件的,都不具备完整承担主体责任的能力。人工智能在可预见的未来并不具备与人类等同的主体概念,一旦无人驾驶汽车出现类似"隧道"问题的交通事故,司法体系难以为无人驾驶汽车的行为后果指派责任归属[37]。因为无人驾驶汽车并不是能够体验情感的自主体,就其机器的本质来看,无人驾驶汽车只是一种无生物特性的创造性技术工具,并不具备类人的"心智",也就无法承担相同的社会责任[38]。

5.1.3　无人驾驶汽车伦理困境的起因分析

1. 对"直觉"与"习惯"的先天信任

假设随着技术的进步,自动驾驶的判断失误和交通事故的概率可以无限趋向于零,而人类驾驶员不论驾龄多长、驾驶技术多娴熟,始终会存在着一定的失误率。在这种情况下,人们仍然会对人类驾驶员做出错误决定的概率表示理解,却质疑失误比率远小于人类的自动驾驶技术[39]。出现这种情况的一个原因是,人们倾向于相信潜意识的"习惯",而在紧急状况下所依据的"直觉"或"习惯"在本质上依然是比较,这种比较受到决策主体自身所处的社会文化环境、社会群体的价值观念以及个人心理因素的影响。人类的大部分的行为都是出于习惯而进行的[40],也经常将"习惯"等同于"合理"。因此,大众往往更倾向于将普遍认可的"习惯"作为最优决策标准,在发生危机时依据直觉做出判断。

2. 基本的伦理原则难以确定

在伦理学界,功利主义、义务论或美德伦理等多元化的伦理理论各自有其理论的合理性,但又都在实践中存在争议,很难确定最具普适性的伦理标准。有部分学者认为,向无人驾驶汽车置入何种伦理原则的决定权,应当归属于汽车车主,但这可能会与无人驾驶汽车厂商对产品的期望冲突。出于无人驾驶汽车的商品本质,汽车企业进行产品制造并投入市场,其最主要的目的还是盈利,此外还要确保产品不会出现因技术失误而导致的交通事故,否则将会大大影响企业的名声,影响企业的未来发展[41]。正如梅赛德斯—奔驰公司的高管斯托夫·冯·雨果(Christoph von Hugo)所说,"奔驰公司未来的无人驾驶汽车将优先拯救汽车的驾驶员和乘客,即使这意味着牺牲行人的生命",即在面临车内外人员都存在生命威胁的情况下,优先保障车内乘客的人身安全[42]。

3. 无法避免的碰撞事故

很多对无人驾驶汽车持乐观主义态度的人认为,人们可以通过持续发展无人驾驶汽车技术和优化道路交通系统,进而实现无人驾驶汽车的"零碰撞",从而彻底避免伦理抉择问题的产生[43]。然而在技术层面,当前人工智能技术包括机器视觉和探测系统还存在很大局限性,真正的全方位监控识别难以实现。同时,无人驾驶汽车在道路上行驶需要识别道路上的行人、其他车辆和交通标识,虽然道路标识的瑕疵对人类驾驶驾驶员不会有太大影响,却对智能驾驶系统有很大的影响。一旦交通标识系统遭受来自自动驾驶系统内外的恶意干扰,所造成的负面后果将不堪设想[44]。另外,即使以上情况没有出现,在现实复杂的道路环境中仍旧无法保证不会有行人、动物或其他车辆会突发意外情况,从而导致无人驾驶汽车的交通事故[45]。从根本上说,完全自然环境中的无人驾驶是一个非封闭性问题,而且难以封闭化(见1.1.3小节和2.3.1小节),所以理论上超出了现有人工智能技术的能力边界,是一项涉及人工智能技术根本性变革的巨大科技挑战。

5.2　科研数据共享的伦理挑战

与通常所说的数据(第3章)有所不同,科学数据指的是在科学技术活动中形成的,并按照一定格式保存起来的信息,这就是广义理解的科学数据。也有人对科学数据给出进一步描述,认为其是在具体科学知识的指导下,对学科所指向的研究对象进行解析和抽象等概念化而形成的、以量化的科学证据形式存在的、关于各类科学研究活动的原始和基础数据信息[46-48]。近代科学体系形成的标志之一是量化方法的引入,数据方法较以往思辨方法更为精准地对研究对象进行了描述和预测。随着量化方法的推广,数据也被认为是实证研究的基础,用以挖掘自然科学与社会科学的事实与证据,并成为科学推理的必要条件[49],甚至在某种意义上成为划分自然哲学与科学的一种界限,"无量化,不科学"成为科学发展的必然趋势。

随着科学与技术一体化进程不断推进、科学研究所采用的技术器械不断精细化、数据存储容量不断扩大以及数据分析和处理能力不断提升,科技的研究与发展也逐渐走向以海量数据为基础的科学大数据时代。1998年,英国帝国理工学院托尼·卡斯教授在论文《A Handler for Big Data》中,首次在生物信息学领域提出"大数据"概念。以此为标志,科学大数据成为科学研究的一种新范式,并迅速衍生出一批以数据为基础的新兴交叉学科[50,51]。

开放与共享,一方面是科学共同体认可的、实现科学持续发展的必要条件,是科学伦理精神中共有性和无私利性的体现[52];另一方面,是科研工作的基本理念,科学数据的开放与共享保障了科学研究成果的可证伪性,确保科学共同体内部的可监督性,是学术圈良好生态的必要保证。因此,对于公共资助的科学研究数据开放的呼声愈发强烈[47]。在此背景下,很多研究单位和组织机构开始提倡科研工作者将研究过程中所产生的价值数据以统一的标准和规范的格式,在科学共同体内公开发布,以实现科学数据价值的最大化,实现数据资源在多个科学团体之间的共享和有效利用[53]。同时,开放存取、大数据、云平台等技术方式的发展,使得科学数据共享的硬件条件逐渐完善。

但是,在科学数据开放的大趋势下,数据阉割、数据垄断、数据滥用、数据泄露、产权模糊等一系列问题层出不穷[54],这些问题无疑使数据开放的进程备受阻碍。究其根本,这些问题是新兴技术对传统伦理原则的挑战。能否设定公认可靠的科学数据共享伦理标准,将直接决定在大数据时代,科学数据能否安全并有效地传播和使用。必须强调,单纯依赖强制性的法规是不充分的,因为法规面对新兴技术领域具有一定的滞后性,且即便有严苛的法律制定来框定科学数据共享进程,仍然存在被"钻空子"的风险。因此,必须将共享伦理纳入科技工作者的职业伦理当中,以"软"文化的方式与法律法规这一类"硬"制度形成互补,这是大数据与人工智能时代,科学数据共享政策与科技数据管理实践的必然发展方向。

5.2.1　科学数据共享伦理的问题描述

1. 科学数据共享的信息安全问题

与大数据信息的隐私保密不同,科学数据的原始所有者是科技工作者以及其所在的科研机构,而科学数据共享的根本来自科学本身的无私性与开放性。相对来说,科学数据可以通过共同体之间合理共享,而在某种程度上回避恶意的数据窃取和泄露。但从细分学科领域的视角来看,隐私保密问题由于学科的不同仍然无法避免,例如医学、生命科学、社会学、经济学等学科所涉及的统计数据,都有可能涉及被试或被调研个体的隐私问题。因为这些数据往往包含敏感的隐私信息,一旦发生泄露或被窃取,所造成的后果是十分严重的。即使科学数据的范畴与日常隐私数据属类、收集方式和应用目的不尽相同,但因为也会涉及个体隐私,同样会引发社会舆论的重点关注,造成严重的风险事故和公众质疑,会给科研活动和科学数据共享产生不必要的社会压力。因此,部分科研机构要求,虽然科学数据要能够尽可能广泛和自由地获取,但对于参与者的隐私、社会文化敏感性内容,专有和机密数据的保护机制和措施必不可少[55]。

2. 科学数据共享的权益保护问题

由于数据产生方式的不同,科学数据所面临的权益保护问题也与个体隐私数据有所不同。个体隐私数据多来源于社会生产或日常生活的过程中,更多地是以被动的形式收集的,而科学数据大多都是科研机构通过科学实验、实地勘探、社会调查等方式获取的。这些科学数据本身就附有研究人员的劳动属性,研究人员作为科学数据的拥有者,也需要对数据的真实可靠性负责,包括在科学数据流通和多次利用过程中,涉及的一系列复杂的利益相关问题[56]。科学数据作为重要的资产和资源,在开放共享的过程中,必将牵涉到一系列新的知情与同意、收集与保存、使用与拥有权等新的数据权益问题,这都需要有关部门和组织进行合理协商。随着开放存取的不断推进,科学数据的公开性和可获取性逐渐增加,相关的版权保护机制亟需跟进落实,与OA(Open Access)期刊可以通过参考引文和学术不端检测来保护著作权不同,数据在使用过程中可能会出现通过数据拆解和刻意修改等方式被"据为己有"。

3. 科学数据的"数字鸿沟"问题

一般意义上的"数字鸿沟"(Digital Divide)是指在大数据时代,不同国家、地区、行业、企业、群体、个人之间由于技术设备与应用能力的落差,所造成的数据拥有方与数据被采集方之间关于数据信息使用能力的差异[57]。在科学数据的共享与开放过程中,也存在着类似的信息"鸿沟",并主要来自两个方面:一是对数据的使用能力。这点与一般性"数据鸿沟"问题类似,但不同群体之间存在学科专业知识上的差异,使得科学数据的共享使用也仅是局限在专业的学术研究共同体的"小圈"内,因为缺乏对数据的分析与解释,导致更多的受众因为"专业差距"而放弃对数据的使用。因为科学数据更多地涉及学科研究的专业内容,专业的研究人员没有义务对共享的数据进行完整详细的标注与解释,这并不是回避科研工作者的科学普及责任,对于专业数据来说,其开放和使用的对象应当具有一定的专业素养,这样才能发挥科学数据共享的最大价值,更不至于由于专业知识匮缺造成对数据所包含的真实信息的误读与歪曲。二是来自科学数据的标准端口与格式之间的差异,造成各方在获取开放数据后因为不同的标准化格式而造成的"阻碍"(Gap)。在自然科学领域中,对于特定研究对象的数据标准随着学科本身的发展与演化已经基本形成一套标准的格式要求,相对容易处理但社会科学类的数据由于各地区政府机构的要求、区域文化的差异等因素,统一数据含义和格式是一件相当复杂的过程,需要多方协同对不同含义的数据指标进行同义转换,提倡在保留区域特点的基础上,完成公认一致的数据标准制定。

4. 原始科学数据的"污染"问题

要实现真正意义上的科学数据开放与共享,在某种意义上也标志着科学研究数据的所有权的"迁移"。传统上,科学研究数据作为研究者的自主劳动成果,其所有权应当归资助方或研究者所有,这一点是无可厚非的,因此即使是实现科学数据的完全开放与共享,使用者在获取和二次使用数据后,也应当明确引用标准或以合作者的身份声明科学数据的所有权,这是尊重科研劳动和学术道德的表现。科学数据作为科研活动成果,应当遵循与"科学无国界"类似的开放共享传统,进而也成为公共数据资源的一类,在某种程度上,这标志着资助方与科研工作者对其资助或从事的科研活动所产生的科学数据垄断权力的瓦解。因为不论是资助方还是科研工作者,共同体的伦理准则或道德公约作为一种"软"规则,是不具有强制性的法律执行意义的,也就是说共享与开放的公约理念并不能强行规制所有资助方和科研工作者的主观性抉择,部分科学数据所有者可能会出于保持既有竞争优势,甚至是个人主观因素,对数据进行"非必要"处理,进而蓄意造成原始数据的"污染",最典型的是数据造假[58],这种行为的目的也可能与共享无关,而更多的与学术不端行为相关联,为了达到理想的实验结果,他们刻意篡改数据或者图示,导致这部分数据无法真实反应研究事实,一旦这类数据进入流通平台,很有可能会"以讹传讹",造成一系列错误结果。

5. 数据开放与共享引发的异化问题

数据至上主义过分强调科学的量化研究,在本质上是科学主义在大数据时代的延伸,人们认为研究对象只有被量化为数据才能被准确描述,数据成为认识和描述事物的唯一标准,进而将数据作为"信仰"。虽然量化形式的数据的确可以实现更精准有效的科学研究,但"物极必反"的道理告诉我们,任何事物都有局限性,过分地强调数据会造成数据所附含价值属性的模糊和缺失。而对任何一个事物来说,数据仅仅只是一种表述外在关系和事物表象的一种方式,而不可量化的质也是事物不可分割的组成部分。过分地强调数据,就如同曾经在经济建设中出现的"唯GDP论"一样,在信任数据能力的同时忽视了数据化的弊端,进而陷入了另一种片面、偏执的"泥坑"[59]。尤其是在学术研究的理论创新方面,虽然我们可以从数据中进行归纳和总结,进而对理论进行有效佐证和补充,但过分强调科学数据可能会引发经验主义的还原论与理性主义的系统论之间的矛盾。还原论语境下的数据方法难以完整且有机地还原研究对象的本质属性,系统化与逻辑性的思辨方法仍是科学研究重要的组成部分,两者在形成优势互补的基础上才能实现真正意义上的学科发展与创新研究。此外,科学数据的开放共享还可能会使得很多研究者以避免重复试验为由,过分依赖共享的科学数据,这一方面不利于科研工作基本能力的培养和训练,导致研究者会刻意回避部分基础试验设计与操作;另一方面一旦共享的数据存在错误,则会造成相关研究成果出现连锁式的错误。而在社会科学领域,很多调研数据的共享的确有一定的益处,但社科类研究在更强调采集数据的同时,也要更加贴近研究事实的现实环境,只有在特定的域境中才能实现对很多社会问题的有效感知和认识,而对共享数据的依赖则会在某种程度上让研究者与现实域境脱节而不利于对现实状况的描述和学术研究的发展。

5.2.2　科学数据共享伦理问题的成因

1. 科学数据的范围持续变动

给科学数据下一个整体性的定义是不难的,但看待具体科学数据时,仅依据"笼统"

的定义是不够的,因为科学数据本身是以多种实体和形式存在的,不同学科领域所涉及的数据种类,以及数据背后所包涵的科学意义是不同的。国务院2017年印发的《科学数据管理办法》,将科学数据定义为,在自然科学、工程技术科学等领域,通过基础研究、应用研究、试验开发等产生的数据,以及通过观测监测、考察调查、检验检测等方式取得并用于科学研究活动的原始数据及其衍生数据[60]。这一定义承认了科学数据具有广泛的来源,并有多种获取方式以及数据种类。但随着量化方法在社会科学领域的普及与应用,以及大数据时代新拓展的数据来源和收集方式,让科学数据的边界逐渐发生新的变化。社会科学的研究数据与自然科学不同,前者的主要来源方式是通过问卷设计、走访调查、社会普查以及政府相关统计机构的发布,所研究的对象也主要与人、组织和群体相关,社会科学的数据相较于自然科学和技术科学,具有更大的主观性和概率性,但随着量化研究的不断深入,社会科学研究数据的科学性也在不断提升,例如在经济学、管理学领域中,量化研究已经成为主流。此外,大数据时代也拓宽了科学数据的来源渠道,包括以前被忽略或较难收集到的日常健康数据、个人移动轨迹、个人在社交网络发布的信息等,这些数据类型按照以往我们对于科学数据的认知和定义,应当是不属于科学数据所涵盖的范畴内的,但管理学、心理学、社会学等很多学科已经开始运用这些数据进行相关科学研究[53],而且能够对研究对象在描述上更加精确化和在内容上更加深度化。综上可见,数据种类的增加引发科学数据概念的拓展,若不加以合适的定义和分类,那么针对各种类型数据实施一般性管理模式就会存在不适用性和不兼容性,有效的科学数据共享模式也就无从谈起。

2. 科学数据共享的利益相关者问题

科学数据在实现共享的过程中所涉及的并非"研究者(数据所有者)-共享平台-数据使用者"这样的单线模式,其所涉及的利益关系也不局限于数据所有权和知识产权。这种理想化的模式或许在技术上是成立的,可以按照"提供-储存-获取"逻辑运作,但现实意义下的科学数据共享过程将涉及许多复杂的非技术因素,而科学数据开放共享的各类法规制度的设立也离不开包括科学界在内的利益相关者的广泛参与。科学数据的开放获取并非一个简单的技术过程,数据的所有权、数据获取的正当性、数据的可靠性以及数据使用的社会后果等一系列问题,仅依靠政府和学术机构是无法有效解决的,科学数据共享过程中所涉及的一系列异质性参与者也应参与到共享机制治理的活动中来[61]。目前,有学者在确保信息安全的基础上,建构了一套较为完整的科学数据共享流程,从科学研究的初始端研究设计开始,将采集的科学数据,储存至共享平台,然后由需求方申请,进而对数据进行分析或对研究进行验证,以实现科学数据的共享传播,根据整个共享机制设立适当的管理办法[62]。在这个共享机制中,已经涉及数据的生产者、科研机构、平台提供方、立法单位、数据使用者、第三方监督机构等一系列相关方,若要再将科研活动进行细分,资助基金委和项目负责人,若研究是由企业等社会机构资助的,所牵涉的利益相关者的范围就会更广。一般情况下,都是将科学数据作为一种知识产权,并将其所有权赋予受资助者[63],但也有国家规定,受到公共资金资助的研究机构其科学数据的所有权属于国家财产,其衍生作品或产物归发现或发明者所有[64]。虽然已经明确要求,数据获取者要以引用或合作者的方式来表现对生产者版权的尊重,但针对这一方面,具体的可操作性监督方法仍需要各利益相关方进一步协商研讨。

3. 科学数据共享伦理素养的差异性

对于科学数据领域的从业者来说,科学数据的共享伦理素养主要强调数据获取的合法性、传播过程的合规性以及在使用数据过程中方法的合伦理性[65],这些是科研数据生产者和共享后的使用者应当持有的基本数据价值观,以及与观念对应的一系列行为准则,其核心强调:在数据共享过程中涉及的相关方,要自觉遵守相关数据伦理规范,一方面不能逾越法律边界,一方面也要恪守与对应群体匹配的伦理要求。科学数据共享过程中,各相关方能否恪守伦理原则,将直接影响科学数据共享机制能否有效持续推进和发展下去。针对共享过程所涉及的各相关方,每一类相关方在整体上遵循"自由、平等、开放、共享"的共同理念,但依据相关方的不同职能和群体特点,其所对应的具体伦理素养要求也会有所不同。首先,科学数据的原始所有者,也就是科学数据的生产者或资助机构,能否保证其所发布的科学数据的有效性和真实性? 相近研究方向的数据生产方,能否做到"互有往来",而不是一味地汲取和享受他人共享数据的红利,自身却不愿意将其所拥有的科学数据公开? 能否将共享的伦理规则以一种文化教育的形式,有效地纳入职业道德教育体系,对应的业内规则该如何设定和推广? 这些都是原始数据所有者应当面对并解决的问题。其次,数据平台方作为科学数据传播的重要枢纽,能否确保科学数据在储存与流通过程中,在保证便捷性的基础上,不会受到非技术因素的影响而导致数据失真或质量受损? 能否制定统一的数据格式或标准要求? 其能否在一定程度上跟踪和监督数据的二次使用,确保数据的版权得到应有的尊重? 这些具体的运行机制,本质都来源于平台作为数据共享枢纽的伦理责任,如果仅作为单纯的存储空间,那共享平台存在的意义也就丧失了一半。最后是使用方,其伦理责任在上文已有叙述,其伦理问题的关键核心是对版权的尊重,以及可能存在的有意歪曲或无意错误的滥用数据行为。当然,数据共享的相关方也并非只有上述三方,还有对应的政府职能部门、相关的社会组织等,不同相关方之间在伦理责任的差异性,以及相关方中个体主观的伦理素养和职业道德的不同,都是对设立统一有效的科学数据共享伦理规范,重要且复杂的挑战。

5.2.3　科学数据共享伦理问题的对策研讨

1. 以一般性伦理原则推进科学数据共享法规的制定

为了建立跨区域和跨国别的科学数据共享平台的伦理准则,人们首先需要面对不同文化视域下的伦理原则差异,只有在差异的基础上进行协商,才能制定出具有普适性的伦理原则。从整体上看,科学数据秉承大数据时代"自由、公开、共享、开放"的基本要求,但这种宏观性质的理念只能为具体的伦理准则或细则提供大方向的指导,而由各地区不同的文化背景所促成的伦理认知,才是影响到具体伦理标准制定的关键因素。欧盟发布的《通用数据保护条例》被公认为"史上最严格的数据管理条例"[66],这种严苛的立法理念一方面是为了应对复杂的数据安全问题,另一方面与欧洲特点的文化背景是紧密相关的。伦理差异问题若得不到协调,即使科学共同体达成数据格式与标准的统一,在共享和流通过程中,一旦涉及跨区域或国别问题,很有可能遭遇不同区域或国别法规"适配性"与"兼容性"的问题,增加数据共享的成本消耗,严重影响科学数据的开放与传播。因此,需要有跨地区的相关学者就不同文化影响下的伦理差异进行研究,以初步探索出可供相关方参考的一般性伦理咨询意见。

2. 建立由利益相关者组成的协商与沟通网络

为了确保治理机制的最大有效性,在新兴技术治理问题的研究中,学界一直在强调相关方的协同与合作。同样,科学数据共享的伦理也离不开利益相关方的参与,在"政府—科研机构—公众"的大框架下,以"(研究资助)—数据生产—数据平台—数据传播—数据使用—数据监管"为关系网络,以政府部门为主导,建立由科研工作者、研究资助方、平台建设者、数据使用者、社会公众代表组成的共同协商机制,围绕科学数据伦理问题,发挥各主体对共享伦理认识的主观能动性,广泛调研和收集民意,由政府综合采纳其中有现实价值的意见信息,推出相关政策指引,供相关立法职能部门参考。国际层面上,积极参与相关国际组织关于数据开放与共享的相关研讨,与世界科学数据共享机制协同,推动一般性科学数据开放伦理原则的统一。

3. 加强科学数据伦理素养的专业教育

将伦理教育正式纳入"数据素养"(Data Literacy)培养体系内[67],从道德教育的角度入手,将一般性伦理原则作为专业培养体系的重要组成部分,从一开始就将其植入相关方的职业道德中,这些做法能在最大程度上以"软"文化性质的方式,让各相关方铭记基本的伦理原则,并以此指导自己在共享过程中的行为。同时,应将相关法律法规以"硬"制度的方式,与伦理"软"文化形成互补,作为对相关方的社会约束力。

5.3 医疗人工智能的伦理风险

世界范围内,社会医疗与保健供需不平衡的问题愈发严峻,造成这种问题的原因是复杂的。虽然各类新型医疗技术的研发成果层出不穷,以往不能解决的疑难杂症也逐渐被攻克,但是这并没有有效降低医疗成本,新药或新器械的研发需要相关厂商投入巨大的资金支持,且新研发的时间周期也较长,与之对应的专利保护期限却并不协调,换句话说,厂商只有20年的盈利时期,这期间还包括了新药临床实践的数年时间,这将直接导致厂商将研发药物所需要的成本转嫁给消费者[68]。从环境层面来说,生态污染问题的不断加剧以及现代人的亚健康生活状态,再加上病毒本身具有的突变性,各类由新型病毒引发的传染病也在不断增加,针对性的药物较难跟上新病毒的变化,需要追踪各类新病症的发病特性,这也会直接导致医疗成本的提高。此外,人们必须要面对的还有人才成本问题。以美国为例,培养一名医学生需要接受理工科四年的基础教育,然后进入专业医学院培养四年,之后还需要三到八年的临床实习与住院培训才能选择就业意愿,成为正式雇员[69]。我国医学生的培养模式也是以临床医学本科为起点的"5+3+3"医学博士教育[70]。不仅医学人才培养所需要的时间周期长,医学本身的培养难度也高,这些导致医学人力资源的培养成本不断增加。总的来看,社会成本、人才资源以及不断变异的疾病等综合因素导致整体医疗成本的迅速上升,既有医疗保健领域的供给能力难以满足实际的公众需求。

其次,公众对高质量和高水平医疗体系的标准也在不断提高。生产力水平的提高使得人民生活水平逐步提升,对更高质量医疗需求也随之上升,公众对于医疗卫生体系的态度也随之发生变化。既有医疗过程的核心主体是医生,病患按照医生的指导进行治疗,医生根据病患需求按照既定统一的治疗方案对病患进行救治,但随着大数据与人工智能技术的兴起,个性化与精准化的诊疗开始运用于医疗实践后,传统以服从医生为主导的诊疗模式开始转向以大数据为基础的精细化医疗模式,针对特定个体的现实身体状况和过往相关数据信息以实现具有个体独特性的诊断路径,继而在达到医疗效果最大化的同时,实现尽可能的降低副作用效应。同时,医疗人工智能还可以"未雨绸缪",对个体潜在的各类疾病做到有效的提前预防,它可以通过个体的大数据信息与数据库中已有的相关病例信息对比预测,逐步实现以病前预防代替病后治疗的新型健康管理模式。

此外,不同地区的医疗资源分配也存在着较大差异。卫生部前部长陈竺曾指出,我国城乡医疗卫生存在资源资源配置不均衡,城乡卫生服务体系分割且不健全,人才流动单向性导致乡村地区人才匮乏等问题[71]。2017年每千人口卫生技术人员数,城市为10.9人,而农村仅为4.3人;乡镇卫生院的卫生技术人员研究生以上学历仅占0.1;城市的每千人口医疗卫生机构床位数将近是农村地区的两倍还多[72],医学相关人才资源分布不均衡以及学历层次不齐已经成为制约我国整体医疗水平发展的严峻问题,少数地区还出现医疗资源配置和服务供给短缺与浪费并存等问题[73]。同时,人口老龄化、老年人群空巢问题也是对医疗资源配置的重要挑战。按照目前的人口状况,我国到2050年将会有近4.5亿的老年人口,老年人口健康状况下降,对医疗资源的需求急速增加[74],多样化和多层次的老年人护理与陪伴需求愈发紧迫与艰巨[75]。数量庞大的患者群体的医疗资源需求与现实能够提供的资源配置不协调将会导致严重的社会矛盾。由此可见,医疗资源配置的不充分与不协调问题将会成为社会发展不可忽略与回避的阻力之一。

基于医疗大数据的人工智能技术,在电子健康技术和"互联网+"医疗的基础上,人工智能与医疗领域的深度结合,带来的不仅是医疗信息化技术的再一次颠覆性创新,也是医疗技术体系与服务模式一次整体性转型和升级[76]。世界各国,尤其是发达国家都意识到了医疗人工智能所蕴含的社会价值和创新潜力,也在积极推动医疗人工智能的发展规划。2016年是医疗人工智能发展的重要节点,美国连续发布《为人工智能的未来做好准备》《美国国家人工智能研究和发展战略计划》和《人工智能、自动化与经济报告》,三份报告都着重强调要加速人工智能在医疗领域的应用与发展。2017年,日本在《人工智能技术战略》报告中寄希望于用人工智能技术优势来解决社会医疗问题。我国国务院在2016年发布的《关于促进和规范健康医疗大数据应用发展的指导意见》中就开始重视医疗大数据的社会价值,并列入国家级大数据规划,2017年《"十三五"卫生与健康科技创新专项规划》直接界定了医疗人工智能技术具体的发展方向,同年,《新一代人工智能发展规划》的发布更是直接将医疗人工智能的发展上升至国家战略层次。目前,人工智能在医学影像、药物研制、医疗管理、虚拟助理、临床治疗等方面均已取得有效成果,但与技术相关的一系列社会问题也逐步开始受到关注,要确保技术能够持续发展,并能真正走向临床实践和现实应用,就必须平衡好技术效益与风险,将技术可能引起的社会风险发生的概率降至最低,这其中最为复杂的是技术伦理以及衍生出的法律问题,伦理问题包含技术使用过程中的安全性、医疗信息的隐私保护、社会医疗公平以及可能引发医疗事故的责任划分与归属,这些问题如若无法得到合理限定和解决,则会成为技术发展的重大阻力。医疗人工智能技术目前还处于探索阶段,大部分技术产品尚未落地应用,因此没有足够可供参考的实证资料,以精确地判断相关技术的社会后果。但是,依据"预先性"原则,人们有必要从技术伦理的视角,对相关技术可能产生的各种风险进行研究,以便必要时采取防范措施。

5.3.1　医疗人工智能的伦理问题

1. 医疗人工智能的安全性问题

随着医疗人工智能技术的落地与产业化,患者或消费者与技术产品的交互会越来越紧密,技术产品会直接作用于人体。目前医疗人工智能产品的成熟度还不够,在复杂现实应用环境中的使用效果可能与理想化预期不一致,因此存在着不确定性[77]。例如2015年,英国人用医疗机器人进行心瓣修复手术,该机器人不仅出现严重的操作失误,还干扰人类医生的正确操作,导致病人不久就去世了[78]。此类事件不仅属于严重的医疗事故,而且因此可能触发社会恐慌和不信任,导致无限期"断送"智能医疗机器人的临床应用。为了实现医疗人工智能技术产品的持续发展,消除安全隐患就成了必须要重点关注的内容。人们期待未来医疗人工智能技术可以在很多方面达到比人类更高的安全性、更低的失误率,从而减少医疗事故。但是,即使将来技术成熟了,仍需解决医疗人工智能技术的责任划分问题,以及患者对这些新技术的接受度和信任度问题。

另外,医疗大数据的质量问题,包括信息失真或失信、信息碎片化和信息孤岛等现象也不能忽视。在医疗数据收集过程中,甚至还可能存在有人提供虚假或错误数据来"愚弄数据系统"[79],在数据储存与传输过程中也可能出现信息差错率增加,严重影响既有医疗体系对医疗人工智能技术的接受度,进而导致各类智能化信息平台建设受阻[80]。同时,医疗人工智能还存在被生物恐怖主义者滥用的可能性。人工智能能够降低药物挖掘的成本和周期,可能会被不法分子利用,以研制禁忌药物,还能被用来破译基因信息,以研制生化武器等[81]。能否有效处理和解决技术可能涉及的安全性问题,将直接决定技术能否持续发展下去。

2. 医疗大数据引起的隐私保护问题

大数据是人工智能发挥技术功能的基础条件之一,没有质量合格、数量足够的医疗大数据资源,医疗人工智能技术产品的运作也就成了"无本之木",技术社会价值的发挥也就无从谈起。医疗大数据是由各类医疗信息组成的数据集,包含个人健康、日常生活、已有病史、生活环境,甚至个体基因等敏感数据。一方面,这类医疗数据越"齐全",医疗人工智能的技术功能就能更加有效精准的运作;但另一方面,技术本身的商业属性以及医疗大数据本身所包含的巨大经济价值,使得医疗大数据的采集与使用很有可能僭越"科研"用途的范畴,造成患者医疗信息的外泄[68]。如基于深度学习的智能诊断和基于大数据的健康管理,都需要海量数据信息的支撑,完全禁止获取个人医疗数据是不可取的,但一旦允许采集个人医疗数据就会难以避免地导致滥用与泄露风险。

医疗大数据收集与平台的建设工作早于医疗人工智能的出现。因为在医疗人工智能兴起之前,"互联网＋"医疗和电子健康技术的发展就已经推动了医疗信息化的进程,患者的个人医疗信息已经逐渐以个人电子病例(EHR)和医疗信息系统(HIT)元数据的形式被保存起来。随着云储存技术的推广应用,大量医疗信息转存至云端[82],这样医疗大数据的隐私保护的难度也随之增加。

医疗大数据的隐私保护贯穿于数据收集、保存和使用的全过程。医疗信息的监测设备、日常陪护的机器和医疗信息储存的云端,都可能出现数据被泄露和贩卖的情况。个人隐私数据的泄露事件在近几年屡见不鲜,Facebook、新浪微博、微信等日常生活中必不可少的软件提供商,都被爆出有数据泄露和贩卖的案件,其他各类新创的中小型信息公司的信息丢失风险可能更大。2018年葡萄牙某医院未将临床数据的访问权限分开,医院的医生都可以不受限制地访问所有患者的档案,该医院被处以40万欧元的罚款[83]。

3. 医疗大数据知情同意权的保障

医疗大数据的收集还会涉及另一个棘手的问题——知情同意。由于相关规范和标准的缺失,虽然在某种程度上,确保信息被收集者的知情同意权已成为业内公认的准则,但就现实来看,确保知情同意权会增加信息采集的成本,也会牵涉到各种复杂的法律问题。因此,很多组织机构并未完全履行保护知情同意权的职责和义务。2018年,奥地利某医疗公司不遵守收集信息告知义务,侵害病患群体的知情同意权。同时,各相关方尚未就如何保护知情同意权达成统一意见。一般认为,数据采集方应当与信息被收集者签署知情同意协议,并要确保信息被收集者知悉协议中所有条款的具体规定,而条款的制定则由法律机构负责。部分地区也有其他的规定,例如欧盟《通用数据保护条例》就认定个人有权按照自主意愿删除已收集的信息数据。

4. 医疗责任的归属与界定

关于医疗人工智能的责任归属,发生的情境可以包含以下两种。对于医疗人工智能软件而言,一种是医疗人工智能诊断给出诊断结果和治疗意见后,其结果的可行性和采纳治疗方案的决定权是归于软件或机器所有,还是归参与诊断的医生所有? 如果归人类医生,则意味着参与诊断的医疗人工智能产品未被赋予完全的自主性;如果归医疗人工智能产品,则意味着人们承认相关产品的自主性,于是应进一步追究这种产品是否具有承担相关责任的主体性质和承担能力,或者产品的研发生产者是否具有承担责任的主体性质和承担能力,而且还需考虑产品的使用者(包括医护人员或患者)是否正确地使用了该产品。对于医疗人工智能的实体产品,例如手术机器人和护理机器人,情况是类似的,即需要根据产品的自主性区分责任归属情境。

传统法理认为,除人以外的、不具有精神和意识的生物,在责任归属中视为"物"的种类。但是,这种主客体之间不可逾越的划分,正随着智能化时代的推进而逐渐发生动摇[84]。例如2016年,欧盟发布的《就机器人民事法律规则向欧盟委员会提出立法建议的报告草案》中,就给智能化器械赋予了"电子人"特定的义务与责任[85]。这种做法是对传统法理体系的破坏性创新,在拓宽的概念范围内无法用传统法律规则来解决问题,导致一系列责任不确定问题的出现[86]。尤其是应用于医疗过程中,智能化技术产品的自主性、独立性和拟人性动摇了既有责任主体划分和规范原则的适用性。[87]

按照目前公认的对医疗人工智能责任认定的追溯性和前瞻性原则[88],人们需要在承认医疗人工智能存在安全性风险的前提下,做好技术应用的预期评估,尽最大可能消除各种隐患和风险。目前,学界对以上伦理困境提出了另一条解决思路:将医疗人工智能技术产品视作"次主体""人工道德体"(AMAs),并将一般性的伦理准则和道德规范嵌入程序,以确保技术产品能够依照和遵守人类共同认可的道德原则[89-91]。伦理准则能不能"嵌入"人工智能产品之中,并达到预期的目的? 这种涉及产品设计和制造的提议,与哲学和社会科学界的其他类似提议一样,最终需要由人工智能界判断其科学合理性和技术可行性。因此,人工智能科技界和伦理界的交流与合作是必不可少的。

5. 护理机器人涉及的个体自决权与机器情感问题

目前设想和研发的护理机器,如日本的老年人护理机器人RI-MAN[92],与被护理者之间的互动,更多地倾向于"家长式"模式,即在护理过程中仅依据病患身体状况而忽略其自身实际意愿,这与已被摒弃的代理决策权是同等性质的,在道德上是不可取的[93],甚至可能导致患者失去对自己身体的控制权和道德偏好权[25]。这种"家长式"的程序设定或许出于良善的初衷,即为病患的健康着想,却忽略病患自身的决定权与选择权。此外,护理机器人再完备也仅仅只是金属制成的机器,与人始终无法完全一致,冰冷的机器能否产生和人一样的"温度",让被护理者以最舒心的状态接受照顾,仍然存在疑问和挑战。

在人机长期交互的过程中,使用者是否会对医疗人工智能产品产生过度信任和情感依赖? 尤其是护理机器人越加"类人化"的设计与外观,逐步赋予技术社会化和角色替代的功能特性,尤其在老年人口"空巢化"和青年人口"独行"现象愈发显著的社会背景下,让机器人具有一定的情感交互能力,正在成为一种新需求潮流,并引出了新的研究课题。机器人能否理解人类情感、具有与人类的共情能力? 如果其具有这种能力,所产生的单边情感寄托对用户有何影响? 比如是否会阻碍用户的正常社交以及是否会对使用者的心理健康造成影响？这些未知问题都需要研究，并对护理、情感交互等类型机器人的研发和应用提出了新的科技和伦理挑战。

由此可见，在未来智能化时代，传统的商业创新模式遇到了本质不同的新问题，使得全新的创新模式，即科技创新与伦理创新相结合的模式[94]（见2.3节），已经提上了议事日程。

6. 对社会公平的挑战

精确的智能诊断往往是基于海量专业数据训练的，然而目前医疗数据的统一通用标准尚未设立。医疗大数据作为一种商业化资源，被不同医疗机构共享的可能性较低，这可能导致严重的"马太效应"，即拥有更多医疗大数据的医疗机构由于能够实现更加精准的诊断和治疗，会吸引更多病患，进而扩大其数据优势，导致对数据资源的垄断和对数据匮乏机构的排挤，从而加剧医疗系统的两极分化，扩大医疗资源分配不公现象。医疗人工智能技术和产品本身也是一种医疗资源，作为资源就肯定会面临分配问题。虽然医疗人工智能发展的目的是实现更好的社会医疗，但技术的发展若不加以引导和管控，并不会自动履行"全民原则"，这也就意味着，即使医疗人工智能已经足够发达，也可能沦为技术、经济和政治等方面的强者独占的乐土[95]。

目前流行的一些属于训练法的人工智能产品，本质上属于"黑箱技术"，即外界（如使用者）无法了解产品的内部运作原理，因而无法解释或确认产品运作的合理性（见2.2.2小节）。与此同时，算法设计通常出于特定的设计目的，不同的设计原理如价格优先、效率优先等，都会影响产品的实际性能，如对患者的治疗方案，且算法的开发与迭代过程也属于商业内部机密，并不需要向外界开放，从而导致"技术中立"原则的异化，患者在治疗过程无法与医疗机构处于平等地位。与此类似的还有：大规模医疗大数据被作为商业资源，制药公司可以精准推销药物，严重影响消费者利益[96]；保险公司会将医疗信息作为保费设置的标准；公司招聘可能把医疗档案当作是否录用的评判标准……这些行为都会造成严重的商业道德败坏和社会不公正，如果再与现代生物技术相结合，电影《千钧一发》中的剧情就可能从银幕走向现实。

5.3.2　医疗人工智能技术应用的伦理规制

医疗人工智能的兴起，为生命科学与医学伦理学的价值决断拓展了新视角，引入了更多共享与健康的范畴，从根本上推进了医学道德和法律形态的革命性重构[68]。可以预期的是，随着医疗人工智能技术创新与应用发展的不断深入，上文所提出的伦理问题可能会衍化成现实的社会问题，并与传统的法律法规产生严重冲突[97]。因此，反思医疗人工智能的伦理风险并最大限度地降低和规避风险，是正确处理机器人技术与人类发展的解决之道。

1. 以道德价值作为技术发展的基本约束，实现技术的负责任创新

医疗人工智能作为一种技术人工物，是研发者或设计者个人理念的具象化，因而包含研发者或设计者的价值观念。根据科技伦理对科技人员的道德约束,各类科技工作者对人工物产品承担着道德责任,每个人和科研机构在生产和使用人工物产品时都应牢记和履行自己所肩负的责任[98]。

我们还应充分认识到,法律这类强制规范具有一定的滞后性缺陷,面对风险危机,立法流程具有严苛和长周期的特点,更多情况下只能"后知后觉",无法保证及时有效的保护措施。因此,伦理与道德这种软性规制和文化体系就成了法律体系的有效补充。此外,以道德价值作为制定医疗人工智能技术的软性管理体系的根本出发点,可以进行更为广泛的预设,以应对潜在的技术风险。

为此,负责任创新理念的重要性就愈发突出。任何一项技术的创新不仅要关注经济效益,也需要重视其相关的社会、伦理和道德价值,并将技术的可接受性、可持续性与社会期许性融入技术研发与设计的过程[99],在研究与创新中充分考虑技术受众的相关利益并以人类福祉为最高道德原则,最大限度减少和规避技术可能产生的各种可能风险(见2.3节)。

2. 建立弹性的技术治理机制,根据技术发展的变化及时调整管理模式

为了实现技术风险的有效治理,人们不仅需要确保技术按照"以人为本"的发展路径持续创新,同时也是实现国家治理能力和体系在科技管理领域现代化的必然要求。要实现对技术的"善治",研发与制造方需要在相关决策和管理过程中适当让利益相关者参与,并与社会各界应当就技术应用的风险问题进行多方面的合作,充分考虑创新过程及产品伦理的可接受性、社会的赞许性和发展的可持续性,并对利益相关者之间的利益进行协调平衡,使各方利益相关者组合成稳定的共同体,在实现技术所能达成的最大效益的同时,降低预期可能产生的各类风险发生的概率。为实现医疗人工智能技术的最优化治理,各方利益相关者的参与必不可少。

要在多方利益相关者之间建构有效的沟通机制,使各相关方能够就自身的实际诉求进行表达,并求取各方需求的合理公约,交付相关决策机构参考,以达成研发方、产业界(相关企业)、社会群众(病患群体)权益的一致性。这种机制能够充分发挥社会各主体在技术管理中的主观能动性,有效推动前瞻性立法,对既有法律体系进行有效补充,配合医疗技术临床应用"禁止清单"机制[100],最大范围内限制技术风险问题的发生。

3. 切实保护医疗大数据与公众安全,发挥技术的最大社会价值

医疗人工智能发展过程中的关键问题之一是要加强医疗大数据安全与隐私保护。由于医疗大数据的敏感性特征,其数据信息中几近包含了患者或消费者的所有个人信息。我国目前多部法律法规都严格要求医护人员严格遵守保密义务,但因为这些数据附含的经济价值,针对医疗大数据的犯罪行为很难完全杜绝,因此不论是出于保护隐私还是数据安全,数据信息的匿名化是必然趋势,为了实现数据脱敏后的完全不可逆和数据分享的安全性,与区块链技术结合可能最有效的方法之一。

"安全"属性必须时刻作为技术发展的必要约束,在保护个人隐私权的同时,也要确保个人健康权得到保护。为了实现医疗人工智能技术的安全属性,要不断提升技术产品的可靠性,制定更加有效的技术标准和产品标准(见1.2节),相关法律的制定也要与技术发展相匹配。不能确保安全的技术,无法成为社会认可的技术,不以安全为核心的法规体系,都会导致社会价值的减弱甚至丧失。任何技术发展的根本逻辑与终极目标都应以保护个体乃至整个社会的安全为底线[68],医疗人工智能所涉及的医疗与保健领域更是如此。

讨论与思考题

1. 在隧道难题案例研究中,如果你是被测试者,你对三个问题的选择是什么?做出选择的根据是什么?请详细阐述你的选择及其根据。

2. 你正坐在一辆无人驾驶汽车上,而汽车失控即将撞击到前方行人,请设想前方的行人分别有老人、孩童、孕妇、重要的企业家、能够发挥重大影响力的官员等不同情况。你认为行人的不同身份是否应该影响车辆的撞击选择?为什么?

3. 如果你是政府部门中负责拟定科学数据共享伦理指南的主要责任人。你在制定指南过程中,会邀请哪些相关代表共同参与拟定过程?为什么邀请这部分代表?请说出你的观点和理由。

4. 假设你是一名领导者,请谈一谈你对科学共享过程中伦理约束必要性的理解,以及你对科学共享与开放精神的认识,针对前文提及的伦理问题给出你自己的见解、对策和建议。

5. 某医院引进了一台针对肺病的智能诊断设备,这类设备已经达到安全标准,能够给出可靠的诊治方案。设备完成整装后投入肺部疾病相关的科室使用,此时一位肺病严重感染的急诊病人被送入诊室,智能诊断设备立即开始对病人进行全方位检查,在结合患者的病史与生活习惯,并迅速综合既有案例的基础上,给出一整套针对患者的诊治方案。此时,主治医师需要决定是否使用智能诊疗设备给出的诊治方案,但在接受智能治疗方案后,病患生命仍未能挽回。在这种情况下,责任该如何认定?谁该对事故负责?请给出你对此类问题的看法,并说明你的依据。

6. 人工智能与就业的问题一直受到热议,在医疗领域也不除外。医疗人工智能的应用目标是让智能化机器能够达到甚至超过人类医师的医疗水平,这就可能会影响未来医护人员的就业。另外,医疗人工智能的发展离不开医护人员,例如影像诊断图像需要专业医师的标注才能成为深度学习的训练数据,医护人员的工作经验是医疗人工智能强力法技术的知识来源。但是,这些医护人员多年积累的经验,是一种属于医护个人的"无形"资产,医疗人工智能企业希望医护能够提供这类经验,但针对这类知识产权的保护措施尚未出台。请你谈一谈自主的医疗人工智能与医师就业的关系,以及未来医师职业的发展路径将会出现什么变化? 同时谈一谈,医护人员"无形的"知识产权的保护应该基于哪些伦理原则?

参 考 文 献

［ 1 ］ Vallor S, Rewak W. An Introduction to Data Ethics［EB/OL］. (2018-01-23) ［2020-12-05］. https://www.scu.edu/media/ethics-center/technology-ethics/IntroToDataEthics.pdf.

［ 2 ］《汽车与安全》编辑部. 无人驾驶汽车的概念和历史［J］. 汽车与安全, 2018,23(03):11-13.

［ 3 ］唐兴华,郭晓,唐解云. 电车难题、隐私保护与自动驾驶［J］. 华东理工大学学报(社会科学版),2019,34(06):73-79.

［ 4 ］ Cowen T. Can I See Your License, Registration and C.P.U.?［EB/OL］. (2011-05-28) ［2020-12-05］. https://www.nytimes.com/2011/05/29/business/economy/29view.html.

［ 5 ］ Levinson D. Review of:Gridlock: Why We're Stuck in Traffic and What to Do About It by Randal O'Toole［J］. Journal of Transport & Land Use, 2011, 4(3): 67-68.

［ 6 ］ Au T C, Quinlan M, Stone P. Setpoint Scheduling for Autonomous Vehicle Controllers［C］. 2012 IEEE International Conference on Robotics and Automation, Saint Paul, MN, 2012: 2055-2060.

［ 7 ］胡迪·利普森,梅尔芭·库曼. 无人驾驶［M］. 林露茵,金阳,译. 上海: 文汇出版社,2017: 1-5.

［ 8 ］ McCarthy J. Computer Controlled Cars［EB/OL］. (2018-03-08) ［2020-12-05］. http://www.formal. stanford. edu/jmc/progress/cars/cars. html, 1968.

［ 9 ］ Kanade T, Thorpe C, Whittaker W. Autonomous land vehicle project at［C］//Proceedings of the 1986 ACM Fourteenth Annual Conference on Computer Science. CMU, 1986: 71-80.

［10］ Wallace R S, Stentz A, Thorpe C E, et al. First Results in Robot Road-Following［C］//IJCAI. 1985: 1089-1095.

［11］潘福全,亓荣杰,张璇,张丽霞. 无人驾驶汽车研究综述与发展展望［J］. 科技创新与应用, 2017, 6 (02): 27-28.

［12］何慧娟. 基于多传感器的移动机器人障碍物检测与定位研究［D］. 芜湖:安徽工程大学, 2010.

［13］工业和信息化部.《汽车驾驶自动化分级》推荐性国家标准报批公示［EB/OL］. (2020-03-09) ［2020-04-27］. http://www.miit.gov.cn/n1146290/n1146402/c7797460/content.html.

［14］ Bonnefon J F , Shariff A , Rahwan I . The Social Dilemma of Autonomous Vehicles［J］. Science, 2016, 352(6293):1573-1576.

［15］ Thomson J J. The Trolley Problem［J］. The Yale Law Journal, 1985, 94(6): 1395-1415.

［16］ Foot P. The Problem of Abortion and the Doctrine of the Double Effect［J］. Oxford Review, 1967 (5): 1-6.

［17］ Smart J J C, Williams B. Utilitarianism: For and Against［M］. Cambridge:Cambridge University Press, 1973: 98.

［18］ Spino J, Cummins D D. The Ticking Time Bomb:When the Use of Torture Is and Is Not Endorsed［J］. Review of Philosophy and Psychology, 2014, 5(04):543-563.

［19］罗俊丽. 边沁和密尔的功利主义比较研究［J］. 兰州学刊, 2008, 29(03):158-160.

［20］Bauman C W, McGraw A P, Bartels D M, et al. Revisiting External Validity：Concerns about Trolley Problems and Other Sacrificial Dilemmas in Moral Psychology［J］. Social and Personality Psychology Compass, 2014, 8(9):536-554.

［21］Wilson E O. On Human Nature［M］. Cambridge：Harvard University Press, 2012：79-112.

［22］JafariNaimi, Nassim. Our Bodies in the Trolley's Path, or Why Self-driving Cars Must Not Be Programmed to Kill［J］. Science, Technology & Human Values：Journal of the Society for Social Studies of Science, 2018, 43(2):302-323.

［23］Kahane G, Everett J A C, Earp B D, et al. Beyond Sacrificial Harm：A Two-dimensional Model of Utilitarian Psychology［J］. Psychological Review, 2018, 125(2):131-164.

［24］Lim H S M, Taeihagh A. Algorithmic Decision-making in AVs：Understanding Ethical and Technical Concerns for Smart Cities［J］. Sustainability, 2019, 11(20):5791.

［25］Millar J. An Ethics Evaluation Tool for Automating Ethical Decision-Making in Robots and Self-Driving Cars［J］. Applied Artificial Intelligence, 2016, 30(8):787-809.

［26］和鸿鹏. 无人驾驶汽车的伦理困境、成因及对策分析［J］. 自然辩证法研究, 2017, 33(11)：58-62.

［27］Federal Ministry of Transpoort and Digitai Infrastructure. Ethics Commission Automated and Connected Driving［EB/OL］. (2017-08-18) ［2020-08-19］. https://www.bmvi.de/EN/Topics/Digital-Matters/Automated-Connected-Driving/automated-and-connected-driving.html.

［28］Luetge C. The German Ethics Code for Automated and Connected Driving［J］. Philosophy & Technology, 2017, 30(4):547-558.

［29］Awad E, Dsouza S, Kim R, et al. The Moral Machine Experiment［J］. Nature, 2018, 563(7729):59-64.

［30］Open Roboethics Initiative. Open Roboethics Initiative If Death by Autonomous Car is Unavoidable, Who Should Die？ Reader Poll Results［EB/OL］. (2014-06-23) ［2020-08-19］. https://robohub.org/if-a-death-by-an-autonomous-car-is-unavoidable-who-should-die-results-from-our-reader-poll/.

［31］Open Roboethics Initiative. My (autonomous) Car, My Safety: Results from Our Reader Poll ［EB/OL］. (2014-07-30) ［2020-08-19］. https://robohub.org/my-autonomous-car-my-safety-results-from-our-reader-poll/.

［32］李伦. 人工智能与大数据伦理［M］. 北京：科学出版社, 2018:154-166.

［33］潘宇翔. 大数据时代的信息伦理与人工智能伦理：第四届全国赛博伦理学暨人工智能伦理学研讨会综述［J］. 伦理学研究, 2018, 17(02):135-137.

［34］Harris J. Who Owns My Autonomous Vehicle？ Ethics and Responsibility in Artificial and Human Intelligence［J］. Cambridge Quarterly of Healthcare Ethics, 2018, 27(4):599-609.

［35］亚里士多德. 各马可伦理学［M］. 廖申白, 译. 北京：商务印书馆, 2009:71-77.

［36］戴益斌. 试论人工智能的伦理责任［J］. 上海大学学报(社会科学版), 2020, 37(01):27-36.

［37］Matthias A . The Responsibility Gap：Ascribing Responsibility for the Actions of Learning Automata［J］. Ethics and Information Technology, 2004, 6(3):175-183.

［38］黄闪闪. 无人驾驶汽车的伦理植入进路研究［J］. 理论月刊, 2018, 34(05):182-188.

［39］Trappl, Robert. Ethical Systems for Self-Driving Cars：An Introduction［J］. Applied Artificial Intelligence, 2016, 30(8):745-747.

[40] Wood W, Quinn J M, Kashy D A. Habits in Everyday Life: Thought, Emotion, and Action[J]. Journal of Personality and Social Psychology, 2002, 83(6):1281-1297.

[41] Bonnefon J F, Shariff A, Rahwan I. The Social Dilemma of Autonomous Vehicles[J]. Science, 2016, 352(6293):1573-1576.

[42] Taylor M. Mercedes Autonomous Cars Will Protect Occupants before Pedestrians[EB/OL]. (2016-11-11)[2020-08-19]. http://www. autoexpress. co. uk/mercedes/97345/mercedes-autonomous-cars-will-protect-occupants-before-pedestrian.

[43] Goodall N J. Machine Ethics and Automated Vehicles[M]// Road Vehicle Automation. Berlin: Springer International Publishing, 2014:93-102.

[44] 未来论坛. 探索人工智能. 趋势解析[M]. 北京:科学出版社,2018:14-21.

[45] Benenson R, Fraichard T, Parent M. Achievable Safety of Driverless Ground Vehicles[C]. // Control, Automation, Robotics and Vision, 2008. ICARCV 2008. 10th International Conference on IEEE, 2008: 515-521.

[46] 邱均平, 何文静. 科学数据共享与引用行为的相互作用关系研究[J]. 情报理论与实践, 2015, 38(10):1-5.

[47] Pilat D, Fukasaku Y. OECD Principles and Guidelines for Access to Research Data from Public Funding[J]. Data Science Journal, 2007(6): OD4-OD11.

[48] Saxton G D, Oh O, Kishore R, et al. Rules of Crowdsourcing: Models, Issues, and Systems of Control[J]. Information Systems Management, 2013, 30(1):2-20.

[49] 黎建辉, 沈志宏, 孟小峰. 科学大数据管理:概念、技术与系统[J]. 计算机研究与发展, 2017, 54(2): 235-247.

[50] Borgman C L. The Digital Future is Now: A Call to Action for the Humanities[J]. Digital Humanities Quarterly, 2009, 3(4): 1-30.

[51] 张晓强, 杨君游, 曾国屏. 大数据方法:科学方法的变革和哲学思考[J]. 哲学动态, 2014, 36(08):83-91.

[52] 凌昀. 开放科学伦理精神研究[D]. 长沙:湖南师范大学, 2018.

[53] 温亮明, 张丽丽, 黎建辉. 大数据时代科学数据共享伦理问题研究[J]. 情报资料工作, 2019, 40(02):38-44.

[54] Stuart D, Baynes G, Hrynaszkiewicz G, el al. Practical Challenges for Researchers in Data Sharing[EB/OL]. (2018-03-21)[2020-08-17]. https://partnerships nature. com/blog/white-paper-practical-challenges-for-researchers-in-data-sharing/.

[55] NIH. NIH Data Sharing Policy and Implementation Guidance[EB/OL]. (2003-03-05)[2020-08-19]. http://grants.nih.gov/grants/policy/data_sharing/data_sharing_guidance.htm.

[56] 张丽丽, 黎建辉. 数据引用的相关利益者分析[J]. 情报理论与实践, 2014, 37(07):44-47.

[57] 洪海娟, 万跃华. 数字鸿沟研究演进路径与前沿热点的知识图谱分析[J]. 情报科学, 2014, 32(04):54-58.

[58] 罗弦. 网络新闻生产中大数据运用的伦理问题及编辑对策[J]. 科技与出版, 2015, 23(01):67-70.

[59] 黄欣荣. 大数据技术的伦理反思[J]. 新疆师范大学学报(哲学社会科学版), 2015,36(03):46-53.

[60] 周玉琴，邢文明．我国科研数据管理与共享政策体系研究[J]．中华医学图书情报杂志，2018，27(08)：1-7．

[61] McGuire A L, Basford M, Dressler L G, et al. Ethical and Practical Challenges of Sharing Data from Genome-Wide Association Studies：The eMERGE Consortium Experience [J]. Genome Research, 2011,21:1001-1007.

[62] Dietrich S, Ham J V D, Pras A, et al. Ethics in Data Sharing：Developing a Model for Best Practice[C]//2nd Cyber-security Research Ethics Dialog & Strategy (CREPS Ⅱ) Workshop IEEE Computer Society, 2014:5-9.

[63] Gordon and Betty Moore Foundation. GDATA SHARING PHILOSOPHY[EB/OL]. [2020-08-19]. https://www.moore.org/docs/default-source/Grantee-Resources/data-sharing-philosophy.pdf.

[64] 温芳芳．国外科学数据开放共享政策研究[J]．图书馆学研究，2017，36(09)：91-101．

[65] 李振玲，徐萍．大数据环境下的图书馆员数据素养[J]．兰台世界，2016，31(17)：84-86．

[66] 王铮，曾萨，安金肖，等．欧盟《一般数据保护条例》指导下的数据保护官制度解析与启示[J]．图书与情报，2018，37(05)：119-125．

[67] 凌婉阳．大数据与数据密集型科研范式下的科研人员数据素养研究[J]．图书馆，2018，42(01)：81-87．

[68] 苗泽一．大数据医疗的应用风险与法律规制研究[J]．东南大学学报(哲学社会科学版)，2019，21(05)：87-95．

[69] 东风兰．美国高等医学人才培养模式的研究[D]．保定：河北大学，2005．

[70] 邹丽琴．中国八年制医学教育培养模式研究[D]．重庆：第三军医大学，2013．

[71] 张映芹，王青．我国城乡医疗卫生资源配置均衡性研究[J]．医学与社会，2016，29(01)：7-9．

[72] 国家卫生健康委员会．中国卫生统计年鉴[M]．北京：中国协和医科大学出版社，2018．

[73] 中共中央国务院．中共中央国务院关于深化医药卫生体制改革的意见[EB/OL]．(2009-03-17)[2020-08-19]．http://www.gov.cn/test/2009-04/08/content/1280069.htm.

[74] 黄成礼，庞丽华．人口老龄化对医疗资源配置的影响分析[J]．人口与发展，2011，17(02)：33-39．

[75] 罗定生，吴玺宏．浅谈智能护理机器人的伦理问题[J]．科学与社会，2018,8(01)：25-39．

[76] 王海星，田雪晴，游茂，等．人工智能在医疗领域应用现状、问题及建议[J]．卫生软科学，2018，32(05)：3-5．

[77] Hayes C. Artificial Intelligence：The Future's Getting Closer[J]. AM LAW, 1998:115.

[78] 徐乾昂．英国首例机器人心瓣手术："机器暴走"，病人不治身亡[EB/OL]．(2018-09-08)[2020-08-19]．https://www.guancha.cn/internation/2018_11_08_478891.shtml? s=zwyzxw.

[79] 维克托·迈尔·舍恩伯格，肯尼思·库克耶．与大数据同行：学习与教育的未来[M]．赵中建，张燕南，译．上海：华东师范大学出版社，2015:132．

[80] 田海平．大数据时代的健康革命与伦理挑战[J]．深圳大学学报(人文社会科学版)，2017，34(02)：5-16．

[81] 罗芳，陈敏．医疗人工智能的伦理问题及对策研究[J]．中国医院管理，2020，40(02)：69-71．

[82] 王晓娣，方旭红．医疗机器人伦理风险探析[J]．自然辩证法研究，2018，34(12)：64-69．

[83] 中兴通讯，数据法盟．GDPR 执法案例精选白皮书[EB/OL]．(2019-10-19)[2020-08-19]．

https://www.chainnews.com/articles/377059318003.htm.

［84］吴汉东 . 人工智能时代的制度安排与法律规制[J]. 法律科学（西北政法大学学报），2017，35（05）:128-136.

［85］党家玉 . 人工智能的伦理与法律风险问题研究[J]. 信息安全研究，2017，3(12):1080-1090.

［86］郭晓斐，赵平，高翠巧 . 医疗人工智能发展面临的法律与伦理挑战及对策研究[J]. 中国肿瘤，2019，28(07)：509-512.

［87］张敏，李倩 . 人工智能应用的安全风险及法律防控[J]. 西北工业大学学报(社会科学版)，2018，20(03):108-115.

［88］Datteri E . Predicting the Long Term Effects of Human-Robot Interaction：A Reflection on Responsibility in Medical Robotics[J]. Science and Engineering Ethics, 2011, 19(1):139-160.

［89］段伟文 . 人工智能时代的价值审度与伦理调适[J]. 中国人民大学学报，2017，31(06)：98-108.

［90］Floridi L , Sanders J W . On the Morality of Artificial Agents[J]. Minds & Machines, 2004, 14(3):349-379.

［91］王东浩 . 道德机器人:人类责任存在与缺失之间的矛盾[J]. 理论月刊，2013，29(11):49-52.

［92］Odashima T, Onishi M, Tahara K, et al. A soft Human-Interactive Robot RI-MAN[C]//IEEE/RSJ International Conference on Intelligent Robots & Systems. IEEE, 2006.

［93］Millar J. Technology as Moral Proxy：Autonomy and Paternalism by Design [J]. IEEE Technology and Society Magazine, 2015, 34 (2):47-55.

［94］陈小平 . 人工智能伦理体系:基础架构与关键问题[J]. 智能系统学报，2019(4):605-610.

［95］孙伟平 . 关于人工智能的价值反思[J]. 哲学研究，2017，52(10):120-126.

［96］张华胜 . 美国人工智能立法情况[J]. 全球科技经济瞭望，2018，33(09):54-61.

［97］王禄生 . 司法大数据与人工智能技术应用的风险及伦理规制[J]. 法商研究，2019，36(02)：101-112.

［98］Miller K W. Moral Responsibility for Computing Artifacts：The Rules [J]. IT Professional, 2011, 13(3)：57-59.

［99］René von Schomberg . Towards Responsible Research and Innovation in the Information and Communication Technologies and Security Technologies Fields [J]. Social Science Electronic Publishing, 2011：83-97.

［100］中华人民共和国国家卫生健康委员会 . 中华人民共和国国家卫生健康委员会令第 1 号：医疗技术临床应用管理办法[EB/OL]. (2018-08-13) [2020-08-19]. http：//www. gov. cn/gongbao/content/2018/content_5346680. htm.

第6章 人工智能伦理与传媒治理

2019年1月29日,推文《一个出身寒门的状元之死》"刷爆"朋友圈,迅速获得"10万+"的阅读量。文章讲述了一名出身贫寒的男孩如何逆袭成为状元,后又因病去世的故事。然而同年1月30日,该文因存在诸多内容漏洞、涉嫌造假,随即被删除。近年来,类似这样的情况层出不穷。2020年2月8日,世卫组织总干事谭德塞在关于新冠疫情的新闻发布会上表示,虚假消息转移了决策者的注意力,传递了恐慌情绪,让医务工作者的工作变得更加困难,有必要建立真相发布团队。[1]

传媒治理是人类社会的一项长期课题与实践。在新形势下,传媒业的发展和治理与人工智能等新技术之间具有多方面的密切关联,包括下列重要课题:人工智能技术为传媒业发展带来哪些新机遇? 信息和人工智能等新技术在传媒业的误用和滥用,给传媒业造成了哪些不良后果? 能否应用人工智能等新技术,有效地提升传媒治理的水平和效能? 在智媒体时代,人工智能伦理的现状如何,面临哪些挑战,有哪些可能的应对策略?

6.1 人工智能与智媒体

随着人工智能技术的推广应用,传媒业从新闻线索发掘、新闻采集、制作到分发及反馈各环节,机器写作、算法新闻、人工智能新闻主播、虚拟新闻、全景新闻、游戏新闻等各种新形式、新样态层出不穷,让公众深切感受到了技术进步所带来的巨大变化。

与此同时,一些负面影响也随之而来,如公共信息生产领地边界模糊化、媒体渠道边界受侵蚀、媒体产品与市场边界变模糊,某种程度上传媒业的传统边界正在消失。[2]在《流动的现代性》一书中,"现代性"被比喻为"液化的力量",意味着将一切重新解构[3]。在人工智能等新技术和其他因素的推动下,传媒业正在不断被"液化",转向"液态新闻业"(Liquid Journalism)。

1. 新闻采集环节——大数据新闻

20世纪50年代,就有美国记者尝试利用政府公开的数据库发现新闻线索,调查新闻事实。之后,计算机辅助报道逐渐兴起。各种公开、非公开的数据,成为记者发现新闻选题、拓展报道深度的重要资源。[4]

随着人工智能技术的发展,通过对与事件相关的海量数据进行算法分析,发现新闻线索、追踪新闻动态并揭开事件背后的真相,已经成为媒体人的常态工作方式之一。2016年《华盛顿邮报》开发的人工智能机器人Heliograf,能够收集、整理与整合各方信息,预测新闻事件的走向,挖掘大数据所反映出的事件全貌。2019年底我国新华智云推出8款涉及新闻采集的媒体机器人,具有人脸追踪、数据标引、文字识别等功能,从图像、声音、文字等多方面助力新闻采集。

利用人工智能技术对社交媒体上的内容进行扫描、发掘新闻线索,是新闻业的新趋势。社交平台本身就是新闻线索来源的富矿,但由于信息量太大,人工筛选效率低下,几乎不可能展开地毯式筛查,而人工智能技术却可以做到。英国一家体育媒体*GiveMeSport*曾对推特上的推文按照关键字词进行智能筛选,经过核实验证的推文将会成为丰富的原始素材,供记者们使用。[5]

2. 新闻生产环节——自动化新闻

目前,新闻生产环节常见的是人机互助式和以机器为主的自动化新闻。人机互助式机器人主要包含智能会话、配音、直播剪辑、视频包装等功能。新闻机器人如上面提到的Heliograf,一经问世就参与报道了2016年8月的里约奥运会,但当时只能进行三两句新闻报道。在随后的美国总统选举期间,Heliograf已经可以针对选举情况作出含有分析、评论等语气的报道,一定程度上可以和人类记者相媲美。雅虎使用智能机器Wordsmith进行商业报道,路透社也有利用一套叫做Open Calais的系统对稿件关键词和重点部分进行比对。2017年,谷歌投资的新闻协会通讯社开发了人工智能协助写作新闻的功能。在国内,腾讯的Dreamwriter、今日头条的人工智能机器人Xiaomingbot、新华社的快笔小新等,都在新闻报道方面有着出色的表现。美国一家提供自然语言处理服务的科技公司——叙事科学(Narrative Science)创始人克里斯蒂安·哈蒙德(Kristian Hammond)预测,到2025年,90%的新闻将由计算机撰写,而且新闻机器人很可能某一天凭借挖掘讲述隐藏在数据背后的故事,而获得普利策新闻奖。

从新闻机器人报道的体量和总体发展趋势来看,哈蒙德的预言正逐渐变为现实。美联社的Wordsmith平台每周已经可以写出上百万篇文章,平均每秒生产2 000多篇文章。该平台还允许个人或者机构上传数据表格,体验人机互动半自动化式新闻写作。[6]这也意味着每个人都将有可能拥有自己"私人定制"的智能记者。自动化新闻具有用时少、产量高、个性化强等优势,使"私人记者"成为可能。普通记者很难根据用户需求、兴趣与爱好,撰写定制化新闻,但"人工智能记者"却可以胜任。因此有人认为,未来机器人获得普利策奖,也许并非因为它所生产的内容,而是凭借在报道重大事件时,它能生产出一系列的高质量文章,并针对不同用户创造出成千上万个定制化版本。未来的新闻报道会清楚地告诉你,政府减税对你会有什么具体好处,政策法规的颁布对你个人又会产生哪些影响等,从而与人工智能中的另一个研究方向——自动问答结合起来。另外,新闻机器人有助于提升报道的真实性与客观性。人类无法避免错误和偏见,但机器可以实现一定程度的客观性。2014年10月开始,美联社开始启用"编辑机器人"审查由软件自动生成的新闻报道。机器新闻可以不经过人类编辑审核就能自动上线,最大限度避免人为因素干扰。[6]

3. 新闻播报环节——人工智能虚拟主播

2001年,英国PA New Media公司推出世界上第一个虚拟主播阿娜诺娃(Ananova)。这是一个二维虚拟人物,只有头部动画,脸部表情有些僵硬,不过可以24小时不间断播报。2016年,第二代虚拟主播"绊"(Kizunaai)问世,这是一个三维仿真模型,由真人戴上动捕设备控制其面部表情及动作,再由声优配音对口型。2018年11月新华社推出全球首个人工智能合成男主播,2019年3月又推出全球首个人工智能合成女主播。随后各大媒体开始纷纷推出自己的虚拟主播,如《人民日报》的"小晴"、北京电视台的"小萌花"和"小萌芽"。与第一代相比,二代虚拟主播的发音与唇形、面部表情等与真人几乎完全吻合。有预测认为,未来第三代虚拟主播,将实现全面人工智能化,走入千家万户。[7]

截至2018年底,全球各大平台上的虚拟主播已经超过了6 000个。[8]在中国人工智能合成主播也开始逐步走向普及应用。2020年疫情防控期间,新华社、人民日报社以及多家省级卫视和媒体纷纷启用人工智能主播,24小时不间断播报疫情相关新闻,大大降低了真人主播在特殊时期感染病毒的风险以及工作强度,体现出虚拟主播的巨大优势。

4. 新闻推送环节——算法推送

相较于传统新闻的一对多、多对多传播模式,算法新闻更强调个性化推送。比较常用的算法新闻策略主要有内容推荐、协同过滤推荐与热门推荐三种。内容推荐指算法根据用户平时的网络浏览、搜索记录、关注的话题、感兴趣的领域等要素来对用户进行精准画像,再根据用户喜好进行新闻推送;协同过滤推送先将目标用户根据兴趣爱好进行分组,再将组内其他成员关注的热点新闻推送给目标用户;热门推荐则是根据新闻的点击量与转发量向用户进行推送。[9]个性化算法推荐有效提高了推送信息与用户需求的匹配度,并过滤掉用户不需要的信息。[10]

5. 新闻反馈环节——智能反馈与舆论监测

智能反馈、大数据分析等手段拓展了用户分析的广度与深度。传统受众分析通常有四种方式:测量仪测量、填写日记卡、面访以及电话访问受众。这些方法很难确保数据的精准性与结论的可靠性,只能得出较为粗略的用户群体画像。近年来,眼动追踪系统、可穿戴设备等人工智能技术快速发展,未来有望通过用户观看时长、心跳、脉搏等多模态信息,收集用户的反馈和行为习惯,从而更清晰地描绘用户画像,以便为其提供更精准的个性化服务。比如美国Affectiva公司研制的情感识别技术,可以对用户的面部表情进行扫描,以便了解他们的情绪。在智能化时代,用户在信息消费过程中的生理反应可通过传感器获取,这意味着用户反馈将进入生理层面。这些信息可以更真实地反映信息对用户的作用过程与作用效果,也可以当作一种实时反馈,反向作用于信息的生产过程。[11]大数据加上智能反馈,还有助于商家在特定媒体平台上精准投放广告。

此外,基于大数据技术,人们还可以进行舆论监测、分析甚至预警。舆论指的是社会大众关于社会现实以及各种社会现象、问题所表达的信念、态度、意见和情绪的总和。它具有以下几个特点:观点上的相对一致性、程度上的强烈性以及时间上的持续性,包括理智和非理智成分,并会对相关事态的进展等产生影响。[12]新闻媒体是"社会瞭望塔"、舆情预警器。掌握大数据有助于媒体正确掌握舆情,特别是在应对重大突发性公共危机的时候,这可以令我们更好地处理舆论安全问题。目前已有学者运用机器学习、智能机器人辅助的定性分析等多种手段,尝试进行舆情监测。[13]

6. AI+直播

人工智能助力视频直播主要体现在大数据标签和个性化推荐服务两方面。大数据标签技术指的是系统通过对已有标注过的数据进行学习,根据主播的个人特点,如性别、年龄、风格等,自动为其设立标签。例如,一个喜欢卖萌的女孩,将会获得"萌妹子"的标签。个性化推荐技术基于人脸识别、场景识别、物体识别等推荐符合用户心理预期的内容。

人工智能还能助力直播内容审核。目前人们主要利用机器识别结合人工审核的模式进行审核。机器识别依赖于深度学习算法,通过模拟人脑神经网络,构建具有高层次表现力的模型,能够对高复杂度数据形成良好的解读。通过大数据持续训练、频繁迭代,不断提高审核鉴黄违法等内容的精确度,以降低人工复审的工作量。[14]

7. 智媒体特点

人工智能技术正在重塑传媒业,智媒体是其主要产物之一。所谓智媒体,是指基于人工智能、VR(虚拟现实)、人机交互等高新技术的自强化生态系统,实现信息与用户需求之间相互匹配的媒体形态。[15]智媒体有三大特点:智慧、智能与智力。智慧指的是智媒体可以甄别虚假新闻,提高信息供给的质量与数量;智能即实现信息与用户需求的高效率智能匹配,以此来确保信息的个性化、精准化与定制化;智力指的是基于深度学习等技术,媒体能够不断发展与自我演化。[15]

随着人工智能、物联网、云计算等技术的发展,智媒体时代出现了万物皆媒、万众皆媒的趋势。泛媒化趋势首先表现为物体的媒介化,如传感器、智能家居、车联网技术等。泛媒化的另一个表现是人体终端化。[16]泛媒时代,人机共生、协作,甚至会出现人机合一、共同进化的可能。2019年7月,脑机接口公司Neuralink发布首款产品——"脑后插管"新技术。通过神经手术机器人在脑袋上穿孔,向大脑植入比指甲尖还小的芯片,然后通过USB接口读取大脑信号。脑机接口技术目的是实现人与人之间、人与机器之间自由传输思想、下载思维。[17]该项技术已经在老鼠身上进行测试。如果该技术能够达到实用化,某种范围内的人机合一、人机共同进化也将从科幻小说变成现实。

智媒体的主导权由专业媒体转移至技术、平台方。技术的赋能让包括专业媒体在内的媒体从业者、生产机构逐渐失去主导权。技术方和平台方通过利用大数据、算法,精准生产、推送信息,逐渐拥有更大的话语权。这是智媒体时代媒介生态最重要的特征之一。然而技术方并不了解新闻传播规律,专业传媒人士又甚少精通人工智能技术,同时人工智能又削平了传媒业准入门槛,人人既是传者,又是受众。

在这诸多新现象、新矛盾、新问题之下,社会所面临的一个全新挑战,是人工智能技术创新与人工智能伦理创新的相互缠绕。一方面需要技术创新,从而产生过去没有的新产品和新服务;另一方面需要伦理创新,以解决过去没有出现过的伦理问题。更重要的是,这两个方面无法相互隔离地分别解决,只能通过一体化研究,形成一体化的解决方案(见1.2节)。

8. 案例研究

(1)"今日头条"现象

2012年,一款基于数据挖掘的推荐引擎产品"今日头条"问世。今日头条改写了新闻价值的判断标准,从传统标准转向"你关心的,才是头条"。该新闻客户端自亮相起就大受欢迎,截至2014年底,用户达到2.2亿,每日活跃用户2 000万,影响力甚至赶超传统媒体。以今日头条为代表的聚合类新闻客户端根据一定的算法规则进行信息聚合与个性化推送,深刻地改变了当下的新闻传播格局。

(2)新闻编辑室瞄准人工智能

目前世界各地新闻编辑室都开始引入人工智能技术。路透社新闻研究所2018年针对媒体高管进行了一项调查。结果显示,69%的人已经在工作中使用了人工智能。而媒体用户似乎也接受了这个事实。根据路透社2017年的数字新闻报道,54%的受访者表示,相对于人工编辑,更喜欢算法推送与自己相关的新闻,其中一个原因是机器人能够提供用户感兴趣的本地化新闻。例如瑞典房主机器人Homeowners Bot,可以自动报道甚至推动用户订阅。

(资料来源:新京报传媒研究.我们使用人工智能,但仍然需要记者. https://www.sohu.com/a/258346362_257199。)

6.2 传媒治理中的人工智能创新与伦理挑战

进入网络化时代以来,在新技术和新形势的驱动下,传媒业格局发生了翻天覆地的变化,出现了大量新事物和新机遇,同时也带来了前所未有的新问题和新挑战,主要表现在以下三个方面。第一,信息技术和人工智能技术等新技术在传媒业的误用或滥用,助长、加剧了虚假新闻等问题的发生和严重程度,传统伦理规范却跟不上形势的发展,不能为传媒治理提供有效的伦理支持。第二,出于生存压力和对新技术不够了解等原因,部分媒体主动放弃了一些仍然有效的媒体治理手段,特别是严格的新闻审核,却把责任推给人工智能技术的应用,错误地认为应该由人工智能承担这些职责,这是严重背离人工智能技术现实情况的(见2.2节)。第三,能不能应用人工智能等新技术,以技术手段有效提升传媒治理的效能,更好地解决传媒业出现的大量新问题? 显然,这种融合人工智能等新技术手段的媒体治理方式,必须以适应传媒业新现实的新伦理为基础,因而依赖于传媒业的伦理创新。

6.2.1　虚假新闻

1. 后真相时代真相还重要吗?

"Truth"(真相)一词来源于希腊语"Aletheia"。[18]哲学中真相的概念可以追溯到古希腊,那时人们已经认识到,对知识的错误主张是很危险的。苏格拉底认为,如果一个人无知,他可以被教导。更大的威胁来自那些自以为是地认为自己已经知道真相的人,因为这样的人可能会做出错误的行为。因此,给真相至少一个最低限度的定义是很重要的。亚里士多德有一句经典名言:"非而是,是而非,为非;是而是,非而非,为是。"[19]2016年,"后真相"一词开始引起公众关注,《牛津英语词典》将其评为"2016年度词汇"(该词在2015年的使用量激增2000%)。正是在这一年,英国脱欧公投和美国总统大选中虚假新闻泛滥。许多人认为,后真相是一种国际趋势,事实总是可以在一种政治背景下被遮蔽、挑选和呈现的。根据《牛津英语词典》,"后真相"是指"诉诸情感与个人信仰比陈述客观事实更能影响民意",事实从属于观点,感觉有时比事实更重要。[20]

李·麦金太尔(Lee McIntyre)在《后真相》一书中指出,目前的问题不是有没有关于真相的正确理论,而是如何理解人们对待真相的不同方式。在第一种方式下,人们说出一些不真实的事情,但这种错误不是故意的;第二种方式是"故意的无知"(Willful Ignorance),也就是当人们不知道某件事的真假,但还是说了,而不花时间去确认信息是否正确;第三种方式是以故意欺骗为目的的撒谎,这是一个重点的分界点,于是在这种情况下,对事实的单纯"解释"变成了对事实的歪曲。后真相的意义在于理解这三种不同的对待真相的方式。[21]

2. 虚假新闻

虚假新闻自古有之,最早可以追溯到人类早期的传播活动。虚假新闻包含"虚假新闻""虚假信息""误传""错误消息""假消息""谣言"等多种品类,它们在形式上模仿新闻媒体的内容,在传播渠道上却缺乏新闻媒体的编辑规范和流程,从而无法确保信息的准确性和可信度。[22]虚假新闻虽然不是新闻,却有着新闻所要求的"新",利用人们对新事物的好奇心,加上貌似严密的逻辑、近乎完美的形式,有时显得比真新闻还要真。[23]由于人们的猎奇心理,虚假新闻比真新闻传播得更远、更快、更深、更广。[24]

对待虚假新闻可以一分为二地看。首先,虚假新闻是客观存在的。由于个体认知水平存在局限性,他对事物的全面认识并不是一蹴而就的。马克思曾提出"报刊的有机运动",即事实是动态变化的,对其进行揭示需要一个过程。因而虚假新闻是新闻工作与生俱来的一种伴生现象。[25]虚假新闻的产生也有主观因素,在国际政治中常常被作为一种斗争手段,[26]抑或心理战或信息战的一部分,其功能在于维护某个国家或国家内部大部分公民的利益。它不像商业性虚假新闻那样直接触犯公众的切身利益,一般不会引起大众明显反对。[27]虽然虚假新闻是一种常见现象,不能完全禁绝,却应该将其控制在合理的范围之内。[28]

《新闻记者》期刊自2001年开始每年会推出年度虚假新闻报告。该刊在2020年年初公布的"2019年度虚假新闻研究报告"中指出,相较以往,2019年虚假新闻呈现出新的特点与趋势。自媒体的强势而起,社交媒体的活跃,算法推送的助力,这一切使得虚假新闻的边界变得更加模糊,很难区分新闻与信息以及专业与业余,而且专业媒体与自媒体往往会有意无意变成共谋。根据路透研究院2019年新闻报告,55%的受访者担心自己分辨不出网络上的虚假新闻。

在新媒体特别是自媒体快速发展的背景下,由于传媒治理不可避免的滞后性,出现了虚假新闻快速生长繁殖的状况,这对正常的社会舆论生态产生了巨大的冲击和严重危害,尤其是在发生重大事件(如2020年初的疫情)的时候。以人工智能技术为代表的智能技术集群在传媒业的误用和滥用,则为虚假新闻的繁殖起到了推波助澜的作用,值得高度关注和认真对待。

(1) 新媒体乱象。上世纪80年代,计算机技术的发展使"新媒体"成为热词。在Web 1.0时代,该词主要指网络媒体。Web 2.0时代,随着微博、微信等社会化媒体以及智能手机的出现,新媒体的内涵又有了新的变化,手机被认为是除报纸、广播、电视、互联网之外的新兴媒体——第五媒介。Web 3.0兴起后,智能机器人被认为是"第六媒介"。[29]据此可以看出,新媒体的概念在不同阶段指向不同技术。有人认为,为了界定该概念,需关照其源流以及演变过程,并在一定程度上兼容未来发展。因此,这一概念被定义为,"新媒体"主要指基于数字技术、网络技术及其他现代信息技术或通信技术的,具有互动性、融合性的媒介形态和平台。现阶段,新媒体主要包括网络媒体、手机媒体及其两者融合形成的移动互联网,以及其他具有互动性的数字媒体形式。[30]这是2016年的定义,现在来看,定义里至少还需要加上人工智能技术。

近年来,新媒体特别是社交媒体平台上的自媒体乱象频出,如无中生有、移花接木、"洗稿"等,以赚取流量变现。无中生有指的是毫无事实根据胡乱编造;移花接木是指在片段事实的基础之上随意发挥想象;"洗稿"就是对别人的原创内容进行篡改、删减,使其看似面目全非,但其实最有价值的部分还是抄袭的。通过变换表达掩盖抄袭行为。[31]2019年的社交传播圈被两篇自媒体"爆文"刷屏。一篇是《甘柴劣火》,还有一篇是《一个出身寒门的状元之死》,两篇文章都引发了"洗稿"的争论。对于《甘柴劣火》是否涉嫌洗稿,人们出现了完全不同的意见,从侧面反映出目前对洗稿的定义和判断尚未形成共识。而《一个出身寒门的状元之死》引发非议后,出品公司宣布解散。另一个例子是,2020年初《没有澳洲这场大火,我都不知道中国33年前这么牛!》一文的阅读量很快超过2 300万,同时引发巨大争议。文章将澳洲山火和1987年中国大兴安岭火灾进行比较,被认为"是对历史事实、对常识的无知和扭曲。"[32]

根据有关分析,一些自媒体公司旗下拥有多个公众号,它们的定位各不相同,甚至观点彼此矛盾,却常常产生"10万＋"的点击量。有人认为,这种媒体经营模式开创了一个新的自媒体时代,"全方面、多维度收割读者的情绪和立场。如果你用中性客观的态度做自媒体,那么你只会收获争吵不休的评论以及两头读者的同时鄙视;但是你如果用两个对立的观点做两个自媒体,那么你就会收获两个百万级大号和无数打赏"。[33]

这些案例并不是个别现象。编造故事,诉诸情感、贩卖焦虑是很多自媒体的生存逻辑,也是社交媒体平台的游戏规则,目的是获取流量和用户,以便赢得更多的广告收入和更高的估值,内容生产者自然也能分得更多的收益。[33]由于缺乏有效的监督、惩罚机制,点击量就成了最高写稿准则,于是催生了自媒体界的各种怪胎。现阶段的自媒体有点类似于19世纪末西方新闻史上的"黄色新闻"(Yellow Journalism)时期。为了增加发行量,赢得广告主青睐,获得商业利益,以赫斯特(William Hearst)创办的《纽约日报》(*New York Journal*)为代表的报刊业,开始倾向写煽情性、刺激性的"星、腥、性"报道,甚至故意制造事件、随意编造新闻。但是相比黄色新闻,某些自媒体推文的危害更大,它们借助算法推送、即时传播等技术手段,能够在较短时间内挑动社会大众的敏感神经。

由此可见,网络信息技术、人工智能技术的应用开辟了传媒业发展的新空间的同时,一些情况下挣脱了传统新闻伦理规范的束缚制约,从而使传媒治理陷入困境。

(2)部分专业媒体迫于生存压力也加入新媒体阵营,为了赢得话语权和点击率而强行发稿,一定程度上丧失了其应有的严谨性。有的虚假新闻从自媒体爆出,专业媒体甚至都没来得及核实,就转发或加入报道阵营,还有的直接成了虚假新闻的制造者和传播者。例如,2019年12月29日,两家传统媒体根据海外媒体的报道,在其微信公众号上相继刊出报道,称某国要改国名了。而12月30日,该国一个微信公众号刊文对上述信息进行了辟谣,所谓的"改名"只是该国外交部更换了一个徽标。

(3)社交机器人制造传播虚假新闻。在智能传播技术和市场利益的双重驱动下,"智能洗稿"现象大行其道。通过点赞、分享和相关信息搜索,社交机器人可以通过模拟人类账户的方式将虚假新闻的传播影响放大几个数量级。大卫·拉泽(David Lazer)等人根据2017年的一项评估指出,基于可观察到的特征如分享行为、语言特征等,9%到15%的活跃Twitter账户是机器人。这些机器人在2016年美国大选与2017年法国大选期间散布了大量与政治相关的信息,试图影响选举结果。[34]机器人检测将永远是一种猫捉老鼠的游戏,其中大量类人机器人可能不会被检测出来,而且这种机器人的制造者会不断提高它们的反检测能力。因此,机器人的识别将是一项长期的挑战。[34]

3. 人工智能技术误用对虚假新闻的放大与隐蔽

一方面,机器写作以及算法个性化推送在一定程度上助长了虚假新闻的滋长,扩大了虚假新闻的影响范围及危害;另一方面,人工智能又使虚假新闻以一种更加隐蔽的方式被生产和传播,让人难以辨别。这两种情况都属于人工智能技术误用或滥用(见1.2节)。

例如,如果原始数据被污染,或存在篡改现象,由这种数据产生的新闻无法保证其真实性,而社交网络机器人就可以经常性、有目的性地被用于制造数据污染。以2016年美国总统大选为例,有人指控大量网络机器人被部署在社交媒体上,为特定候选人造势。

美国社会科学家乔恩·艾伦(Jon Allem)认为,"为了让舆情研究人员了解到公众的真实态度,就必须确保他们在社交媒体上收集的数据确实来自真人"。[35]人机共谋、篡改数据、截取事实片段、混搭场景、蹭热度、诉诸情感、媚俗化……这种种技术滥用手段使得虚假新闻获得了更隐蔽的生产链和渠道链,更具迷惑性。[36]炮制者经常选择一些具有煽动性、刺激性的内容来生产虚假新闻,这些新闻能够迅速触动公众的兴奋神经,导致高质量新闻被忽视,产生所谓的"劣币驱逐良币"现象。[37]而在这个过程中,公众有意无意之间成了制造、传播虚假新闻的共谋。因为技术的隐蔽作用,维权难、著作权侵权认定难,进而造成惩罚机制的缺位,进一步降低了虚假新闻的生产成本,形成了一个恶性循环。

4. 案例研究

(1)眼见不一定为实,人工智能合成照片以假乱真

2018年,计算机芯片制造商英伟达的一组研究人员在芬兰的实验室创建了一个"假照片"生成系统,它能通过分析成千上万名人的照片,生成看起来逼真、实则无中生有的假照片。此外,该公司的另一研究团队还创建了一个能够更改场景的系统——对在夏季拍摄的街头照片进行自动更改,使其看起来像冬季下雪的场景。至此,眼见不再为实。使用人工智能技术制造假照片已经到了肉眼难以分辨真假的地步。

(资料来源:搜狐网. 从假图片到虚假新闻,人工智能就这样"控制"了我们. https://www.sohu.com/a/215864950_115224。)

(2)利用人工智能自动生成看似可信的虚假新闻

2019年2月,据瘾科技(Engadget)报道,OpenAI的研究人员开发出一种新算法,可以根据几个词语生成看似可信的虚假新闻,而想要证实其真伪,需要对其进行大量的事实核查。相关专家预测,未来用于生产虚假新闻的智能系统从研发到落地可能只需要一到两年时间。

(资料来源:ZAKER. 可怕!AI可以自动生成看似可信的虚假新闻. http://www.myzaker.com/article/5c66224677ac645b9c2fcd96/。)

(3)自媒体时代,新闻反转成为常态

2018年10月28日,重庆万州一辆公交车与一辆小轿车在长江二桥相撞,公交车坠入江中,造成15人死亡。有自媒体作者言之凿凿称,事故的起因是小轿车女司机穿高跟鞋驾驶车辆逆行造成的,引来网上对当事女司机的一片骂声。然而两天后(10月30日),事情随即发生逆转,真相原来是公交车上乘客刘某与公交驾驶员产生争执,两人互殴造成车辆失控引起的。社交平台流量至上,很多自媒体号为了追求流量,继而与平台进行利润分成,随意编造新闻,造成反转新闻时有发生。

(资料来源:观察者网. 2018十大反转新闻事件. https://www.sohu.com/a/282443739_115479。)

6.2.2 社交与伦理

1. 算法偏见与歧视

"算法偏见"指的是相关程序在信息生产与分发过程中失去客观中立的立场,导致片面或者与客观实际不符的信息、观念的生产与传播,影响公众对信息的客观全面认知。[38]算法偏见可能存在于算法生产的每一个环节,具有人为与非人为、有意图与无意图、必然性与偶然性等多重矛盾属性。[39]

(1)算法设计者的偏见

由强力法研发的各种算法在传媒业有很多应用,这种技术是透明的,不是黑箱(见2.2.1小节)。但是,算法设计者的偏见一般是无法避免的,这些偏见有意或无意地造成算法工作原理的偏差。[39]即便设计者主观上力求做到公正、公平,客观上却无法克服自身固有的无意识的认知偏见,而这种偏见通过代码的形式进入算法设计环节。

(2)输入数据的偏见

智媒时代数据思维已经成为媒体人士的基本素养。但任何技术都存在局限性,[40]大数据的固有缺陷是,数据只是对世界的简化,并不能像镜子那样完整呈现客观世界的真实全貌。其次,当代世界已经打上人的烙印,即便数据真实反映了世界的某个局部,仍不能确保人化了的世界是完全中立、客观的。"机器学习的程序是通过社会中已存在的数据进行训练,只要这个社会还存在偏见,机器学习便会重现这些偏见。"[41]另外,数据本身有可能是错误的、片面的或者被有意篡改过的,用这种数据训练出来的算法也就自然而然带有偏见。

(3)算法黑箱

传媒业的人工智能技术大量使用通过训练法生成的人工神经网络,这种网络不具有透明性和可解释性,经常被描述为"黑箱"(见2.2.2小节)。即使是专业的研发人员,也无法完全控制人工神经网络的运行,传媒业的使用者更加难以理解和控制这种网络的运行及其结果。

(4)偏见的结果与解读

偏见引发的问题之一是"算法歧视"(见3.3.1小节)。在媒体应用中,由于算法的设计理念、用途及标准设定等都带有设计者与使用者的主观色彩与价值追求,因而难以避免算法歧视。另外,人机互动也会造成算法偏见习得。人工道德智能体(Artificial Moral Agents,简称"AMAs")的研究发现,机器学习人类语言能力的过程,也是习得种种偏见的过程。完备的AMAs并未诞生,现有技术无力对偏见进行"有意识的抵制"。[42]2002年韩国软件开发工作室ISMaker推出了一款Simsimi聊天软件,其造型像一只小黄鸡,用户可以教Simsimi学习新的句子。随着词汇量的增长,Simsimi开始给出很粗俗的回复,有的甚至带有种族歧视色彩。微软也遇到过类似问题,它的聊天机器人Tay可以通过和网友们对话来学习怎样交谈,但是不到一天Tay就因为满嘴脏话而被紧急关停。

(5)传统"把关"机制的失灵

算法偏见的产生与信息流通过程中传统"把关"机制的失灵也有密切关系。"把关人"(Gatekeeper)一词最早由美国库尔特·卢因提出。他认为在群体传播过程中,存在着一些把关者,能够根据某种规范对信息内容进行筛选。把关模式中的主体通常是在媒介组织中处于战略决策位置的人员,如编辑等。他们对新闻的适当性作出判断,并相应地决定

"打开大门"还是"关上大门"。[43]在智媒体时代,传统的把关范式受到了颠覆,在一些情况下出现了从人工编辑向智能算法的让渡。[44]但是,由于智媒体时代伦理规范的滞后性以及技术水平的限制,目前的算法并不具备"把关"的能力。在这样的情况下,放弃人工把关显然是相关媒体在管理上的严重失职,而不应归咎于人工智能等技术的应用。可见人工智能伦理问题绝不仅仅是伦理准则的问题,而是涉及整个伦理体系建设的问题(见1.2节)。

2. 信息茧房与拟态环境

(1) 信息茧房

互联网发展的早期阶段,美国计算机科学家尼古拉斯·尼葛洛庞蒂(Nicholas Negroponte)就在《数字化生存》一书中预言"the Daily Me(我的日报)"的出现。这是一份完全个人化的报纸,每个人都可以自主挑选喜欢的主题和看法,[45]the DailyMe是一个完全个人化设计的传播包裹,里头的配件都是事先选好的。[46]

The Daily Me满足了个人对信息的个性化需求,然而却带来一个严重的问题,即"当筛选的力量没有限制时,人们能够进一步精确地决定什么是他们想要的,什么是他们不想要的。他们设计了一个能让他们自己选择的传播世界",[47]即"信息茧房"(Information Cocoons)。美国学者凯斯·桑斯坦(Cass Sunstein)在《信息乌托邦》一书中指出,当人们只听他们自己选择和愉悦他们的东西时,他们也就亲手搭建了一个自我的信息茧房。[48]

信息茧房产生的最根本原因来自对信息的过滤。桑斯坦认为,信息过滤自古有之,和人类本身一样的古老。每个人每时每刻都在对周围大量的信息进行过滤筛选。而随着技术的进步,信息超载,太多的信息、观点、话题与无数的选择,超载危机和过滤的需求是相伴而生的。[49]客观来看,"信息茧房"是信息过剩时代个体的某种自我保护,是海量信息差异化消费的必然结果。[50]传统媒体时代,信息茧房问题并不突出,因为除了大众媒体之外,人们还可以通过其他渠道一起来建构对这个世界的认知;同时由于各种媒体定位不同,传递的声音也不一样。然而随着人工智能等技术的发展,信息个性化推送成为常态,信息茧房现象开始引起关注。桑斯坦提出,信息茧房是一个"温暖、友好的地方,每个人都分享着我们的观点。但是重大的错误就是我们舒适的代价,茧房可以变成可怕的梦魇"。[48]信息茧房会带来以下问题。

首先是桎梏了信息的自由流动,人变成"容器人"。[51]"容器人"由日本学者中野牧于1980年提出。他认为,现代人被大众媒介所包围,其内心世界已经变成一种类似"罐状"的容器,处于孤立与封闭状态,慢慢失去批判质疑的能力,变成单面接收信息的大容器。基于算法的搜索引擎创建了一个我们每个人独特的全局信息,在算法的过滤之下,我们自认为看到了事情的全部,但实际上,我们始终只是沉浸在自己所偏好的信息世界里,[52]失去了质疑批判的能力,成了"容器人"。正如"有些精神病学家指出的,我们每个人都会筑起自己的空中楼阁,但如果我们想要住在里面,问题就出现了"。[53]如果选择性交往导致一个人把其他人当实用性的客体去接近,只愿意接近对方那些让自己感到舒服、有趣、有用的一面,长此以往将会丧失正常的社交能力。

其次是"数字鸿沟"(Digital Divide)问题。由于受教育程度、对智媒体的持有能力、技术发展、经济能力等各种条件的不同,人与人、社会群体以及国与国之间很可能会出现数字鸿沟。个人群体层面的数字鸿沟会影响知情权、参与权的享有或行使,可能把一部分人排除在"公共事物的讨论和决定过程之外"。[54]占用大数据、算法和智能媒介可能成为一种社会资本,造成阶层固化,个人想跳出自己的阶层变得越来越困难。而国与国之间的数字鸿沟会加剧国际传播失衡螺旋,造成强者更强弱者更弱的马太效应,引发新的霸权主义。

再次是公共空间、场域的撕裂,导致"社会粘性"(Social Glue)的丧失。桑斯坦认为,信息茧房会导致社会大众分裂聚合成一个个"鸡犬之声相闻、老死不相往来"的小集团。身处其中的人往往只与兴趣相投的人互动。长此以往,会"引起相互理解和沟通上的障碍,导致公共性丧失甚至无序化"。[54]人工智能技术强化了互动,但真实世界的互动常常伴随不可控的不同因素,使人从经验分享中获益,而信息茧房铸就的虚拟世界则限定了交流情境,清除了其他要素,因而偏向同质性。[55]同质化空间不利于信息的流动,久而久之导致公共场域呈现原子化撕裂状,"社会粘性遭到腐蚀"。[56]

（2）拟态环境

"拟态环境"是信息茧房的变种。美国著名传播学者沃尔特·李普曼（Walter Lippmann）认为拟态环境是楔入在人和环境之间的一种界面式存在。[57]大众媒介通过对诸多信息的选择、加工与组合,向社会大众展现的是"象征性现实",而非存在于真实世界的客观现实。

最初的"拟态环境"主要是由传播者营造的,他们依据机构定位、组织意志以及专业框架向大众展示重新结构化的信息环境。[58]大众接收到信息,并以此作为行动的标准和认识世界的依据。当人们开始习惯通过媒介来认识周围环境,而不是与世界进行直接接触,拟态环境就成了人与世界的一种中介性存在。进入智能传播时代,此种现象更加突出。20世纪60年代末,日本学者藤竹晓提出了"拟态环境的环境化"概念。"拟态事件"经由大众传播渠道输出后,逐渐变成普遍的社会现实。[59]当我们对世界无法全面认知,但又同时通过信息茧房和拟态环境来改造世界,自然而然出现拟态环境的环境化现象。媒介塑造出来的世界逐渐变成这个世界应该如何存在的模型。[60]我们可以用法国学者罗兰·巴特（Roland Barthes）的话来解释智媒体是如何赢得这种"神话"地位的。巴特认为,当人们以对待神话的态度看待世界,就不会对其有任何质疑,因为神话已经内化成为人们的一种价值观。长期处于信息茧房和拟态环境中,人们根本意识不到智能媒介提供给我们的特殊视角,因为它已经变成一种神话式存在。

3. 群体极化与网络暴力

算法推荐可导致信息的单一化与同质化,从而形塑一个个有共同兴趣爱好的虚拟群体,极易引发"群体盲思"(Group Think)现象。群体盲思指群体在决策过程中,由于成员过于追求共识,因而整个群体没有不同的声音。最早提出该概念的欧文·詹尼斯(Irving

Janis)[61]认为,"群体盲思(Group Think)现象会促使群体成员彼此施加压力,导致极端主义或错误决定,而不是正确选择,也就是所谓的"群体极化"(Group Polarization),即"团体成员一开始即有某种偏向,在商议后朝偏向的方向继续移动,最后形成极端的观点。"[62]

一方面群体促进身份认同,放大错误。群体内部大多数成员的认同会增加个体自信,从而使某种观念得到强化;而当个体有认同感,反过来群体极化会得到加强,形成个体的认知错误在群体层面n倍放大效应。且每个群体里都有意见领袖,与传统意见领袖相比,因为智能时代信息实时传播,无远弗届,虚拟网络意见领袖"更具创新性、感知能力较强、能对事件持久涉入并产生开拓性行为",[63]更易造成虚拟群体极化。

另一方面还可能产生沉默的螺旋效应。德国学者诺尔·诺伊曼(Noelle Neumann)认为,在一个群体中,当一方表明自己观点时,另一方很可能不愿公开自己的观点,保持沉默。这样优势意见占据明显的主导地位,其他的意见则从公共图景中完全消失。[64]简言之,"沉默的螺旋"通过形成一种"意见气候"来影响和控制舆论,导致"消声效应"(Silencing Effect)。这和勒庞在《乌合之众》一书中的观点相似,人群总是趋向于"大多数一致性的意见",在智媒体时代,这样的"共鸣效果"显得尤为突出。[65]

社交媒体助力,算法精准个性化推送,人们更容易听到志同道合、与自我意见相似的言论,代价是使自己更加的孤立。人们呆在这样的虚拟共同体中,结果不是好的信息聚合,而是坏的极化。[66]从美国的"占领华尔街"运动"到阿拉伯之春",很多群体极化事件都是先在社交媒体上发酵,再在线下大规模爆发,影响力之大、席卷范围之广可导致事态失控。

群体极化会引发网络暴力。网络暴力是一种新型暴力行为,可导致当事人的名誉权、隐私权等人格权益受损。[67]由于网络身份具有虚拟性、匿名性,从众心理更强,因而网络空间极易滋生暴力现象,"侮辱、谩骂、诽谤以及窥探、曝光隐私,造成当事人精神或实质受到伤害"[68]。再加上智能算法聚合信息,大大增加了网络暴力的强度。

4. 案例研究

(1)社交平台基于算法进行内容推送

以今日头条、趣头条等为代表的内容智能分发平台基于算法技术,为用户提供精准化的"私人定制"服务,这看似满足了用户多样化、个性化需求,却引发人们对根据用户偏好推送信息会不会造成"信息茧房"效应的担忧。长期接收看似丰富实则单一的信息,用户很可能被束缚在自我编织的"蚕茧"中,无法较客观地认知自我与外部世界,或将引起群体极化甚至网络暴力。

(2)社交平台与搜索引擎中的算法偏见

2014年Facebook推出类似于Twitter(推特)的话题榜功能,可实时显示热门词汇。然而,据一位曾在Facebook工作的员工爆料,"话题榜"的结果并非由智能算法单向决定,还受到人工编辑的影响,其中保守派新闻受到打压。除了社交网站,有网友发现,在谷歌搜索引擎输入关键词"CEO",会出现一连串男性白人面孔;当关键字换成"黑人女孩",却出现大量情色内容。

（资料来源：腾讯研究院．算法偏见：看不见的"裁决者". https://www.huxiu.com/article/332033.html。）

（3）人工智能劝人自杀事件

亚马逊的语音助手Alexa，和百度的小度同学和小米的小爱同学一样，受到很多国外家庭的欢迎。然而2019年底，Alexa音箱被爆出"劝人自杀"事件。某护理人员就一些心脏健康问题咨询Alexa，它却给出这样的建议：人活着会加速自然资源枯竭，造成人口过剩，这对地球来说不是好事情，所以心跳不好的话，如果为了更好，请把刀子捅进你的心脏。对此亚马逊方面称，这是Alexa程序存在漏洞导致的。智媒体引发的诸多伦理问题不容小觑。

（资料来源：搜狐网．智能助手劝人自杀，心跳是人体最糟糕的过程，为时已晚. https://www.sohu.com/a/362016141_100142761。）

6.2.3 隐私权悖论

"隐私悖论"（Privacy Paradox）是指人们的隐私担忧和关注程度与其实际隐私保护行为存在不一致。人们一方面对个人信息的流失表示极度担忧，另一方面却在信息生活中不断让渡关于其身份、偏好、行踪、健康和社会关系的信息，以获取服务享用权，从而更好地融入基本的社会生活。[69]造成隐私悖论现象的原因与智媒体时代新技术的误用和滥用密切相关。"技术和媒介的关系就像大脑和思想一样。大脑和技术都是物质装置，思想和媒介都是使物质装置派上用场的东西。一旦技术使用了某种特殊的象征符号，在某种特殊的社会环境中找到了自己的位置，或融入到了经济和政治领域中，它就会变成媒介。换句话说，一种技术只是一台机器，媒介是这台机器创造的社会和文化环境。"[70]但是，现有人工智能技术是不可能独立地创造出作为"社会和文化环境"的"媒介"的（见2.2节和2.3.1小节），即使与其他新技术结合也不可能，必须借助于媒体和技术开发商的人工干预才可能实现。所以，在智媒体时代，媒体和监管机构更不能弱化甚至放弃自己应当承担的治理和监管职责，把责任完全推给新技术的应用。

1. 智媒时代媒介文化：分享、表演性、娱乐体验性

相较传统媒体，智媒体带来的媒介文化有三大特点。首先是分享，这是电子媒介文化最鲜明的特征之一，是彰显个体存在感与价值的手段，也是建构自我形象以及与他人建立关系的"道具"。[71]媒介不再只是认识世界的窗口，也是自我建构的一种手段，以及建立社交网络、获取社会资本的一种渠道。分享也会使人容易受到社交圈中他人信息的影响，反过来形塑自己的价值观，将他人对自己的评价作为衡量个人价值的标准。[72]

其次是表演性。美国社会学家欧文·戈夫曼（Erving Goffman）认为，社交互动是一种拟剧化的"表演"。人们通过智媒体交往，实质上是选择性展示自己想让别人看见的一面，而隐藏不愿意让别人看到的另一面。人工智能直播其实就是表演式文化最好的代表。直播现场相当于一种"表演空间"，这种现场感更多来自对私人空间的开放。直播中通过对"后台"的展示，满足观看者的窥私欲，制造更加显眼的"前台"效果。[73]人工智能智能标签服务让直播观众可以更快地搜索到自己感兴趣的主播,而主播利用人工智能美颜等手段全方位展示自己的直播现场,优化直播画面与内容,两方面因素共同助推了这种表演式文化。

再次是娱乐体验性。智能新闻机器人、智能音箱、智能家居等的产品推出,大大提升了人机交流体验感。VR/AR在人工智能的助力下,用虚拟的方式给人以真实感,使虚拟世界成为现实世界的延展,人也从"身临其境"变成"虚拟在场"。沉浸式体验加上场景化展示,人们对现场、在场、此时此地身临其境的体验式享受追求已经被技术推向极致。这样的媒介文化催生了隐私权悖论。

2. 隐私权悖论

隐私权悖论折射出这样一个伦理困境——隐私保护与隐私让度之间的矛盾不可调和。一方面是对隐私的强调和重视,智媒体时代"人们对公众的关注变得更加敏感,孤独和隐私显得愈加重要";[74]另一方面是对隐私的让度,以换来信息使用的方便。无处不在的智能设备与日益精进、隐秘的监控技术,在为信息社会的参与者提供便捷的同时,正在驱动新的社会控制;人们在积极参与信息生活的同时被迫不断放弃对个人信息的掌控。[75]侵犯隐私会让人"遭受精神上的痛苦折磨,程度远超过身体上的伤害所带来的疼痛感"。[74]

技术的发展使个人对自我隐私的保护从拥有绝对自主权转向相对自主权。最早论述隐私问题的学者之一艾伦·威斯汀(Alan Westin)在《隐私与自由》中将隐私定义为"个人、团体或机构自行决定何时、如何以及在何种程度上向他人传达有关他们的信息"。[76]这是从自由主义理论视角认为个体对隐私有绝对的自主权。但是人工智能渗透到生活中的方方面面,媒介对个体生活的入侵也无孔不入。齐格蒙特·鲍曼认为"液化"的力量从"制度"转移到"社会",[77]人机的界限、真实与虚拟的界限都被打破了,私人领域与公共空间的边界趋于消融,个体成为行走的数据生产者,已无法对自己的隐私拥有完全的掌控权。

3. 人工智能时代的其他伦理挑战

除了隐私权悖论,智媒体时代还出现另外两重伦理困境。第一重困境:对智媒体的评判和道德之间出现分离。例如,个人或群体信息资料一旦进入大数据库,即刻变成"中立信息",可以由技术人员按照理性原则进行处理使用。换言之,软件设计师对数据的评估与处理是基于理性原则,因而其角色是"道德中立的"。第二重困境:远程造成道德钝力感,人和行动后果之间的情感联系被远程操控剥离。波兹曼认为,不管口头文化、印刷时代,还是电子媒介时代,信息的重要性都在于它可能促成某种行动。但是自电报技术出现后,信息与行动之间的关系"变得抽象且疏远起来了。"[78]技术的发展使信息与行动有一定的时间差,而且这个间隔越来越长。这就是所谓的钝力感。人工智能增强了媒介的场景化,让人们离新闻信息更近,看似身临其境,其实已经将信息脱离了行动交往的真实语境,构建的是伪语境。伪语境最大的功能不是提供行动或解决问题的方法,而是娱乐,是为了让片段化信息获得一种表面的用处。[79,80]

4. 案例研究

（1）社交网站成为数据泄露重灾区

2019年9月美国有线电视新闻网（CNN）报道称，Facebook用户数据再度失窃。近4.19亿Facebook用户的电话号码、姓名、所在国家等个人信息出现在一个不受保护的在线数据库中。这是继剑桥分析公司数据丑闻之后，涉及Facebook的又一起用户隐私大规模泄露事件。社交媒体收集用户信息以对其进行精准的用户画像，然而却并没有对相关数据采取严格的保护措施，从而导致个人信息泄露事件屡屡发生。

（资料来源：新浪网．超过4.19亿笔脸书用户信息网上曝光．http://finance.sina.com.cn/stock/relnews/us/2019-09-07/doc-iicezueu4057103.shtml。）

（2）人工智能看手相与人工智能视频换脸术

2019年，一款名为"微算手相"的测试火爆微信朋友圈。用户通过扫码进入测试页面，上传右手照片即可一键生成带有自己头像的海报，分享出去就能查看到测试结果。上传的手部照片会不会被从中盗取指纹？人工智能面相、手相测试大热的背后是涉嫌泄露个人隐私问题。随着人工智能技术的进步，视频也实现了换脸技术。2019年8、9月份，一款名为"ZAO"的应用在朋友圈大受欢迎。只需要在手机上安装该应用，就可以在给出的视频模板中一键"换脸"，也就是将甲的脸部样貌移至乙的脸上。2019年年初，有人借助"人工智能换脸术"，将一段94版《射雕英雄传》视频中黄蓉的扮演者朱茵的脸换成杨幂，替换后人物的表情动作毫无违和感。

（资料来源：腾讯网．起底人工智能看手相行业：小心个人隐私泄露！https://new.qq.com/omn/20190808/20190808A0SLUA00.html。

36氪．人工智能换脸视频不能随便玩了，新规明年起施行．https://baijiahao.baidu.com/s?id=1651776768076872295&wfr=spider&for=pc。）

6.2.4　人的异化现象

"异化"（Alienatio）一词最早见于中世纪经院哲学家圣·奥古斯丁的著作。[81]一般说来，所谓异化是指主体成为他物，是主体的自我丧失状态。[82]

可以从工具理性和价值理性角度来思考人工智能化媒体对人的影响。马克斯·韦伯认为，"完全理性地考虑并权衡目的、手段和附带后果，这样的行动就是工具理性的"。价值理性是"将价值观念一以贯之地体现在具体的行动进程中"，"完全是为了理性地达到目的而与基本的价值观无涉，这样的行动取向实际上也并不多见"。[83]最理想的状态是价值理性与工具理性保持适度张力，这是一种人机和谐状态。然而由于人们对工具理性的过度追求，人反而被物化了。特别在众媒时代，人人追求极致的身体享受，只接收和传递自己感兴趣的东西，缺乏理性批判，逐渐成为马尔库塞笔下"单向度的人"，即从双向度思维转向肯定性单向度思维，无法正确认识自己及周遭世界。

在智媒体时代，由于技术误用或滥用、人工智能伦理滞后和治理不力，上文提及的各种问题正在使人的异化问题出现新情况和新挑战。

1. 人机关系失衡：机器与人从背景关系转向它者关系

美国哲学家唐·伊德(Don Ihde)根据人的感知将人和技术的关系分为四种：具身关系、诠释学关系、它者关系与背景关系。在前三种关系中，技术处于中心和前景，而在最后一种关系中技术处于边缘和背景。唐·伊德认为前三种可以区别开的关系构成了一个连续统。在这个连续统的一端，是描述技术接近准我的具身关系。如我和眼镜的关系，戴的时间久了，就会忘记眼镜的存在；连续统的另一端是它异关系，技术成为准它者，或者技术"作为"它者与我发生关系。处在中间的是诠释学关系，如通过温度计感知屋外的温度。可以用下面的形式来描述这些关系：

人—技术—世界关系

变项1：具身关系 （人—技术）→世界

变项2：诠释学关系 人→（技术—世界）

变项3：它异关系 人→技术—（世界）[84]

第四种背景关系指的是，系统一旦开始运转，人们就会很少注意到技术的功能，其仿佛抽身而去变成背景，退到了一边，成为人经验领域的一部分，与环境融为一体。[85]在这种情况下，技术虽然不是处在前景核心位置，却也能"调节着居民的生活环境"。[86]

我们可以用唐·伊德的理论来描述人工智能对媒体的改造。随着人工智能技术的推广应用，人与媒体的关系逐渐从具身关系、诠释学关系转向背景关系。处在其中的人意识不到自己被各种智媒体包围。人工智能的发展使人际传播和大众传播紧密融合，传播形态出现了麦克卢汉所说的"处处皆中心，无处是边缘"。在这样的大背景下，技术自然而然看似从"在场"抽身离去，变成背景。然而，一旦媒介运转失灵，人机关系即刻转向它者关系。"它异关系的例子之一是高技术失效。人—技术竞争会出现。"[87]譬如脑机接口，植入芯片一旦失灵，技术就成为了与人对立的它者。

2. 人工智能媒介是座架，出现个体劳动异化与社会交往异化现象

德国哲学家马丁·海德格尔(Martin Heidegger)提出，技术的本质是"座架"(Gestell)。他说的座架包含两层意涵：一是"放置""展现在眼前"；二是"促使""责令"。[88]"座架"是一种先验性存在，就像空气、阳光和水，人身处其中无法逃离。海德格尔认为现代技术把一切都变成了物质，降格为单纯的材料，把一切都齐一化和功能化，并加速着主客体两极化，包括人也变成了原料。[89]

这其实是当下智媒体时代的真实写照。液态监控无处不在、无时不有，个体是大数据中的一个小数据，被卷入不断迭代的算法之中。而人们对自己的处境浑然不觉，自以为可以主宰世界，于是心安理得地处于座架的促逼之中，察觉不出自己生活在技术构建并统治的人工自然中，结果是"背离了自己的本质，也就不可能和自己照面，从而变得无家可归"。[90]换言之，当人类利用智媒体去认识现实世界，却由于过度依赖智媒体，渐渐丧失对它的控制，反而成了智媒体技术座架下的持存物——人被物化了，于是出现人的异化现象。譬如利用AI＋VR，打造虚拟现实，进行虚拟新闻报道与虚拟社交，将会出现个体劳动异化现象。劳动是对外输出劳动量或劳动价值的人类活动。但AI＋VR的发展在很大程度上解放了人类。虚拟世界挤占了真实世界的空间,人们的很多体验、经历都可以在虚拟空间完成,很多劳动也就变得没有意义了。其次是社会交往的异化。虚拟世界里人与人的交往可以用替身来完成。虚拟世界里的"我"也就是人替,可以代替现实中的我,去交朋友去做很多事情。根据英国"当代文化研究之父"斯图亚特·霍尔(Stuart Hall)的编码解码理论,虚拟自我将想要表达的信息编码成符号,另外一个虚拟他人将符号解码成另外一种信息。这种信息脱离了生活中具体的语境,完全在虚拟空间中进行,接受者对信息的解读就有了无数种可能。而接受者的反馈经过编码解码,虚拟自我接收到的信息也有了无数可能性。一来二去,虚拟世界中这种信息传播与交流严重失真,社会交往异化现象泛滥。这就是为什么很多网络恋人见面后无法接受对方,很多虚拟友谊无法延续到真实生活中。根据库利的"镜中我"理论,人对自我的认识主要是通过与他人的社会互动形成的。而当你面对的是虚拟对象,进行的是虚拟交往,又如何正确认识真实世界里的自己呢?

3. 身体伦理挑战

人的异化还包括身体伦理挑战。德国生物人类学家阿诺德·格伦(Arndd Gehlen)认为,从人的生物学领域来看,人与动物的最大区别在于人的未特定化或非专门化。正是因为这种先天缺憾,使人类能够从自然链条中凸显出来,用后天的创造来弥补先天的不足[91],而这种创造活动就是对技术的使用。当人类开始使用技术,譬如用火烧熟食物,身体逐渐从自然阶段过渡到人工阶段,即技术化状态。然而随着技术的进步,特别是现在人工智能的发展,身体伦理挑战日益凸显。

首先,技术进化与身体进化的不同步。身体与技术相互驯化趋势是身体主导→身体与技术协调共生→技术占绝对优势。技术与身体一样,在哲学史上皆处于"缺席"的尴尬状态下。技术向来没有进入哲学思考的核心,吴国盛把这一现象称为"技术哲学的历史性缺席"。[92]早期技术与身体的关系,身体占主导地位。随着科学技术的发展,身体与技术开始相互建构、驯化。但是身体进化的速度远远落后于技术进化的速度。其次,技术发展的超前与伦理规范的滞后。现代技术发展与伦理规范之间一直没有形成有效的张力。再次,身体进化、技术进化与文化进化之间脱节。身体是一种技术性存在,也是文化性存在。美国社会哲学家刘易斯·芒福德(Lewis Mumford)认为,技术之所以造成诸多问题,是因为文化的发展跟不上技术发展的步伐,导致没有更好的文化来整合技术。身体层面的伦理问题主要有以下几方面:

身体的自由与异化。智媒体在一定程度上使身体实现了最大化的自由,还是成了身体的桎梏,甚至是"杀死"身体的推手呢? 马克思指出,随着生产力的极大发展,人可以实现全面自由。然而也有技术悲观派。法国著名学者雅克·埃吕尔(Jacques Ellul)认为,技术具有自主性,现代人不能选择他的手段,就像不能选择他的命运。技术把人降级为技术动物。[93]技术是海德格尔眼中的"座架",是一种先验性存在,人类无法逃避技术带来的影响。泛媒时代,连人自身也成了媒介。脑机接口技术一旦成熟,个体就成了一个可以实现信息自我传递的高效智能媒介。最近几年学术界流行一个词——"人类纪",足以证明对技术发展所带来负面影响的忧虑已渐成为一部分人的共识。

在场与缺席。人工智能化媒介极大压缩了时间与空间距离,身体的缺席已经成为常态;另一方面,虚拟技术的日益成熟,人们在虚拟空间获得了前所未有的真实感与在场感。身体缺席,心理在场,身体与心理之间的割裂异常凸显。

身体与政治。技术不是价值无涉的,相反是负载价值、有意向性的。埃吕尔认为,技术系统不承认除技术发展和规则之外的任何法则和规则。技术把自己变成了一个超级权威。[94]从本质上来说,身体是一种特殊形式的技术人工物。也就是说人的身体极有可能被人为或技术操纵。传播学中因信息传播的不对称会产生"数字鸿沟"现象。随着人工智能技术改造身体的力度越来越大,不同国家、地区、民族会出现身体层面上的"技术鸿沟"。

面对人的异化(包括以上三个问题)和其他人工智能伦理问题,目前国内外主要处于提出问题的阶段。因此,下一步的重点任务是进入解决问题的阶段。

4. 案例研究

(1)虚拟新闻渐成气候

在AI与VR技术助推下,虚拟新闻已经成为一种流行新闻报道样态。美联社、《纽约时报》、法新社、新华社、央视等国内外重要新闻机构都迈出了进军虚拟新闻的探索性步伐,各大主流视频网站也纷纷推出虚拟频道。虚拟新闻能够让观众身临其境,以第一人称视角沉浸式体验新闻故事,且具有极强的交互感,打破了现实与虚拟的界限。

(2)全色盲症患者"变身"全球首个半机械人

身体美容术、修复术现在已经被越来越多的人接受,尝试将芯片植入大脑的脑机接口技术研究也取得了一定进展。来自西班牙的尼尔·哈比森(Neil Harbisson)11岁时被诊断为"全色盲症"。21岁那年,他在自己的头骨上植入了一款类似天线的"假体"(eyeborg),该假体可以帮助哈比森感受到五颜六色的世界,他也成为全球第一个被官方承认的半机械人。越来越多的人开始积极追求生理与人工智能技术的融合,以克服先天缺陷,寻求新的感官体验。

6.3 对策探索

技术带来的好处与弊端是硬币的两面。网络技术、信息技术和人工智能技术已经彻底重塑了传媒业,促进其进入智媒体时代。一方面,这些新技术的正当应用对传媒业的发展产生了积极的推动作用,带来了巨大的新机遇;另一方面,这些技术的误用和滥用也带来了严重的新风险和新挑战,造成了严重的不良后果。为此,必须建立智媒体时代的伦理规范和治理体系,依据新的伦理规范区分新技术在传媒业的正当应用和非正当应用,并依靠新的治理体系,一方面推动新技术的正当应用,另一方面消除或最大限度地减少非正当应用及其不良后果。这是当前传媒治理的最大课题和当务之急。

1. 人工智能的解蔽功能

海德格尔认为,"现代技术是一种解蔽,但贯通并统治现代技术的解蔽具有促逼意义上的摆置之特征。开发、改变、贮藏、分配、转换是解蔽的方式。"[95]此处解蔽的主导权在技术,而技术是双刃剑,利用好了也可以成为人得力的工具。依据现有人工智能技术的发展水平(见2.2.3小节),其解蔽功能主导权本来就应该掌握在人类手上,这样就可以在很大程度上处理和化解智媒体时代的伦理危机。下面介绍一些正在进行的探索。

(1) 人工智能引领"事实核查"趋势

人工智能技术加上具有极强专业素养的新闻工作者,两股力量的配合可以有效降低虚假新闻传播的风险。20世纪20年代,事实核查制度率先在美国兴起,代表性媒体是《时代周刊》和《纽约客》杂志,它们主要侧重对新闻内容进行事前检查把关。随着互联网技术的发展,事实核查型新闻开始出现。如今事实核查栏目与平台已成为媒介舆论生态中的一支特别力量,如《华盛顿邮报》的Fact Checker栏目、PolitiFact和Storyful网站等。[96]Storyful网站利用信息监测工具Newswire,主要针对社交媒体(Twitter、Facebook、Youtube、Instagram等)上发布的UGC(用户生产内容)新闻内容,如图片、文字、视频等素材进行核查。Newswire利用大数据与算法分析技术,将可能具有新闻价值的重要素材推送给人工编辑,由编辑凭借自己的专业素养,判断哪些内容真正具有报道价值。与此同时,团队还会利用各种技术对素材真伪进行核实。最后,Storyful会与信息的发布者联系,进行确认,并为视频内容打上"清楚""等待回复""已授权""无回复"等标签。[97]国内媒体近年来也在进行类似尝试。例如,2011年人民网创办的"求真"栏目;2017年腾讯推出的"较真"平台,与微信公众号"全民较真"及小程序"较真辟谣器",构建辟谣传播矩阵;2018年中国互联网联合辟谣平台上线,形成了对网络谣言"联动发现、联动处置、联动辟谣"的新工作模式。[98]

另一种正在尝试的途径是,通过人工智能技术让机器人通过自主学习,判断信息的真假。在这方面的先行者是《华盛顿邮报》。2013年,该报推出"说真话者"项目,主要通过人工智能技术"刻录"政治演讲,并基于数据库信息来验证演讲者是否说谎。Facebook也尝试通过不断提高机器学习算法的准确性,快速识别虚假新闻或疑似虚假新闻的信息,并将其交给第三方机构进行核查。此外,Facebook还推出"相关文章"功能,在平台准确性存疑的热门内容下方附注"相关文章",包括观点各异的文章,以及第三方机构的事实核查报告。Facebook还鼓励用户主动参与到打假行动中,如果用户在评论或反馈中提到某则消息是捏造的,为它打上"不可信"的标签,Facebook系统中将不会出现该条消息。整个过程没有人工直接参与,全部由设定好的算法完成。[97]技术水平的提升使得事实核实速度加快,效率变高,缩短了虚假新闻的传播时间,减少了其可能带来的负面影响。

(2) 基于人工智能的新闻分发平台成突破口

随着人工智能技术和区块链技术的推广应用,可以利用人工智能、机器学习、大数据分析等技术,构建健康的社交平台"新闻生态系统",以支持对虚假新闻从生产、传播到打假的全过程。在这个生态系统中,既有虚假新闻的生产、传播,也同时进行着对虚假新闻的核查、反击,人工智能专家、自媒体、专业媒体、普遍民众共同参与。2020年初有关冠状病毒的部分虚假新闻刚推出不久,就有很多民众自发核实,并予以辟谣。韩国Bflysoft公司力图打造基于人工智能和区块链技术开发的公正、透明的新闻信息分发平台。先基于大量数据分析,对新闻的真实性进行判断,再通过区块链进行大范围传播。由于区块链交换的信息具有不可随意修改的特点,这就对真实新闻的传播提供了信任保障。AI+区块链,打造生产传播完整的新闻平台,将成为抑制虚假新闻的有效手段。

(3)主动与被动的算法透明性

透明性指一个组织通过允许其内部活动或绩效处在外部行为者监督之下的方式,积极地公开自身信息。[99]在新闻伦理中,透明性被视为"新闻业内部和外部人士对新闻流程进行监督、检查、批评,甚至介入的各种方式"[100]。美国德克萨斯大学奥斯汀分校媒体互动中心曾携手McClatchy报业旗下的三家媒体进行过这样一个实验:在每篇报道页面后添加一个"幕后"卡片。卡片内容包括为什么做这篇报道,确定好选题后如何操作,采访了哪些人,以及报道还存在哪些缺陷。实验结果表明,提供采访报道的幕后故事进行有效的信息补充,能够有效地提升用户对于媒体报道的信任感。

算法透明的根本是实现"三个公开":公开信息优先排序的准则、公开用户画像生成的关键要素以及关联的阈值。[101]算法透明有主动与被动之分。"主动的算法透明"是指新闻生产者主动将算法的运行机制与设计意图公之于众,接受社会监督。"主动的算法透明"的优点在于,公开算法设计与应用中的局限,对于技术方来说,可以规避一些风险,例如不必为错误的预测或产生的偏见结论负责;[102]对于媒体方来说,可以重塑媒体与用户间的信任,提升媒体品牌形象;对于公众来说,可以调动自我参与公共事务的积极性,同时更好地保护自己的权益。然而由于种种原因,目前媒体机构主动公布算法的案例并不多见。这恰恰表明,算法透明是未来传媒业健康发展的一个重大课题。

被动的算法透明,即依据法律规定、按照法律程序公布有关算法的全部或部分内容。在新闻生产中,如果公众怀疑或发现某种算法涉嫌种族歧视、性别偏见、误导公众等情况时,可依据所在地法律规定强制要求媒体机构披露该新闻算法运行的相关信息,以保障公众的"知情权"。2018年5月欧盟推出《一般性数据保护法案》(General Data Protection Regulation,简称"GDPR"),其中用户享有申请某项基于算法得出结论的解释权。不过该法案的实际效力却屡屡受到质疑,其能否从根本上保障算法透明度有待观察。[102]

2. 人工智能时代的媒介责任论:自治原则、善意原则、公正原则

人工智能时代对专业新闻工作者提出了多方面的新挑战。"事实是,这些数据流将会像社交网络的兴起一样,成为新闻业的重大变革。新闻编辑室的兴衰将取决于实时信息的记录以及收集和共享信息的能力。"[103]随之而来的是伦理问题。许多社会科学伦理关注个人的权利和责任,因为每日每时无数网络用户在没有知情同意的情况下被采集了数据。数据从社交网络、互联网中心和智能手机应用程序流入这些系统,然后这些数据被聚合和解析,并被用于定向广告。即使这些数据库由政府机构使用,通常也只有防止滥用的政策保护。传统的社会科学关注的是身体上的伤害,而不是信息上的伤害。面对这种技术上的转变,社会需要重新思考道德原则是如何执行的、应该如何执行。美国学者约书亚·费尔菲尔德(Joshua Fairfield)和汉娜·施泰因(Hannah Shtein)基于英国伦理学家戴维·罗斯(Dqvid Ross)的伦理理伦提出了一个伦理责任原则构成框架,即传媒伦理应由自治原则、善意原则和公正原则,并允许一定程度的灵活性,以适应新技术发展带来的各种挑战。

著名的"贝尔蒙特报告"(Belmont Report)曾将这三大原则编入社会科学研究的指导方针。自治原则体现对人的尊重,个人将被视为独立的个体。在实践中,自治原则意味着需要获得知情同意。善意原则要求研究人员在可能的情况下尽量减少伤害。正如贝尔蒙特报告所指出的,善意可以分为"不造成损害"和"使可能的利益最大化和使可能的损害最小化"。该报告将公正原则描述为利益分配的公平,"当一个人被强加一些负担时,或者其正当权益被剥夺时,就会发生不公正"。[104]

与贝尔蒙特报告中的原则一样,新闻职业道德也受益于同样的伦理理论来源。自治原则、善意原则、不伤害原则和正义原则可以作为一个伦理架构,为在媒体中合理使用大数据和算法制定指导方针。[105] ① 自治原则。技术的发展使收集数据成为可能,数据库的规模已经改变了知情同意的性质。大多数消费者并没有有意义地同意外部研究使用他们的社交数据。由于成本原因,从每个数据生产者那里获得同意是不切实际的。到底该如何发展自主的伦理原则呢? 这里需要一个哲学框架,将创新的灵活性与对道德义务的预先承诺结合起来。要做到这一点,基本的责任必须保持不变,这样创新就会集中在满足它的新方法上。例如,通过选择样本进行研究,并通过Facebook广告活动等获得他们的知情同意,确保网站具有非强制退出机制,或者至少确保最终用户许可协议包括明确的研究使用同意。② 善意原则与非恶意原则。这里的困难在于,大数据与算法将个人利益与群体利益纠缠在一起。当对社会造成损害时,很难做到利益最大化和损害最小化,反之亦然。在新的技术环境中,创新可能再次帮助恢复善意原则与非恶意原则,如使用参与式观察法,以确保新闻生产者对某些群体足够地了解,明确某些新闻是否会对群体成员造成伤害。也就是说,记者不能关在屋里靠大数据和算法写稿,必须走入生活,通过直接接触与间接接触,了解被报道对象,这样才能确保对人工智能技术的使用最小限度地伤害被报道对象。③ 公正原则。该原则强调利益平等和准入平等。开放存取数据与源码工具是未来的一个发展方向,例如一些技术公司正在开发免费的开源机器学习工具包,为公众提供大数据分析工具。[106]

3. 重拾交谈,保持一定时间的"离线"

智媒体的强大功能之一是让人实时在线。加拿大传播学者马歇尔·麦克卢汉(Marshall Mcluhan)认为,媒介是人的延伸,同时也是自我截除。智媒体延伸了人的神经中枢,也同时意味着人的神经中枢的自我退化与截除。就像没有时钟之前,人们根据肉眼观察天空来判断时间,日出而作日落而息,而时钟发明之后,人们对时间的身体感知明显钝化。人的活动被指针所决定。故而为了避免"纳西索斯式"(Narcissus)自恋,或为了减少智媒体对人本身的自我截除的影响，人必须保持清醒，与智媒体保持一定的距离，这样才能拥有独立的判断与质疑、内省、思考、审美的能力。只有与媒介保持一定距离，才可以看清其原理，同时通过内省与交谈，重新找回自己。预见和控制媒介的能力关键在于避免潜在的自恋昏迷状态。因而保持一定时间的"离线""断电"是有必要的，并增加在真实生活中与他人接触、进行人际交往的频次。"交谈会带给我们亲密、共享和深交的经历。重拾交谈相当于重新找回我们人类最基本的价值观。"[107]另一方面，智能化技术在顺应人的本性，满足用户个性化需求的同时，还需要兼具"逆人化"属性，打破人们的自我封闭，实现社会化整合。

4. 个性化传播与公共性传播兼顾，平台效率与内容优化并重

桑斯坦认为，"大部分公民应该拥有一定程度的共同经验。假若无法分享彼此的经验，一个异质的社会将很难处理社会问题，人和人之间也不容易相互了解。共同经验，特别是由媒体所塑造的共同经验，提供了某种社会粘性。一个消除这种共同经验的传播体质将带来一连串问题，也会带来社会的分裂。"[108]而共同经验来自公共性传播。涉及重大国计民生事件、与民众利益休戚相关的新闻报道应当成为包括自媒体在内的各大媒体以及平台优先考量推送的对象。个性化与公共性、广播与窄播兼顾齐驱，"既满足用户最基本的公共信息，又提供个性化内容推荐，有意识地进行信息纠偏，破除'信息茧房'的壁垒，连接个人世界与公共世界，保持个性化信息满足与公共整合之间的平衡"。[109]

随着人们将一部分信息选择权让渡给算法，算法在一定范围内担当起了守门人的角色，但传统把关机制仍然是不可或缺的，需要注意的是算法把关与传统把关所占的地位、比重与相互协调机制。一般来说，算法主攻信息筛选第一阶段的效率与兴趣配对，而编辑主要负责第二阶段的信息质量把关，包括内容平衡、法规伦理、社会价值等。采取"算法初荐＋人工终审"审核方法，实现人工编辑与机器优势互补，确保新闻内容的品质。如 Apple News，在智能算法分发当道的今天，采取逆向思维，推出"人工筛选"功能。苹果公司声称这款应用里的头条内容是资深人工编辑选择出来的，而不是籍由算法产生的。[109]不过人类有着自身的局限性，只有人机互助，才能实现平台效率与内容优化并驾齐驱。算法推送应"以人为本、以影响力为追求、以结构建设为入口、以公共性为底线"。[110]

5. 新闻专业主义与媒介素养同步加强，多方协同

应对智媒体引发的伦理问题需要多方协同，包括新闻职业道德规范约束、个人自律、法律法规与媒介监督等。新闻职业道德的基础是坚持新闻专业主义。只要社会对新闻的基本需要没有发生实质性变化，新闻专业主义就不会过时。专业化媒体仍然是探寻真相的主导者。新闻工作者"需要新闻先行的能力，也需要对碎片的辨识与整合能力，以及对事实的解读能力"。[111]在新闻事业中，可理解、客观真实、道德适当、真诚，是未来新闻专业主义的核心内容。在智媒体时代，"每一个个体都是这一规则的立法参与者，同时也是阐释者和监督者"。[112]换言之，新闻专业主义不再是一种行业素养，而将演变成全民行

为准则。

此外,智媒体时代公众需要有更高的媒介素养,包括算法素养、媒介使用素养、信息生产素养、信息消费素养、社会交往素养、社会协作素养、社会参与素养等。[113]算法素养即熟悉算法原理,会使用算法进行新闻生产与传播的能力。媒介使用素养,指的是合理使用各种媒介,不能只将某一种媒介作为自己的消息源,应宽窄结合。信息生产素养,合理利用人工智能技术助力信息生产,不为博眼球赢得流量而失去底线。交往、协作等素养,更多是出自社交媒体平台的要求。

对此很多学者对此持乐观态度。彭兰认为,在真真假假、鱼龙混杂的信息环境中成长,公众的辨识能力可能也会不断提高,相比在真空、无菌环境中,会产生一定的免疫力、抵抗力。当人们意识到信息茧房、拟态环境的存在,可以主动地对信息进行筛选。美国学者尼尔·波兹曼(Neil Postman)认为只要公众清楚了解某种媒介的危险性,那么这种媒介就不会过于危险。只有消除对媒介的神秘感,才有可能对媒介获得某种程度的控制。[40]而这一切都需要加强全社会的媒介素养教育。目前欧洲已经在开设媒介素养教育方面走在了前列。虽然很难实现每个个体都能拥有新闻专业主义素养,但共鸣式媒介素养教育可以帮助我们向这样一个目标靠近。[114]

此外,人工智能时代传媒业的健康发展还需法律法规以及媒介监督的共同发力。2019 年 11 月,国家相关部门印发《网络音视频信息服务管理规定》,首次将人工智能造假音视频列入法规。利用基于深度学习制作、发布、传播虚假新闻信息将被视为违法行为。所谓的媒介监督既包括媒介同行的批评,也有来自大众对媒体的监督。算法是在不断更新迭代变化中,其良性发展需要价值理性的引导。监管部门与社会机构、公众一起,自发担起内容把关价值引领的主体责任,官方非官方、专业非专业、自律与他律,多方合作,才能促进媒介生态的良性可持续发展。

6. 双向驯化——人机交往的新解释

人与技术不是简单的影响与被影响的关系,而是呈现双向的驯化。[115]"驯化"的原意是将人类对媒介技术的改造视为如"驯化野生动物"的过程。[116]但此处的"驯化"仅呈现单向性,即"人类成就技术"的叙事。双向驯化侧重身体与技术的相互影响。一方面,身体官能受到技术的驯化。麦克卢汉认为,"媒介是人的延伸",电子媒介是中枢神经系统的延伸。恰当治理的智媒体将"使人重新整合,实现重新的部落化,并将其塑造为一个更高层次、全面发展的人"。[94]因此,这样的智媒体拓展延伸了人的视觉、听觉、触觉等多方面功能,使人实现从分裂到整合,人比以往能更全面、深刻地看待世界、认识世界。

另一方面,媒介发展受到主体驯化。[117]保罗·莱文森(Paul Levinson)提出了媒介的"人性化趋势",并认为"人是积极驾驭媒介的主人"。[118]按照该理论,在人工智能技术的影响下,媒介将朝着更加人性化、更符合人类切身需求的方向演化。

讨论与思考题

1. 根据你自己的了解或调研,除了本章包含的情况之外,是否还有其他人工智能技术对传媒业产生的重要影响值得关注?

2. 你认为是否可能、是否应该用虚拟主播完全取代人类主播?

3. 分别站在媒体和用户角度,阐述你对人工智能新闻的看法。

4. 你认为人工智能合成假照片引发了哪些主要的伦理问题?

5. 简述人工智能自动生成新闻对新闻真实性带来的影响,其存在的问题以及可能的解决方案。

6. 在自媒体时代,为何反转新闻时有发生?这种现象说明了什么?

7. 从算法推荐角度简述"信息茧房"的成因、危害以及应对策略。

8. 从算法偏见角度简述人工智能技术对新闻客观性的影响。

9. 请就人工智能劝人自杀事件背后折射的伦理问题谈谈你的看法。

10. 社交网站为何成为数据泄露重灾区?请从个人隐私保护角度谈谈你对此类事件的看法。

11. 简述人工智能看手相与人工智能视频换脸术会引发哪些伦理问题。

12. 简述你对脑机接口技术的伦理思考。

13. 智能媒体时代个体应该拥有怎样的媒介素养?

14. 人工智能技术应用相关的传媒伦理问题从人工智能工程师到媒体、技术平台、用户,再到宏观层面上的政府机构,涉及多个群体。简述这些利益相关者该承担起怎样的责任?如何携手应对伦理挑战?

参 考 文 献

[1] World News Empire. Coronavirus：WHO Chief Warns against Trolls and Conspiracy Theories [EB/OL]. (2020-02-08) [2020-08-19]. https://www.worldnewsempire.com/world/coronavirus-who-chief-warns-against-trolls-and-conspiracy-theories/.

[2] 彭兰. 正在消失的传媒业边界[J]. 新闻与写作，2016,36(2):25.

[3] 陆晔,周睿鸣."液态"的新闻业:新传播形态与新闻专业主义再思考[J]. 新闻与传播研究,2016, 23(1):24.

[4] 彭兰."大数据"时代:新闻业面临的新震荡[J]. 编辑之友，2013,32(01):8-12.

[5] 全媒派. 机器人写稿不新鲜了！从事实核查到卖广告,各大媒体正在为AI编辑部疯狂打call[EB/OL]. (2017-09-06) [2020-08-19]. https://m.sohu.com/a/190083392_465296.

[6] 史安斌,龙亦凡. 新闻机器人溯源、现状与前景[J]. 青年记者，2016,22(8):78.

[7] 新华网. 全球首个"AI合成主播"在新华社上岗[EB/OL]. (2018-11-07) [2020-08-19]. http://www.xinhuanet.com/politics/2018-11/07/c_1123678126.htm.

[8] 相芯科技. AI虚拟主播简史[EB/OL]. (2019-05-28) [2020-08-19]. http://m.sohu.com/a/316954394_100098646.

[9] 朱昊煜. 算法新闻的现状与困境分析[J]. 新闻前哨，2019,31(2):58-59.

[10] 苏涛,彭兰. 热点与趋势:技术逻辑导向下的媒介生态变革:2019年新媒体研究述评[J]. 国际新闻界，2020,42(1):25.

[11] 彭兰. 更好的新闻业,还是更坏的新闻业?:人工智能时代传媒业的新挑战[J]. 中国出版，2017, 39(12):5.

[12] 陈力丹. 舆论学:舆论导向研究[M]. 北京:中国广播电视出版社，1999.

[13] 曾凡斌. 大数据应用于舆论研究的现状与反思[J]. 现代传播，2017,38(2):132.

[14] Shenciyou. 当AI遇上微映视界之AI＋直播 [EB/OL]. (2017－06－02) [2020－08－19]. https://www.baidu.com/link? url＝yLa0o9p3_uARqwY76ZU28qe_KjmPLC65OhipZ1HIQCkWbnEi_E2E5pcpY－6k5f8c&.wd＝&.eqid＝8bebc485004c3e3d000000065e6ebe36

[15] 郭全中. 智媒体的特点及其构建[J]. 新闻与写作,2016,32(3):60.

[16] 彭兰. 万物皆媒:新一轮技术驱动的泛媒化趋势[J]. 编辑之友,2016,35(3):5.

[17] 稻田报告. 马斯克发布了"脑后插管"新技术[EB/OL]. (2019-07-19) [2020-08-19]. https://www.sohu.com/a/328134839_783460.

[18] Corazzon R. Pre-philosophical Conceptions of Truth in Ancient Greece. Theory and History of Ontology [EB/OL]. (2018-12-22) [2020-08-19]. https://www.ontology.co/aletheia-prephilosophical.htm.

[19] McIntyre L. Post-truth[M]. Cambridge,MA:MIT Press,2018:6-7.

[20] McIntyre L. Post-truth[M]. Cambridge,MA:MIT Press,2018:13.

[21] McIntyre L. Post-truth[M]. Cambridge,MA:MIT Press,2018:7-8.

[22] Dmj L,Baum M A,Benkler Y,et al. The Science of Fake News[J]. Science,2018,(359):1094.

[23] 曹轲.关于虚假新闻现象的理性思索[J]. 新闻大学,1997,16(2):14.

[24] Vosoughi S,Roy D,Aral S. The Spread of True and False News Online[J]. Science,2018,359
(3):1146.

[25] 喻国明.记者应成为信息不对称社会的平衡者:写在2008年中国记者节[J]. 青年记者,2008,67
(11):23.

[26] 吴君.国际新闻还是国际谣言:从有关朝鲜的虚假新闻看国际政治斗争[J]. 国际新闻界,1993,
32(6):26.

[27] 张振宇,喻发胜,王然.讽刺画、预警器和烟幕弹:对国内虚假新闻研究的反思与重构(1980—2018)
[J]. 国际新闻界,2019,58(11):168.

[28] 喻国明.记者应成为信息不对称社会的平衡者:写在2008年中国记者节[J]. 青年记者,2008,67
(11):23.

[29] 林升梁,叶立.人机·交往·重塑:作为"第六媒介"的智能机器人[J]. 新闻与传播研究,2019,25
(10):87.

[30] 彭兰."新媒体"概念界定的三条线索[J]. 新闻与传播研究,2016,22(3):125.

[31] 法治周末."洗稿"乱象难禁,平台出手反制[EB/OL]. (2019-01-03) [2020-08-19]. http://www.
ncac.gov.cn/chinacopyright/contents/4509/392169.html.

[32] 腾讯网.灾难就是灾难,别把"灾难当凯歌"收割流量[EB/OL]. (2020-01-13) [2020-03-27].
https://new.qq.com/omn/20200113/20200113A0J44400.html.

[33] 方可成.自媒体界的怪胎是被游戏规则催生的,是时候改改它了[EB/OL]. (2020-02-29) [2020-
03-27]. https://m.thepaper.cn/newsDetail_forward_6236484.

[34] Lazer D , Baum M , Benkler Y , et al. The Science of Fake News[J]. Science. 2018,359
(6380):1094-1096.

[35] Ledford H. 社会科学家大战"僵尸":社交网络机器人或妨碍研究调查[EB/OL]. (2020-03-07)
[2020-03-27]. https://new.qq.com/omn/20200307/20200307A07DHB00.html.

[36] 匡文波.人工智能时代虚假新闻的"共谋"及其规避路径[J]. 上海师范大学学报(哲学社会科学
版),2019,48(4):109.

[37] 杜骏飞."瓦釜效应":一个关于媒介生态的假说[J]. 现代传播,2018,40(10):31.

[38] 郭小平,秦艺轩.解构智能传播的数据神话:算法偏见的成因与风险治理路径[J]. 现代传播(中国
传媒大学学报),2019,41(9):20.

[39] 张超.作为中介的算法:新闻生产中的算法偏见与应对[J]. 中国出版,2018,40(1):30.

[40] 尼尔·波兹曼.娱乐至死[M]. 章艳,译. 桂林:广西师范大学出版社,2004.

[41] 张超.作为中介的算法:新闻生产中的算法偏见与应对[J]. 中国出版,2018,40(1):31.

[42] 郭小平,秦艺轩.解构智能传播的数据神话:算法偏见的成因与风险治理路径[J]. 现代传播(中国
传媒大学学报),2019,41(9):21.

[43] Fiske J, Hartley J, Martin M. Key Concepts in Communication and Cultural Studies[M].New York:
Routledge, 1994:126.

[44] 喻国明,杜楠楠.智能型算法分发的价值迭代:"边界调适"与合法性的提升——以"今日头条"的四
次升级迭代为例[J]. 新闻记者,2019,36(11):18.

[45] Negroponte N. Being Digital[M]. London:Hodder and Stoughton, 2001:153.

[46] 凯斯·桑斯坦. 网络共和国[M]. 黄维明,译. 上海:上海人民出版社,2003:4.

[47] 凯斯·桑斯坦. 网络共和国[M]. 黄维明,译. 上海:上海人民出版社,2003:2.

[48] 凯斯·桑斯坦. 信息乌托邦[M]. 毕竞悦,译. 北京:法律出版社,2008:8.

[49] 凯斯·桑斯坦. 网络共和国[M]. 黄维明,译. 上海:上海人民出版社,2003:21.

[50] 喻国明,曲慧. "信息茧房"的误读与算法推送的必要[J]. 新疆师范大学学报(哲学社会科学版),2020,41(1):128.

[51] 彭兰. 更好的新闻业,还是更坏的新闻业?:人工智能时代传媒业的新挑战[J]. 中国出版,2017,39(12):6.

[52] 罗昕,肖恬. 范式转型:算法时代把关理论的结构性考察[J]. 新闻界,2019,33(3):15.

[53] 尼尔·波兹曼. 娱乐至死[M]. 章艳,译 桂林:广西师范大学出版社,2004:70.

[54] 凯斯·桑斯坦. 信息乌托邦[M]. 毕竞悦,译. 北京:法律出版社,2008:3.

[55] 凯斯·桑斯坦. 网络共和国[M]. 黄维明,译. 上海:上海人民出版社,2003:37.

[56] 凯斯·桑斯坦. 网络共和国[M]. 黄维明,译. 上海:上海人民出版社,2003:67.

[57] 沃尔特·李普曼. 公众舆论[M]. 闫克文,江红,译. 上海:上海人民出版社,2006:11-12.

[58] 贺艳,刘晓华. 算法推荐机制建构的双重拟态环境[J]. 西南政法大学学报,2020,22(2):52.

[59] 郭庆光. 传播学教程[M]. 北京:中国人民大学出版社. 1999:113.

[60] 尼尔·波兹曼. 娱乐至死[M]. 章艳,译. 桂林:广西师范大学出版社,2004:81.

[61] Janis I L. Groupthink: Psychological Studies of Policy Decisions and Fiascoes: 2nd ed [M]. Boston:Houghton Mifflin,1982:7-9.

[62] 凯斯·桑斯坦. 网络共和国[M]. 黄维明,译. 上海:上海人民出版社,2003:47.

[63] Lyons B, Henderson K. Leadership in a Computer-mediated Environment[J]. Journal of Consumer Behavior, 2005,4(5):319-329.

[64] 诺依曼. 沉默的螺旋:舆论——我们社会的皮肤[M]. 董璐,译. 北京:北京大学出版,2013:5.

[65] 龚莉红. 基于"信息茧房"理论的意识形态话语权研究[J]. 河海大学学报(哲学社会科学版),2019,21(5):36.

[66] 凯斯·桑斯坦. 网络共和国[M]. 黄维明,译. 上海:上海人民出版社,2003:48.

[67] 姜方炳. 网络暴力、概念、根源及其应对:基于风险社会的分析视角[J]. 浙江学刊,2011,48(6):181.

[68] 鲍文强. 试论网络暴力现象[J]. 赤峰学院学报(汉文哲学社会科学版),2015,(5):123.

[69] 邵成圆. 重新想象隐私:信息社会隐私的主体及目的[J]. 国际新闻界,2019,41(12):47.

[70] 尼尔·波兹曼. 娱乐至死[M]. 章艳,译. 桂林:广西师范大学出版社,2004:74.

[71] 彭兰. 移动互联网时代的"现场"与"在场"[J]. 湖南师范大学社会科学学报,2017,46(3):148.

[72] 雪莉·特克尔. 重拾交谈[M]. 王晋,边若溪,赵岭译注. 北京:中信出版社,2017:171.

[73] 彭兰. 移动互联网时代的"现场"与"在场"[J]. 湖南师范大学社会科学学报,2017,46(3):144.

[74] Warren S, Brandeis L. The Right to Privacy[J]. Harvard Law Review, 1890,4(5):196.

[75] 邵成圆. 重新想象隐私:信息社会隐私的主体及目的[J]. 国际新闻界,2019,41(12):45-46.

[76] Westin A. Privacy and Freedom[M]. New York:Athenum, 2015:18.

[77] 齐格蒙特·鲍曼. 流动的现代性[M]. 欧阳景根,译. 上海:上海三联书店,2002:3-12.

[78] 尼尔·波兹曼. 娱乐至死[M]. 章艳,译. 桂林:广西师范大学出版社,2004:63.

[79] 尼尔·波兹曼. 娱乐至死[M]. 章艳,译. 桂林:广西师范大学出版社,2004:69.

[80] Bauman Z, Lyon D. Liquid Surveillance[M]. Cambridge:Polity Press,2013:13.

[81] 杨显平. 三十年来国内马克思异化理论研究述评[J]. 江苏师范大学学报(哲学社会科学版),2011,37(4):111.

[82] 韩立新. 从费尔巴哈的异化到黑格尔的异化:马克思的思想转变:《对黑格尔的辩证法和整个哲学的批判》的一个解读[J]. 思想战线,2009,35(6):67.

[83] 马克斯·韦伯. 经济与社会(第一卷)[M]. 阎克文,译. 上海:上海世纪出版集团,2010.

[84] 唐·伊德. 技术与生活世界[M]. 韩连庆,译. 北京:北京大学出版社,2012:112-113.

[85] 唐·伊德. 技术与生活世界[M]. 韩连庆,译. 北京:北京大学出版社,2012:114.

[86] 唐·伊德. 技术与生活世界[M]. 韩连庆,译. 北京:北京大学出版社,2012:116.

[87] 唐·伊德. 技术与生活世界[M]. 韩连庆,译. 北京:北京大学出版社,2012:111.

[88] 乔瑞金,牟焕森,管晓刚. 技术哲学导论[M]. 北京:高等教育出版社,2009:89.

[89] 乔瑞金,牟焕森,管晓刚. 技术哲学导论[M]. 北京:高等教育出版社,2009:92-93.

[90] 乔瑞金,牟焕森,管晓刚. 技术哲学导论[M]. 北京:高等教育出版社,2009:95-96.

[91] 衣俊卿. 文化哲学十五讲[M]. 北京:北京大学出版社,2004.

[92] 吴国盛. 技术哲学讲演录[M]. 北京:中国人民大学出版社,2009.

[93] 乔瑞金. 技术哲学教程[M]. 北京:科学出版社,2006.

[94] 马歇尔·麦克卢汉. 理解媒介:论人的延伸[M]. 何道宽,译. 南京:译林出版社,2000.

[95] 乔瑞金,牟焕森,管晓刚. 技术哲学导论[M]. 北京:高等教育出版社,2009:87.

[96] 张滋宜,金兼斌. 西方媒体事实核查新闻的特点与趋势[J]. 中国记者,2017,30(1):121.

[97] 全媒派. Storyful:拯救新闻业的四种路径[EB/OL]. (2015-10-16) [2020-03-22]. https://news.qq.com/original/dujiabianyi/storyful.html.

[98] 新华网. 中国互联网联合辟谣平台正式上线[EB/OL]. (2018-08-30) [2020-03-22]. http://news.sina.com.cn/c/2018-08-30/doc-ihikcahf7934882.shtml.

[99] Grimmelikhuijsen S. Transparency of Public Decision Making:Towards Trust in Local Government[J]. Policy& Internet, 2010,2(1):7.

[100] Deuze M. What Is Journalism? Professional Identity and Ideology of Journalists Reconsidered[J]. Journalism, 2005,6(4):455.

[101] 郭小平,秦艺轩. 解构智能传播的数据神话:算法偏见的成因与风险治理路径[J]. 现代传播(中国传媒大学学报),2019,41(9):23.

[102] 张超. 作为中介的算法:新闻生产中的算法偏见与应对[J]. 中国出版,2018,40(1):32.

[103] Fairfield J,Shtein H. Big Data,Big Problems:Emerging Issues in the Ethics of Data Science and Journalism[J]. Journal of Mass Media Ethics,2014,29(1):38.

[104] Fairfield J,Shtein H. Big Data,Big Problems:Emerging Issues in the Ethics of Data Science and Journalism[J]. Journal of Mass Media Ethics,2014,29(1):40.

[105] Fairfield J,Shtein H. Big Data,Big Problems:Emerging Issues in the Ethics of Data Science and Journalism[J]. Journal of Mass Media Ethics,2014,29(1):39.

[106] Fairfield J,Shtein H. Big Data,Big Problems:Emerging Issues in the Ethics of Data Science and Journalism[J]. Journal of Mass Media Ethics, 2014,29(1):40-41.

[107] 雪莉·特克尔. 重拾交谈[M]. 王晋,边若溪,赵岭,译. 北京:中信出版社,2017.

[108] 凯斯·桑斯坦. 网络共和国[M]. 黄维明,译. 上海:上海人民出版社,2003.

[109] 贺艳,刘晓华.算法推荐机制建构的双重拟态环境[J].西南政法大学学报,2020,22(2):57.

[110] 喻国明,曲慧."信息茧房"的误读与算法推送的必要[J].新疆师范大学学报(哲学社会科学版),2020,(1):131.

[111] 彭兰.人人皆媒时代的困境与突围可能[J].新闻与写作,2017,33(11):66.

[112] 吴飞.新闻专业主义2.0:理念重构[J].国际新闻界,2014,53(7):22.

[113] 彭兰.社会化媒体时代的三种媒介素养及其关系[J].上海师范大学学报(哲学社会科学版),2013,55(3):52.

[114] 彭兰.人人皆媒时代的困境与突围可能[J].新闻与写作,2017,33(11):65.

[115] 曹钺,骆正林,王飐濛."身体在场":沉浸传播时代的技术与感官之思[J].新闻界,2018,33(7):22.

[116] 潘忠党."玩转我的iPhone,搞掂我的世界!":探讨新传媒技术应用中的"中介化"和"驯化"[J].苏州大学学报(哲学社会科学版),2014,35(4):153-162.

[117] 曹钺,骆正林,王飐濛."身体在场":沉浸传播时代的技术与感官之思[J].新闻界,2018,33(7):23.

[118] 保罗·莱文森.数字麦克卢汉:信息化新纪元指南[M].何道宽,译.北京:社会科学文献出版社,2001.

第7章 人工智能伦理与法治

《我，机器人》中描述了这样一个场景：面对同时落水的一位成年人和一位小女孩，智能机器人选择救助成年人，因为它计算出该成年人存活的概率大于小女孩。即使成年人要求智能机器人放弃救自己而去救小女孩，智能机器人依然会根据计算结果救助成年人。

在马瑞科诉布林茅尔医院（Mracek V. Bryn Mawr Hospital）案中，一位名叫唐纳德·马瑞科（Roland C. Mracek）的病人，在被诊断为前列腺癌之后，于2005年6月在宾西法尼亚州的布林茅尔医院接受前列腺切除手术。他的外科医生用直觉外科手术公司（Intuitive Surgical）生产的达芬奇机器人操作该项手术，但在手术过程中，智能机器人显示了"错误（error）"的信息，人类医生手术团队和产品公司代表无法让这台机器恢复运转。为此，手术团队不得不使用腹腔镜设备亲自动手完成这项手术。但术后马瑞科的身体出现严重后遗症，遂决定起诉布林茅尔医院和Intuitive Surgical公司，要求赔偿损失，提起包括严格产品责任和过失侵权在内的多个责任主张。法院认为马瑞科并不能证明达芬奇机器人存在造成他损害的缺陷，或是达芬奇机器人在离开Intuitive Surgical公司控制时就存在这一缺陷。因此，马瑞科的诉讼请求未能得到法院支持。[1]

在人类社会逐步迈向智能化的进程中，诸多科幻电影的场景似乎逐一在现实生活上演，其中出现了很多与伦理和法律有关的议题。比如，算法逻辑与人类伦理会不会发生严重的冲突？如果会发生冲突，应该如何应对？这些问题是人工智能技术和人工智能伦理发展所面临的重大挑战。为了有效应对这些挑战，人们需结合伦理思考法治的应对策略，将伦理的基本理念融入人工智能法律治理中，这样才能构建一个人机共融的美好有序的未来社会。

7.1 伦理视野下的人工智能法治

人工智能、大数据等高新技术的深度应用使人类逐渐步入智能社会，同时也产生了网络安全、数据安全、隐私安全等法律风险，因此法律应积极应对伴随人工智能技术应用的信息使用规则、算法规制路径、主体观念更新、责任规则体系等方面的变革和挑战。[2]

为了实现法律规范人工智能的"良法善治"之效果,人工智能的法律治理应当遵循基本的伦理观念和原则,将科技伦理的基本理念融入具体的法律规则中。

7.1.1　人工智能法治的内涵及价值追求

1. 人工智能法治的内涵

人类社会正逐渐从工业时代步入信息时代、智能时代,人工智能的法律治理是现代社会法治的重要组成部分,有利于推动智能社会的有序发展。如亚里士多德所言,"法治应包含两重意义:已成立的法律获得普遍的服从,而大家所服从的法律本身又应该是制订得良好的法律"。[3]人工智能的法律治理一方面应以既有法律规范为基础,防范人工智能技术引发的法律风险,比如应严格遵循民法领域中关于隐私保护的法律规范。另一方面,伴随人工智能技术的发展,以实体空间为主要规范场域的传统法律,难以应对当前以网络、数据为基础的人工智能技术的应用场域,人们应制定新的法律规范予以应对。而无论是既有法律规范的遵循及调整,或者新法律规范的制定,其本身应该是制定得良好的法律。

所谓制定得"良好的法律",即法律本身符合具体社会场景和文化背景下的人类信念,而伦理是这种人类信念应遵循的社会基础之一。从规范的视角看,伦理探讨的是人类行为和价值观念的正义与否,包含着理性的属性,侧重反映人伦关系和维持人伦关系所必须遵守的规则。有学者将人工智能伦理理解为"在人工智能产品、服务、应用与治理中,智能体(人与智能机器)所应该遵循的一般伦理原则和行为规范"。[4]作为规范人工智能的"良好的法律",其本身应该以伦理规范的基本原则和价值追求为法律规则设置的内在追求。法律的价值追求、基本原则、具体规则的设置,均应遵循基本的伦理准则,这也体现了法律是伦理体系之组成部分的原则(见1.2节)。将科技伦理法律化,是实现人工智能法律善治的核心和关键。

人工智能法治所涉及的范畴主要包括人工智能在研发、生产、应用中所需遵守的用于防范人工智能法律风险的法律规范及其实施。法律规范调整的是基于人工智能技术开发、应用产生的法律关系,其调整的主体包括人工智能设计者、研发者及使用者,调整的客体包括人工智能产品及人工智能技术服务。

2. 人工智能法治的价值追求

伦理视野下人工智能法治的基本价值追求在于实现人类福祉(见1.2节)。所谓人类福祉,即人类根据现有经验认可的有价值的活动和状态,包括维持生活所必须的物质基础、和谐稳定的社会关系、安全的社会环境以及选择的自由。[5]人类福祉这一价值追求是人工智能法治的基本指引,贯穿于人工智能法治的基本原则和具体规范中,具有普适性和稳定性的特征。一方面,法律规范人工智能的目的在于保障人类社会的有序发展,而智能社会的有序发展是实现人类整体社会利益的保障。另一方面,伴随人工智能的发展,人工智能法治的基本原则和具体规范可能会有所变动和调整,但对人类福祉的追求是人工智能法律规范和法律实施的永恒不变的终极目标。

对人类福祉的追求在人工智能法律领域中一个主要表现,是对智能社会法律治理的公平正义及社会秩序的追求。公平是按照一定的实体标准和程序标准合理办事,利益均衡;正义意味着是非分明,道义清楚。在通过良善的法律实现公平正义的同时,保障智能社会的有序发展。对此,在开发、研究、使用及管理人工智能的过程中应当注重公平,不仅注重形式公平,而且应注重实质公平。

首先,对人工智能算法的合理规制是保障公平正义的必要举措。虽然人工智能技术的应用给人类社会带来了更多便利,但也伴随着风险。比如,通过智能算法在网络购物中的使用,技术控制者能够掌握消费者的消费偏好,虽然产品推送的方式有助于消费者降低网络购物的时间成本,但是技术控制者亦可基于网络用户对价格的敏感度实现基于算法的价格歧视。因此,应对人工智能开发应用中涉及的多元主体利益进行合理衡量,应注重人工智能算法设计中对公平正义理念的把握,以避免算法歧视。

其次,应通过法律实现智能社会中数据、技术资源等生产要素的合理配置,避免不正当竞争和垄断行为的发生。数据已成为支撑现代智能社会发展的核心生产要素之一,具有资源性价值。现代科技企业如果对实时有效的数据掌握的越多,且具备的数据分析、挖掘技术能力越强,则具备的市场竞争力越强。而作为保障市场秩序的有效方式之一,法律应注重保障数据资源市场的有效竞争,避免恶性竞争及垄断行为的发生。

最后,应建立对人工智能开发者、管理者、使用者等多元主体的公平责任机制的建立。现阶段,因存在缺乏明确的责任机制、法律法规滞后、监管不到位、人工智能研究者和管理者之间存在文化差异、公司管理结构存在漏洞等原因,可能造成人工智能受益主体和人工智能受损主体之间的不公平。因此,应进行合理的利益衡量,注重公平责任机制的建立。

7.1.2　人工智能法治的原则

人工智能的发展对现代社会既是一个机遇,也是一项挑战,它引导了新一轮的技术革命,给人类社会带来了极大的便利。同时,其发展过程也蕴藏着诸多的风险挑战,对现有法律制度产生巨大冲击,集中体现在法律主体制度、权利制度和法律责任承担等方面。法律对这些方面的调整应遵循一定的基本原则,一般认为,应主要包括人本原则、防止损害原则、人类自治原则、可解释原则。这些原则贯穿于人工智能法律治理的规范层面和法律实施层面。

1. 人本原则

人本,即以人为本,是人工智能法治原则中最为核心的原则[①]。人工智能技术源于人的创造,尽管目前关于人工智能是否具备法律主体地位的讨论愈演愈烈,但人工智能目

---

① 此观点在学术界存在不同意见。例如一种观点认为,面向现实的短期的以人为本有可能导致对人类长期利益的重大损害。本小节不对这个问题展开讨论。

前依旧是一门技术,技术的进步发展依托于人类,而技术发展的成果则服务于人类。基于这一基本理念,人工智能法律治理应坚持以人为本的基本原则。

马克思主义哲学将世界分为了三个层面:自然界、人类社会和精神世界。人类社会是人们在社会生产生活过程中形成的人与人之间的关系,人类就是社会的最小单位;精神世界的思想和意识都是人的思维的结晶,是人类不断进化发展的产物。以人为本的社会秩序讲求人是这个世界的核心,人类对自然界的改造、开发、利用和保护,其目的均在于服务人类社会。[6]人工智能是现代人类社会改造自然、提升社会生产力的技术工具,其产生的目的在于增强人类认识和改造世界的水平,最终目的在于实现人类福祉、提高和改善人类现有生活,通过法律防范其风险的目的亦在于保障人类社会安全、有序发展。因此,在人工智能技术研发过程中,算法和程序的设置应遵循以人为本的基本原则,禁止任何有悖于人类社会整体发展的技术开发;在使用的过程中,应坚持其使用目的在于提高人民的生活质量和提升社会公共利益的理念,对于侵犯社会主体合法权益和损害社会公共利益的人工智能技术应被法律禁止研发和使用。

2. 防止损害原则

防止损害是人工智能法律治理应当遵循的基本法律原则,即人工智能系统的研发和应用不应给人类带来损害,既包含身体上的伤害,也包含心理上的伤害。人工智能技术的发展和应用应服务于人类社会,法律应当保障人类在智能社会中的人身安全、人格尊严及自主性权利不受侵害。这一基本的伦理性原则应作为贯穿于法律规范智能社会的基本法治原则。法律制定和实施的基本目的之一在于保障人权、社会主体的人身、财产权益不受侵害。将防止损害作为法律治理智能社会的基本原则,贯穿于规范人工智能的立法和法律实施的全过程,有助于保障智能社会中相关主体的合法权益。

某些人工智能技术的智能程度依托于数据、算法及算力的实现程度。智能程度越高并不意味着其对人类社会的损害程度越大,关键在于如何引导"科技向善"——通过伦理、法律等方式防止人工智能对人类社会的损害。基于防止损害的法律治理原则,应通过法律规范人工智能算法和程序的设计、大数据的获取和使用,保障智能社会的有序发展,防止因技术研发和使用给人类造成伤害。比如,人们应防止技术控制者通过设置算法实施侵犯公民的隐私权、企业商业秘密、国家秘密等合法权益的行为。为了防止损害,人工智能系统的算法设置应遵循基本的价值理念、伦理准则和法律规范,避免算法歧视、算法杀熟、算法垄断等行为的发生。

3. 人类自治原则

人类自治原则强调人类在与人工智能交互的过程中,以自己的意思表示来作出行为,即人工智能不能胁迫和威胁人类自由意志的表达。人类和人工智能之间存在一定的交互关系:人类因自身生产生活的需要而创造人工智能,使得人工智能具备形式上的独立形态;而人工智能作为独立的技术工具,在推动人类社会生产力发展的同时,可能对人类的自由意志表达产生一定程度的阻碍。伴随人工智能的智能化程度不断提高,智能社会的法律治理应坚持人类自治的基本原则,通过具体法律规范防止人工智能的发展过度干预人类自治。

人类发展人工智能的目的在于更好地服务人类,而并非使人受制于人工智能。在人类自治原则下,规范人工智能的法律应当为人工智能的设计和应用设置合理的边界,保证人工智能技术的发展和应用不妨碍人类的自治原则,不会脱离人类的合理掌控,预防和控制超出人类无法掌控的人工智能产品的研发及不当使用,尽管短期内并不存在这种可能性。

4. 可解释原则

人工智能可解释原则有多种含义,从人工智能学科的观点看,可解释性意味着人工智能系统的工作原理可以用自然语言(如汉语、英语)加以解释,从而让专业和非专业人士都能理解。从用户的角度,人工智能可解释性意味着人工智能产品的设计和使用对社会大众具有公开透明性,从而保证智能产品的使用者可以判断产品是否存在危害用户的可能性以及原因是什么。人工智能法律治理的可解释原则,要求人工智能算法及相关程序的可解释,使用的目的和功能要透明公开,以防止出现盗用信息、随意提取信息等侵权行为的发生。

坚持人工智能设计和使用的可解释原则,有助于人类充分理解和信赖人工智能产品做出的决策,防止因算法的黑箱操作导致的侵权损害。人工智能法律治理的可解释原则,要求人工智能算法及相关程序的可解释,数据使用的目的和功能要透明公开,以防止出现盗用信息、随意提取信息等侵权行为的发生。

可解释原则与防止损害原则之间相互联系。可解释原则要求人工智能技术的研发者和使用者应履行对相关技术研发和使用进行解释的积极义务,保证人工智能在一定程度上的公开透明,有利于社会主体对人工智能技术开发应用的监督,能更好地防止侵权损害的发生。而防止损害原则要求人工智能技术研发和使用者履行技术研发和使用过程中不对社会主体的合法权益产生损害的消极不作为义务。可解释原则的贯彻实施,有助于降低和减少人工智能侵权损害的发生,是防止损害原则的题中应有之义。

7.2　人工智能的法律地位

因人工智能具备智能化特征,引发学界关于人工智能法律地位的探讨——人工智能作为人类的创造物,它是否应同其他人类的创造物一样,被认定为法律关系的客体?但同时,由于人工智能具备人类所独有的部分智能化特征,我们是否应赋予其相应的法律主体资格?对人工智能的不同法律定性,将对法律看待人工智能生成物、人工智能开发利用导致的侵权责任承担等相应的法律制度产生影响。因此,我们只有明确人工智能的法律地位,才能设置相应的人工智能法律治理体系。

7.2.1　人工智能法律地位的不同学说

1. 法律主体说

"法律主体说"认为,人工智能具备人格属性,法律应明确承认人工智能的法律关系主体资格,赋予其相应的权利能力、行为能力和责任能力,并构建人工智能依法享有权利、承担义务与责任的法律规范体系。有学者认为,我们可以将人工智能按照发展程度分为弱人工智能、强人工智能和超级人工智能三个阶段,其中强人工智能具有独立的自我意识,具备意识能力,相应的权利意识、权利诉求和责任能力,能够相对独立地承担民事责任,且强人工智能也存在情感表达,与人类有实质性的情感联结,所以强人工智能具备成为法律主体的资格条件,但这种主体资格存在一定的限制性。[7]亦有学者认为,人工智能具备法律人格的实质要件(意思能力与物质要件)和形式要件(法律的形式要求),因此可通过对现行法律进行法律解释的方式,将部分高级人工智能定性为法律主体。[8]

可见,持"法律主体说"的学者以人工智能的智能化程度作为赋予其主体资格的标准,对人工智能法律地位进行区别处理。这种做法看似与法律基于民事行为能力对自然人所作的区分处理相同,实则存在差异。法律对待自然人首先赋予其主体资格,然后根据其年龄和精神状态对行为能力作出区分,而"法律主体说"则是基于假想中的人工智能可能具有的某些能力,如"独立的自我意识",在没有区分、确认人工智能的"自我意识"与人的自我意识是否相同,也没有分析、澄清具有与人相同的自我意识的人工智能将对人类产生什么影响的情况下,就盲目地赋予这种人工智能法律地位。

2. 法律客体说

"法律客体说"否认人工智能的法律主体地位。持这一观点的学者大多认为,人工智能不具备自然人的自然属性,也不同于法人那样通过法律拟制的立法技术而产生独立法律人格,不能将其认定为法律主体。有学者通过分析人工智能的民事权利能力、民事行为能力和民事责任能力,认为人工智能目前不具备民事主体适格性的法理基础,不具备与自然人的共通性,不具有民事权利能力和民事行为能力;而且人工智能也不同于法人,法人属于组织体,是人的集合,而人工智能属于个体,也不具备独立的财产,所以也不具有民事责任能力。故人工智能不具备民事主体资格,应当作为民事权利的客体而存在。[9]亦有学者从法哲学的角度否认赋予人工智能法律主体资格。认为人工智能不具备人类所拥有的心智,不能基于自然属性获得民事主体资格,且以人类为规制对象而发展出来的法律也天然不适用于人工智能,人工智能所引发的现实法律问题能在现有法律体系中得到解决,通过法律拟制赋予其法律主体资格实无必要性与操作性,且将人工智能拟制为法律主体反而会造成人的贬值和物对人的侵蚀与异化。[10]

3. 折中说

"折中说"则是介于"法律主体说"和"法律客体说"之间的观点,支持者并未完全承认或否认人工智能的民事主体地位,而是通过重点分析人工智能的自主性和自然人理性与意识之间的差异,承认人工智能有一定限度的法律主体地位和人格属性。传统法律人格制度不能直接套用于人工智能和人工智能与人类之间的天然不平等关系,只能通过法律拟制技术承认人工智能的有限人格,并通过建立人工智能登记备案制度,实现人工智能与人类在法律责任方面的联结,以使人工智能更好地服务人类,也能防止人工智能"异化"为超人类主体而对人类造成威胁。[11] 欧盟通过的《机器人民事法律规则》第59 f条主张机器人属于电子人,具备电子人格。对此,有学者认为"电子人"的主体能力较弱,享有的权利能力受到自然属性、法律、功能与目的等方面的限制,且始于设立而终于终止。[12]

7.2.2　人工智能的法律地位定性

明确人工智能的法律地位是适应和促进人工智能发展,解决人工智能生成物权属纠纷和侵权纠纷等现实问题的前提。前述不同学说从不同角度出发,探讨了人工智能的法律地位问题。法律制度创设的根本目的在于保障人类社会有序发展,人工智能的法律治理自然也应坚持"以人为本"的原则,充分考量人工智能与人类的差异与联系,在坚持人类生存与发展的基础上合理界定人工智能的法律地位。无论从当前现实社会背景,还是从立法成本的角度考量,目前"法律客体说"都较为合理。

1. 人工智能不具备成为法律主体资格的条件

从法律主体制度的哲学基础来看,人之所以能够成为目的,是因为人具有理性,理性是人类与其他生物的根本区别。人类的理性首先表现为人类具有先天能动。其次,人类的理性还体现在实践能力方面的实践理性(自由意志)造就的为自己立法的能力。有人认为,人工智能所具备的智能在本质上不能离开人类的科学技术,人工智能无法自主产生意识,不具备先天能动性。因此,人工智能无法做到像人一样基于自然属性而独立能动地认识世界,更不具备自然立法的能力。[13] 如果将来出现了与上述假设不同的人工智能,则需要根据技术发展情况重新进行讨论。

从法律主体的法理基础来看,法律调整的对象是人与人之间的社会关系,人是法律的目的。自然人基于自然属性天然地属于法律主体,而法人和非法人组织等团体作为法律主体,本质上也是法律基于人类发展需求,通过法律拟制使其具备与人相似的法人主体资格,法律对其规范的本质亦在于调整人与人之间的关系。因此,有学者认为可通过模仿法人制度,以法律拟制的方式赋予人工智能法律主体地位。[14] 本书认为,法人与人工智能存在本质区别,因而无法通过比拟法人主体资格获取的方式赋予人工智能主体地位。其原因在于法人是组织体,是人的集合,有其独立的意志和独立的财产,可以通过自身的组织机构形成、表达和实现自己的独立意志,独立承担自身行为产生的法律责任。而人工智能不具备这些条件,因而无法通过法律拟制技术按照法人制度实现法律主体地位的构建。

2. 人工智能应当定性为法律客体

人工智能是人类所创造的物,其最初的地位就是物。将人工智能定性为法律客体有利于人工智能法律治理的实现。将人工智能定性为法律主体将对现行的法律制度体系、传统理念和伦理造成巨大冲击,使得现行法律制度面临一系列的适用困境。根据本章假定,现有人工智能不存在真正的独立意志,其行为的选择都是直接或间接由人类设计者决定的。因此,若将人工智能定性为法律主体,那么在考察法律主体的主观意志时,这个意志究竟是人工智能自主产生的,还是属于创造者、设计者或所有者、管理者事先设计的? 法律关于主体主观意志的判断是否适用于人工智能实施的行为? 人工智能是否能够成为刑事犯罪的主体、侵权行为的主体? 人工智能是否能够独立承担法律责任? 这一系列的问题需要从立法上予以解决。但如果将人工智能定性为法律关系客体,因人工智能产生的法律关系的主体是其创造者、设计者、所有者或管理者等,法律调整只需在现有法律制度框架内对相关规范进行调整和适当增加,而无需单独建立一个人工智能法律规范的体系。将人工智能视为法律客体,对人工智能的规制主要是对作为法律主体的人的规制。

如上所述,人工智能无法像自然人一样基于自然属性成为法律主体,参照法人制度将其拟制为法律主体亦不具备学理上的正当性。相较而言,因人工智能具备人造物的属性,将其视为法律关系的客体更加符合法理和现实需求。

因此,不宜将人工智能认定为法律关系主体,而应定性为法律客体。现阶段人工智能所体现的"智能"是人类理性的外化,并未超出人类理性,人工智能仍属于人类的工具范畴。除此之外,人工智能的发展可能隐含着巨大风险,草率赋予其法律主体地位不仅不具备学理上的正当性,而且将对现有法律体系造成巨大冲击。对此,法律应对人工智能定性问题应采取保守和谨慎的态度,不宜直接赋予其法律主体地位。

7.3　人工智能生成物的法律保护

随着人工智能的智能化程度逐渐提高,实践中陆续出现了人工智能进行绘画、写作和谱曲等现象。例如2017年5月,微软发布了机器人小冰所创作的诗集《阳光失去了玻璃窗》,掀起了学界关于人工智能生成物的热议,主要涉及人工智能生成物是否具备独创性,其法律属性和法律保护路径等问题。

7.3.1　人工智能生成物的独创性分析

学界对于人工智能生成物是否具备独创性的争议较大,主要存在如下两种观点。

一种观点认为,人工智能生成物具备独创性。这一观点主张,独创性应采取客观标准,从创作结果进行判断,而不考虑创作过程。有学者认为,按照各国普遍遵循的思想和表达二分法的著作权法原理,著作权法对产生作品的过程不予关注与保护,而只保护最终的成果,即作品的"独创性表达",也就是保护作品外在的表达形式。判断某一"智力成果"是否构成作品,著作权法只审查其外在的表达是否具有独创性,而创作者的真实意图和想法以及创作的过程,则不属于著作权法考虑的范围。[15]同样有学者认为,人工智能本质上是人类创作的工具,而所借助的工具无论简单或复杂,并不能决定其创作是否能够成为作品,只有创作成果才是构成作品的决定因素,只要创作成果达到法律规定的作品构成要件,就能成为适格的作品。[16]尽管人工智能的创作要依赖人类输入其中的算法和原始数据,但随着智能化程度的提高,人类在其中提供的智力贡献不断减少,人工智能发挥的作用越来越大,因此可以通过个案分析来认定人工智能在创作中的投入是否达到独创性要求。[17]

另一种观点认为,人工智能生成物不具备独创性特质。随着人工智能技术的智能化程度不断提高,有可能在无人参与的情况下独立生成新内容,但只要这种创作成果仍然是依赖人工智能特定算法而产生的,并非基于自主的智力活动,不具备独立的意志思想,不具备人类特有的思想和情感,则仍然不满足作品的"思想情感表达"属性。因此,这样的人工智能生成物仍不具备独创性,不能成为作品。[18]对此,有人以人工智能生成物的产生过程为切入点阐释该观点,认为人工智能生成物是应用算法、规则和模板而产生的结果,通过这种方式对算法、规则和模板相同的人工智能输入相同指令,所获得的结果具有唯一性,没有个性化的体现。而人类的智力创作则不同,比如画家作画,不同的画家对于同一张照片可以绘出风格各异的画作,就算是同一画家针对同一照片也可以绘出不同的画作,这就是独创性的体现,即作品源于作者独立的、富有个性的创作,是其聪明才智体现,是作者精神与意识的产物。而人工智能因不具备独立意识,其"创作"行为不存在发挥聪明才智的可能性,其生成物也不具有个性化的特征,从而不符合独创性的要求。[19]

综上,在当前的假设和条件下,人工智能生成物不具备作品的独创性。人工智能生成物的著作权定性在理论和实践中都存在较大争议,赋予其作品属性将对既有著作权法律制度和观念造成极大冲击。从我国首例人工智能著作权案的审理来看,我国法院在司法实践中也坚持自然人创作完成应当是著作权法领域文字作品的必要条件,认为人工智能生成物不具备作品要求的独创性。①此外,目前的人工智能并不具备与人类理性相媲美的独立意识,其生成内容是在人类预先输入的原始数据的基础之上通过算法和指令加工而来,与人类创作作品的智力活动存在本质区别,故人工智能不具备创作主体的地位。人工智能生成物也不应当是人类运用人工智能作为辅助工具而创作的作品。人工智能生成的内容是人类所不能预测或决定的,其中也没有人类思想或情感的表达,将人工智能生成物视为人类创作的作品与著作权法的规定不相符。

综上,目前人工智能生成物不具备著作权法对作品的独创性要求。但随着人工智能技术的发展,人工智能"创作"的过程和成品将与人类创作的过程和作品之间的差别越来越小,本节讨论的认定问题将长期存在,并日趋复杂化,从而形成一个长期的挑战性课题,需要相关专业人士的长期研究。

---

① 北京互联网法院(2018)京0491民初239号民事判决书。

7.3.2 人工智能生成物的法律属性

1. 作品说

"作品说"认为,判断作品是否具备独创性应当以创作结果为依据,明确区别人工智能的"创作"方式和"创作"过程,只要"创作"结果符合作品的独创性要求即可成为作品。由于人工智能生成物具备独创性的特质,应当被认定为作品。但在将人工智能生成物认定为作品的基础上,究竟认定为谁的作品,在法律保护作品的主体利益上产生分歧。有学者认为人工智能创作物是人类借助人工智能所创作的,换言之,人工智能只具备人类工具属性,法律保护的是人的作品。[20]也有学者认为应当突破民法上的主体制度,赋予人工智能法律主体地位,认可人工智能创作物的作品属性,法律保护的是人工智能主体的权利,而不是保护人类。[21]

2. 邻接权客体说

"邻接权客体说"认为,人工智能生成物在性质上与邻接权客体更为贴近,对其进行保护的价值也与领接权制度的价值目标相契合,所以应当将人工智能生成物纳入邻接权客体范畴。依据现有法律主体制度框架,著作权只保护人类自身的"智力成果",而人类在人工智能创作系统的运行过程中,并没有参与其创作过程,也不存在思想、情感的表达。人工智能虽只具备工具属性,但其如果对创作结果发挥了决定性作用,则不能将其看作人类"手"的延伸。所以在一定条件下,人工智能生成物不能成为人类创作成果而获得著作权保护。

邻接权有广义和狭义之分,狭义的邻接权是指与作品传播有关的权利;广义的邻接权则将一切传播作品的媒介所享有的专有权一律纳入其中,包括对那些由于缺乏独创性要件而不能构成作品的产品、制品,或者是其他含有思想的表达形式但不能成为作品的内容所享有的权利。[22]如果由于人工智能生成物不具备独创性而不能成为作品,则对其保护力度应当弱于对作品的保护程度,而著作权法对邻接权客体的保护,在权利内容与保护期限等方面显著低于对著作权客体的保护力度,因此,将人工智能生成成果作为邻接权客体更为合适。

在著作权法中,邻接权的权利主体并非作品的创作者,但法律基于作品传播的现实需求,对传播作品的邻接权主体的投资性利益予以合理保护。而人工智能生成物的产生源于人工智能技术研发者、技术控制者的投资性投入,能为他们带来一定的经济利益。从这个角度来看,将人工智能创作物纳入邻接权保护的客体范围符合邻接权的内涵和价值目标。[23]法律以邻接权客体保护人工智能创作物的前提系基于权利人的"非创作性投入"。[24]

3. 信息权客体说

"信息权客体说"认为,人工智能生成物在著作权法上的定性存在较大争议。著作权法保护的作品是基于人类智力和创造活动产生的独立成果,人工智能仅具有工具属性,不能成为创作主体。若要提高人工智能自主性,由于相关技术的多样性和未来发展的可能性,目前很难预判或决定人工智能基于不同情境建构而成的内容,是否也不属于人工智能所有者或者使用者的创作。因此,一般情况下人们难以判断人工智能生成物是否属于人类智力或创造活动产生的独立成果,故将其视为著作权法意义上的作品,有可能违背著作权法关涉作品的规范教义,也不利于个人和社会整体知识水平的提升,与著作权法的价值追求相悖。

但是,由于人工智能生成物系基于人工智能所有者或使用者等相关主体的一定投入而产生,且能够通过互联网等传播媒介以信息的形式进行传播,进而产生一定的社会效益,或转化为生产力,为相关主体带来一定的经济利益,所以人工智能生成物的本质属于应受法律保护的信息,可以将其纳入信息权对象范畴,以便合理保障关涉信息的多元价值诉求。虽然我国现行立法尚未明确引入信息权,但既有的信息权理论研究存在极大拓展空间,信息权在我国未来的法律制度中存在很大的适用空间和价值。在人工智能时代背景下,将人工智能生成物作为信息权客体进行保护不仅具有法理上的合理性,还具有时代进步性。[25]

4. 对现有观点的讨论

如前所述,因人工智能生成物是否具备独创性存在疑问,故"作品说"目前难以成立。但是,人工智能生成物即使不能作为作品,也并不意味着人工智能生成物完全不能获得法律保护。因其凝结了人工智能设计者、制造者和使用者等主体的投入,可以进行传播且具备传播价值,也能为相关主体带来财产利益,所以应当对相关主体的一定权益给予保护。

"信息权客体说"在理论和实践方面均存在较大障碍。信息权目前仅为学界所探讨,我国法律并未规定该项权利。若将人工智能生成物作为信息权客体,需从立法上设置信息权。而在立法上设置一项新的权利,需考虑诸多因素,且内容也较为庞杂,涉及权利主体、权利客体、权利内容、责任机制等问题。若仅因为要保护人工智能生成物就直接设置一项全新的权利类型,可能会耗费诸多立法成本,而且在理论和实践方面尚欠缺足够的必要性和可操作性。

相对而言,在目前情况下"邻接权客体说"更具优势,在理论上也更具说服力。从邻接权的立法目的和价值追求来看,将人工智能生成物纳入邻接权客体,对人工智能技术开发者或使用者等主体的权益进行保护,既符合邻接权保护投资者权益的立法目的,也符合促进人类创作的价值追求。并且在现行法律制度中,人工智能生成物的性质与邻接权客体最为类似,相较于"信息权客体说"在立法上增加一项全新的权利类型而言,将其纳入邻接权客体进行法律保护的立法成本较低。因此,将人工智能纳入邻接权客体,只涉及权利客体范围的增加,而不涉及权利类型的新增和大规模法律制度的增改。综上,将人工智能生成物定性为邻接权客体而纳入法律保护范围较为合理。

7.3.3　人工智能生成物的邻接权保护

目前,我国著作权法对邻接权客体范围采用明确列举的模式,仅列举了出版者、表演者、录像制品制作者、录音制作者的相关权利以及电视台对其制作的非作品性质的电视节目的权利和广播电台的权利。依据权利法定的原理,将人工智能生成物纳入邻接权的保护范围,必须以法律明确规定的方式在我国著作权法中增设一项新的邻接权权利类型。有学者建议,在邻接权客体中增加设立一项由产生数据的程序或设备的使用权人享有的对数据成果的"数据处理者权",由此破解目前人工智能生成物的法律保护困境。[26]也有学者认为,将人工智能生成物纳入邻接权客体进行保护,实质上保护的是投资人利益,因此可新增"人工智能创作投资者权"作为一项新型邻接权权利,以实现法律规制与保护。[27]本书认为,"人工智能创作投资者权"既能体现该权利制度的价值目标,也便于普通民众理解,可以采用。在增设"人工智能创作投资者权"之后,需明确该项权利的权利主体、权利客体和权利内容等要素。

1. 权利主体

根据前述关于"人工智能的法律地位"的分析,在现有的法律主体制度之下,暂时难以确认人工智能具备法律主体地位,也不宜赋予其法律主体地位,所以人工智能无法成为其生成物的权利主体。人工智能生成物的产生涉及多方主体的利益,包括人工智能的设计者、制造者、所有者和使用者等主体。为避免利益冲突,需要明确人工智能生成物的权利归属。应当充分贯彻私法自治原则,在相关利益主体存在明确约定的情况下,尊重当事人的意愿自治,以约定的内容明确其权利归属。法律只在利益主体没有约定或约定不明的情况下设定相应的规则,根据不同利益主体对人工智能生成物的贡献和投入量来确定其权利归属。

在相关利益主体对人工智能生成物权利归属没有约定或约定不明时,原则上应当认定人工智能使用者为权利主体。首先,人工智能使用者与人工智能的联系最为紧密,是实际对人工智能发出指令,直接导致人工智能生成物产生的主体,其对人工智能生成物产生所做的贡献最直观,赋予其权利主体地位可以激励使用者的创作激情。其次,人工智能的使用者一般都是人工智能的投资者,赋予其权利主体地位可以保护其基于投资产生的回报,鼓励投资。最后,人工智能的使用者利用人工智能获得创作成果,其可能对文学、艺术作品有一定的了解,更懂得如何对人工智能生成物进行加工、整理,识别其中真正具有价值的内容,以此减少著作权侵权现象,提高生成内容的质量。[26]但实践中还应当根据具体情况来认定,比如人工智能的使用者使用的是他人的人工智能机器,利用他人输入的原始数据和模板等程序,仅仅输入"创作"指令而获得生成内容时,则不能简单地将输入指令的人作为使用者而认定其权利主体地位。

2. 权利客体

人工智能生成物要成为邻接权客体,必须满足以下条件:

第一,必须是由人工智能创作的内容。人工智能生成物应当是人工智能基于算法、原始数据等技术手段独立生成的,类似于作品形式的具有可复制性的创作物,由此排除人类借用计算机工具进行辅助创作而产生的具有独创性的作品。

第二,人工智能生成物的产生需要权利人的投入,生成内容具有一定的原创性。不具有原创性的简单的既有信息组合则不受邻接权保护,比如人工智能生成的事实信息和时事新闻,此类内容应当直接进入公有领域。

此外,人工智能创作物应满足人类精神文化生活的需求,其内容不能违背伦理道德和法律。[24]

3. 权利内容

我国目前著作权法规定的邻接权的权利内容包括人身和财产两个方面。鉴于人工智能生成物是由人工智能基于算法、原始数据等技术手段而形成的,并非直接由人类传播现有作品而产生,其产生过程极为特殊,所以其权利内容应当与传统意义上的邻接权权利内容有所区别。

有学者认为,对于一次性的人工智能创作程序,即其生成物发表之后就不存在再行修改,并且也不存在保护生成内容完整等人类思维的创作程序,与人的创作存在重要区别。人工智能使用者在人工智能生成物基础上进行的人为修改,具备人类创作的性质,其修改后的创作物可能构成新的演绎作品,但这已经不属于人工智能的创作范畴。所以,人工智能生成物在人身方面享有的权利应当只包括署名和发表权,排除修改、保护创作物完整等其他人身方面的权利。[28]

由于人工智能创作的效率非常高,可利用网络等媒介进行传播,其应用范围较广,市场用途多样化,所以人工智能投资者可据此享有不可估量的财产利益。为了实现该项邻接权设置的价值功能——保护投资者权益,确保人工智能及其应用的投资能够得以回报,也为了激励人们积极进行人工智能创作投资,鼓励和推动人工智能技术与产业应用的发展进步,在财产权方面可以设置复制权、发行权、网络信息传播权,以及转让、许可使用人工智能生成物等权利。而对于保护期限,由于人工智能创作效率极高,创作成本也较低,享有的商业价值周期也比较短,为了控制人工智能生成物的创作数量,降低管理成本,对其保护力度应当适当降低,保护期限应当采用短期保护主义,具体可参照我国版式设计权的保护期限,即从创作完成之日起的10年内,人工智能创作投资者可享有相应的邻接权。

7.4 智能决策导致的法律责任

伴随着人工智能技术发展,人工智能可能由辅助性工具阶段发展到具有一定独立性、拟人化的自主性阶段。人工智能逐渐与人类生活密不可分,人类社会也将面临诸多潜在风险,如无人驾驶汽车致人损害、人工智能写作软件与大数据深度融合侵犯原作品等现象时有发生。[29]因此,需要探讨因智能决策导致的损害责任问题。

7.4.1　智能决策的民事责任

民法作为调整平等主体之间的人身关系和财产关系的法律规范,对于规制和防范人工智能技术所带来的现实风险和可能风险具备重要意义。无权利侵害就不必法律责任承担,人工智能所引发的法律责任在于其对其他主体权利的侵害。确定由人工智能所引发的民事领域法律责任,必须先明确人工智能可否认定为民事主体,人工智能行为是否构成侵权,因人工智能引发的侵权行为向谁追责,人工智能使用者应承担何种责任,人工智能设计者应承担何种责任,归责原则与风险分配应当如何设置等问题。

基于本章第二节所述,目前人工智能应当认定为物,即使其发展至高度智能化阶段,亦无法改变其作为物的客观属性。认定侵权行为应满足四个构成要件:加害行为,即行为人做出的致他人的民事权利受到损害的行为;损害事实,即因一定的行为或事件对他人的财产或人身造成的不利影响;因果关系,即加害行为与损害事实之间有因果关系;主观过错,即行为人对其行为的心理状态。加害行为中"行为"是指生理人的行为,传统民法基于人与物的二分性,将侵权行为划分为人的直接侵权行为与物归属于人的间接侵权行为。而人工智能作为传统民法物之范畴,故对其他主体造成的损害属于"物归属于人的间接侵权行为"范畴。因此,智能决策导致损害的民事责任符合侵权法的调整范围。

下面以无人驾驶汽车致人损害为例,分析智能决策致损的民事责任。2016年2月,谷歌无人驾驶汽车测试时,因自身错误而引发全球首例人工智能侵权事故。同年5月和7月,特斯拉Model S的两位车主在使用自动驾驶功能时因发生车祸而丧生。2018年2月,在中国"全球首例特斯拉自动驾驶致死事故案"中,特斯拉公司承认其车辆在事故发生时处于自动驾驶状态。[30]无人驾驶汽车致人损害包括多种情况:一种是无人驾驶汽车生产设计存在缺陷致人损害,另一种是因使用人操作不当导致的无人驾驶汽车致害,第三种是无人驾驶汽车超越既定算法致人损害。

首先,无人驾驶汽车生产设计存在缺陷致人损害情形,依产品责任及替代责任追责。我国《产品质量法》的第41条规定:"因产品存在缺陷造成人身、缺陷产品以外的其他财产损害的,生产者应当承担赔偿责任。"无人驾驶汽车系设计者及生产者、制造者人工创造而成并进入流通领域,符合《产品质量法》定义的"经过加工、制作,用于销售的产品"。产品责任归责原则为严格责任(过错推定),若设计、生产、制造者无法证明自己不存在过错,则应当承担法律责任。而这种严格责任的适用,在一定程度上可能遏制了人工智能技术的发展。因此基于设计生产时的技术条件而无法预料到产品缺陷的,设计者、生产者可以援引《产品质量法》的第41条第3款,即"将产品投入流通时的科学技术水平尚不能发现缺陷的存在的"作为免责事由,以此鼓励人工智能行业发展。

其次,因使用人操作不当导致的无人驾驶汽车致害情形。在此情形下,无人驾驶汽车完全在使用人控制范围内运行,责任应当归属于使用者。该情形下,无人驾驶汽车与一般意义上的驾驶工具并无不同,应适用机动车交通事故的责任分配。适用《民法典》第七编第五章"机动车交通事故责任"的规定以及《道路交通安全法》第76条关于保险替代责任的相关规定。

最后,无人驾驶汽车超越既定算法致人损害情形,适用侵权责任法高度危险物归责原则,类推适用高铁、航空器等技术工具致人损害的责任。人工智能本应在既定算法运算范围内运行,但随着人工智能技术的迅猛发展,存在着人工智能突破既定算法逐渐产生自我意识的风险,自主实施编程范围外的行为,造成侵权后果。在该情形下,即使人工智能超越既定算法致人损害,仍不应改变人工智能物之属性。人工智能技术具备高度危险性,人工智能的所有人或管理人应当负有高度的注意义务,即使无人驾驶汽车超越算法致人损害,这种损害风险的发生也应当被人工智能所有人或者管理人事先注意。这种情形下,因人工智能技术具备高度危险性,基于所有人或管理人的高度注意义务,发生损害时可以适用侵权责任法高度危险物归责原则。所有人或管理人未尽到相应的管理和注意义务,应当承担民事责任,并将举证责任倒置于所有人或管理人,适用过错推定原则。

综上,因人工智能致人损害的民事责任,除人工智能产品产出时的技术不足以发现其存在缺陷这一技术抗辩事由,以及民法免责抗辩事由(如受害人故意等)外,人工智能产品的控制者和使用者应当承担民事责任。绝大多数情形下人工智能致人损害责任最终由人承担,这一归责理念体现了侵权责任法的立法目的主要在于填补损害①,同时具有保护民事权益、教育和惩戒加害人及分担损失平衡社会利益的功能。我国《侵权责任法》第一条将其归纳为救济、预防、制裁、惩罚功能。[31] 唯有将人作为民事责任承担主体,才能发挥侵权责任法的预防功能,以督促人工智能技术研发者和使用者提升防范风险意识。

7.4.2 智能决策的刑事责任

随着未来人工智能技术的持续发展,人工智能有可能实施设计编程外的行为,从而脱离人的控制,对公民的人身、财产进行侵犯造成危害,而这种危害难以估量。对此,美国科幻作家阿西莫夫提出了"机器人三定律",即机器人不得危害人类、必须服从人类、在不违反第一、第二条情况下保护好自己。针对人工智能可能发生的决策风险,我们有必要从刑法领域探讨人工智能责任承担的问题。

首先,人工智能是否构成刑事责任主体?刑法的功能在于预防和惩罚,我国传统刑法功能包括一般预防和特殊预防。刑法的一般预防功能指通过刑罚的实施对犯罪人以外的人进行教育;特殊预防指通过刑罚的实施防止犯罪人再次犯罪。若规定人工智能作为刑事责任承担主体,因无法对其他人工智能产生教育作用,刑法的预防功能将受损;而

---

① 损害填补是侵权法的基本机能之一,其基本涵义是,加害人就其侵权行为所产生的损害承担责任,以恢复原状为最高指导原则,即直观上的"损失多少,赔偿多少"。

基于刑事责任自负原则,也无法发挥特殊预防作用。刑法起源于以牙还牙、以眼还眼的同态复仇,而这种复仇逐渐发展演变为刑法的惩戒功能,以国家公权力的介入定纷止争,通过刑罚施加于犯罪主体,以平复受害者心态,同时使公众获得教育作用,减少纷争。而若将人工智能作为刑事责任承担主体,其所获得仅仅是受害者的报复感,丧失了刑法功能。[32]

其次,人工智能是否具备刑事责任能力? 我国《刑法》规定的刑事责任能力指辨认和控制自己的能力,有学者认为人工智能具备辨认和控制能力的可能性,认为智能机器人的辨认能力和控制能力来源于程序的设计、编制与物理硬件的联合作用。[33]辨认能力包括事实认识能力与规范认识能力,人工智能事实认识能力远高于人类,但规范认识能力来源于后天培养,即在社会生活中潜移默化地对规范的进行自我理解。伴随着人工智能的深度自我学习,其规范认识能力亦将逐渐提升。就控制能力而言,人工智能未脱离设计编程事先设定的范畴,设计者仍然是人工智能的实际控制人;若脱离设计编程,则具备人工智能的自主控制能力。但需认识到的是,现阶段人工智能不具备对不法认识的可能性,并以此获得服从法律规范的期待可能性。[34]因此,人工智能在当前阶段并不具备完整的刑法理念中的刑事责任能力。

最后,人工智能引发的刑事案件应如何归责? 我国刑法将犯罪划分为故意犯罪与过失犯罪。不同情形下的人工智能刑事案件,应采取不同的归责原则。第一种情形:人类故意利用人工智能进行犯罪,如为故意杀人、盗窃财物等而设计发明使用机器人,此时的人工智能并未脱离设计编程,应当认定为犯罪工具,依照故意犯罪追究行为人责任。第二种情形:人类过失导致人工智能犯罪,刑法将过失划分为疏忽大意的过失和过于自信的过失。如无人驾驶汽车设计者、使用者、生产者等相关主体,应当预见无人驾驶汽车系统存在缺陷,但由于疏忽大意没有预见或已经预见但轻信可以避免,由此造成严重危害后果,应当依照过失犯罪追究相关人刑事责任。第三种情形:人类既无故意也无过失,即人工智能脱离设计编程事先设定的范畴,应当认定脱离了人的控制领域,同时符合人工智能产生时因技术局限而无法意识到的缺陷之抗辩理由,此时人工智能制造者或使用者不具备预见危险可能性,应当认定为意外事件。

伴随人工智能时代的到来,人工智能使得部分犯罪危害性产生了“量变”,带来了诸多新的犯罪形式,同时亦产生人工智能脱离控制而严重危害社会的行为。[35]刑法作为维护社会秩序的最后一道法律屏障,应当发挥预防和惩戒功能,将人工智能时代下的新型犯罪纳入刑法调整领域,同时作为惩罚力度最大的法律规范,应当保持适当谦抑性,以促进人工智能技术的发展。

7.4.3　智能决策的行政责任

智能决策的行政责任承担问题涉及人工智能能否成为行政相对人的问题。如前所述,现阶段人工智能不具备与自然人同等的理性意志,因而不能取得与自然人同等的主体资格;并且参照法人主体资格取得的拟制方式赋予人工智能主体资格亦存在理论和实践障碍,因而,人工智能不具备成为行政相对人条件。从行政处罚目的而言,行政主体通过行政处罚以达到治理社会的目的,行政处罚是一种治理措施,其调整的仍然是人与人之间的社会关系。虽然违规使用人工智能的行为属于行政处罚的范畴,但这一行为是由人实施的,行政处罚的对象应该是人工智能的开发者、使用者等主体。

此外,行政领域的人工智能应用导致的损害,应当由使用人工智能进行行政决策的主体承担责任,人工智能应当视为行政部门实施社会治理和提供社会公共服务的辅助工具。若人工智能存在固有技术缺陷导致的损害,能够作为使用人工智能技术的行政主体的免责事由。但是,应当明确使用人工智能技术的行政主体对其使用的技术之固有缺陷是否具备可预见性。若依照通行技术标准应当预见没有预见其使用技术的固有缺陷,则应当承担相应的法律责任。

7.5 人工智能时代的法制建设

从法学的角度看,目前人工智能尚处于工具性阶段,若为人工智能的设计、开发、制造和使用等行为设计一套完整的法律规则以应用到执法、司法等活动,不具备现实可操作性。但可结合人工智能现有的应用场景,制定和调整相关法律规范,以解决当下人工智能应用涉及的法律问题。譬如我国《电子商务法》第18条则对大数据杀熟作出回应,保障消费者的隐私和平等权。①国家互联网信息办公室2019年5月28日发布的《数据安全管理办法(征求意见稿)》第24条对人工智能生成物不得侵犯相关主体的合法权益作出规定。②2018年3月28日,中国人民银行、银保监会、证监会、外汇局联合发布了《关于规范金融机构资产管理业务的指导意见》,该指导意见第23条对人工智能在金融领域的应用(即智能投顾)进行了规制,从准入要求、投资者适当性以及透明披露方面对智能投顾中的算法进行穿透式监管。虽然已有相关规范陆续出台,但目前我国关于人工智能法律问题的相关规定较为零散,缺乏体系性的整体规制。在对人工智能发展进行法律规制时,应当从全局上坚持以下几个方面的要求:

---

① 《电子商务法》第18条:"电子商务经营者根据消费者的兴趣爱好、消费习惯等特征向其提供商品或者服务的搜索结果的,应当同时向该消费者提供不针对其个人特征的选项,尊重和平等保护消费者合法权益。"

② 《数据安全管理办法(征求意见稿)》第24条:"网络运营者利用大数据、人工智能等技术自动合成新闻、博文、帖子、评论等信息,应以明显方式标明'合成'字样;不得以谋取利益或损害他人利益不得以谋取利益或损害他人利益为目的的自动合成信息。"

7.5.1　以安全为核心的多元价值目标

世界上没有绝对的安全,任何时代的发展都与风险并存。人类在进入全球化时代之后,由于大量近现代科学技术的应用伴随着环境污染、超级细菌等风险,人类社会也因此进入"风险社会"。而人工智能已经带有风险的性质、社会条件以及由其产生的各种制度带来一系列转型性的后果,对其风险控制所要求的速率和速度使得人类掌控技术的能力逐渐削弱。[36] 因此,我们应当承认人工智能发展伴随风险的客观现实。面对这些风险,应增强风险认识能力,提高风险意识,强化对风险的规避,而不是执着于消灭客观存在的风险;应当引导规范人工智能技术的健康发展,而不是遏制、抵触人工智能的发展。因此,在人工智能发展的法律规制方面,以安全为核心的多元价值目标构建就显得尤为重要。同时,应注重对效益、透明、公正等价值的追求,必须在多元价值之间寻找一个平衡点,而当这种平衡被打破时,又必须以安全为核心。这种以安全为核心的多元价值目标的追求应贯彻在人工智能应用法律治理中的数据安全、隐私安全,国家秘密、商业秘密的法律保护,算法的合理规制,网络空间安全等各个方面的法律制度中。

7.5.2　以算法为重点的多元规制框架

欣顿(Geoffrey Hinton)等人于2006年提出深度学习技术体系,数据、算法、算力在人工智能中的作用得到了提升,形成人工智能的训练法思维(见1.1节和2.2.2小节)。若将训练法比作火箭,那么数据是火箭的燃料,算法是火箭的引擎,算力(即芯片等硬件设施)是火箭的加速器。数据于人工智能的重要性不言而喻,其来源广、数量大、类型多样,具备实时性,是训练法的基础原材料。利用深度学习算法可以挖掘数据之间的多层次关联关系,为训练法应用奠定数据源基础。算力支撑训练和推理。由于人工智能程序不保证具备中立性,所以有可能导致法律风险的发生。比如,谷歌公司的数码相册软件将黑皮肤的人标记为大猩猩,这展示了训练数据不具有足够的代表性(见1.2节和2.3.1小节)而导致侵权损害,进而导致种族之间的仇恨和冲突。

美国计算机协会(USACM)于2017年1月12日发布的《算法透明性和可责性》文件,美国纽约市议会于2018年1月17日通过的《算法问责法案》等无不对人工智能的算法可解释性、可问责性等做出了要求,以此应对算法歧视、算法黑箱和算法错误等问题。在《算法透明性和可责性》这一文件中,USACM认为,计算机算法已经广泛地应用到我们的经济社会中,其作出的决策深刻地影响着我们的教育、健康、就业和金融生活。但是目前有实例表明,算法得出的诸多结果都存在着不公平性和不可靠性,而越来越多的证据则指向算法不透明,认为不透明性是导致结果不公平性和错误的重要原因。因此,USACM对算法的透明性和可责性设置了七条规则:其一,相关主体应意识到算法中可能存在的偏见和潜在危害;其二,监管机构应构建一定的机制,以便因算法决策而受到不利影响的个人和组织能够提出质疑并得到救济；其三，算法作出决策的后果应当由使用它的机构承担；其四，鼓励使用算法决策的组织和机构对算法所遵循的程序和所做出的具体决策进行解释；其五，算法的构建者应该对训练数据的收集加以描述；其六，模型、算法、数据和决策应被记录，以便在怀疑有损害的情况下对其进行审查；最后，机构应使用严格的方法来验证其模型，并记录方法和结果，他们应当定期地做测试以评估该算法是否会产生歧视性的结果，并鼓励将结果公之于众。[37]在美国的大型城市中，学校校车的线路规划、房屋质量检测、再犯罪风险评估、儿童福利制度、预测性警务等诸多领域，政府部门正逐渐地依赖算法。算法也因此成为了公共资源分配和社会治理的主角。但是随着算法在日常社会生活中应用的深入，越来越多的算法歧视和算法错误事件被曝光出来，例如COMPAS的软件存在种族歧视的倾向，美国伊利诺伊周儿童和家庭服务部采用的预测分析儿童和家庭算法出现的大量错误案例，其未能识别出大量的高危儿童，致使他们最终死于忽视或者虐待。为了应对算法歧视和错误等问题，纽约市的第49号地方法律——算法问责法案应运而生。该法案作为美国规制算法的重要立法，提倡促进政府自动决策算法的公开透明和可解释性，将促进政府决策中的算法可信度。因此，我国制定人工智能相关法律时，可以借鉴国外的相关经验，以算法为规制重点，促进算法的可解释性和可问责性，以此来规避算法歧视、算法黑箱、算法错误等问题。

　　人工智能应用为我们的生产、生活提供新的、有价值的解决方案的同时，也带来各种挑战。当今正处于数据大爆炸的时代，人工智能利用大数据和信息给人们的生产生活带来便利的同时，也伴随着个人信息和隐私被泄漏和被滥用的法律风险。虽然对于个人隐私的侵害由来已久，但在人工智能环境下，个人数据隐私的泄露呈现出侵权主体复杂化、侵权客体范围广泛化、侵权方式技术化和隐蔽化等新特点。许多国家和国际组织为应对以上新变化，制定相关的法律文件和规则。其中，影响最为广泛的是欧盟于2018年5月出台生效的《通用数据保护条例》（General Data Protection Regulation，简称"GDPR"）。GDPR以行业自律为主，政府干预为辅，针对人工智能时代的个人数据保护问题制定了适用范围极广的规则。这为我国当前人工智能高速发展环境下应对个人数据隐私保护问题提供了经验与指引。我国受GDPR的影响，于同年5月正式实施了GB/T35273-2017《信息安全技术个人信息安全规范》，非常明确地将《网络安全法》原则性的规定进行了实质上的细化。国家市场监督管理总局和国家标准化管理委员会于2020年3月6日发布了《信息安全技术个人信息安全规范》（GB/T35273-2020），对既有的《信息安全技术个人信息规范》（GB/T35273-2017）进行了更新。上述两份规范文件细化了大数据行业的部分规定，明确界定了个人信息的范围和责任将个人同意作为原则予以规定，确定了个人信息使用的七大原则，并明确提出信息安全管理和评估方面的要求，设置禁区强化了数据控制者的法律责任。这一规范提高了人工智能产品侵权法律的可操作性，有助于更好的规范数据流通，切实落实了保护公民的个人隐私。

　　法律规范的作用在于预防人工智能侵犯个人数据、隐私行为的产生，保障相关主体的合法权益。考虑到某些人工智能算法是依据数据训练出来的（见2.2.2小节），因此应当"以算法为重点规制对象,并设置相应的数据保护规则",以此构建以算法为核心的多元人工智能法律规制框架。

7.5.3　探索人工智能开发的法律监管

人工智能在实践中带来的诸多复杂伦理问题已经转化为具体的法律挑战,将人工智能的开发和行为决策置于法律监管之下才能较好的预防人工智能风险。对人工智能监管的重点在于对人工智能设计和应用的监管,实现对人工智能算法设计、产品开发和成果应用等的全过程监管。

应促进人工智能行业和企业自律,切实加强人工智能协同一体化的管理体系,加大对人工智能领域数据滥用、算法陷阱、侵犯个人隐私、违背道德伦理等行为的惩戒力度。积极开展与人工智能应用相关的民事与刑事责任确认、隐私和产权保护、机器伦理与破坏力评价等伦理与法律问题的交叉研究,建立人工智能的可追溯和问责制度,明确人工智能的设计者、控制者、使用者等相关法律主体的权利、义务和责任,强化对人工智能的行政监管和行业的自律。

7.5.4　国际合作

伴随人工智能的发展所产生的问题与挑战,已并非某个国家或某个地区面临的问题。目前,已有国家设置相应规范予以应对。譬如,IEEE 于 2017 年 12 月 12 日发布《人工智能设计的伦理原则》,欧盟于 2019 年 4 月 8 日发布《人工智能伦理准则》以及罗马于2020 年 2 月 28 日发布《罗马人工智能伦理宣言》等。这些文件中既有原则性规定,也制定了具体的操作准则,为各国人工智能的立法提供借鉴与参考。

在人工智能全球化治理不断深入的今天,我国也应当积极参与和应对。需始终秉承开放合作的态度,与各国携手探索人工智能的科学前沿,共同推动人工智能的创新应用。加强机器人异化和安全监管等人工智能领域中的重大国际共性问题研究,深化在人工智能法律法规、国际规则等方面的国际合作,提升我国在人工智能领域的国际制度性话语权,以实现我国《新一代人工智能发展规划》中的一系列中长期目标。

7.5.5　案例研究

当人类迈步走在通向未来的大道时,人工智能已不可避免地扮演着重要的角色。可以预见的是,未来人工智能会扮演更加重要的角色。那么,人工智能究竟是成为人类发展的"北斗星",还是演变为人类的"终结者"呢?这个问题值得深思。

例如,两辆无人驾驶汽车行驶在高速公路,左车道上的第一辆无人驾驶汽车略微领先于右车道上的第二辆无人驾驶汽车。它们都在以合理时速行驶,车上的乘客都没有密切地监督汽车的运行,但都系上了安全带。突然,一头鹿闯入左边的车道。为了避免与鹿相撞,第一辆无人驾驶汽车的人工智能做出了最为安全的决定,向右边道路靠过去。而为了避免与第一辆无人驾驶汽车相撞,第二辆无人驾驶汽车的人工智能也瞬间做出了最安全的决定,也向右边道路靠过去,但遗憾的是撞上了一棵树。结果,第一辆无人驾驶汽车里的乘客安然无恙,而第二辆无人驾驶汽车里有一位乘客的手臂骨折。但如果第二辆无人驾驶汽车试图在原有路线上停止运行(这可能会与第一辆无人驾驶汽车相撞,进而导致车上的人员受伤)或者转向左边道路(这可能会撞伤那头鹿,同样也会导致车内更多的人员受伤)的话,那么将会有更多的人员受伤。这两辆汽车中的自动驾驶技术都在合理运行,汽车的制造也没有任何问题,在购买之前或者事故发生之前也没有遭受任何毁损。这个案例表明,在如今人工智能飞速发展的情况下,人工智能已经具有自主思维和深度学习的能力,我们不可能彻底防止其造成损失的情况发生。加之人工智能并不具有承担侵权责任的主体资格,因此建立一套完整的人工智能侵权应对机制实属必要。

那么,具体应如何构建相关的风险防范机制与应对机制,以引导人工智能行业的良性发展,为人类谋取最大的福祉呢?

讨论与思考题

1. 人工智能伦理与法治的关系是什么?
2. 人工智能法律治理的主要范畴有哪些?
3. 人工智能法治应遵循的基本原则是什么?
4. 你认为法律规范人工智能的价值追求是什么?
5. 伴随人工智能发展的法律风险有哪些?
6. 你认为是否应当赋予人工智能法律主体资格?理由是什么?
7. 法律应当如何看待人工智能生成物?
8. 你认为人工智能决策失误导致的法律责任应由谁承担?
9. 法律应当如何规制算法?
10. 法律应当如何规范和促进人工智能的发展?

参 考 文 献

[1] 约翰·弗兰克·韦弗,郑志峰.人工智能机器人的法律责任[J].财经法学,2019(01):157-158.

[2] 周佑勇.论智能时代的技术逻辑与法律变革[J].东南大学学报(哲学社会科学版),2019(5):67.

[3] 亚里士多德.政治学[M].吴寿彭,译.北京:商务印书馆,2017:202.

[4] 于雪,段伟文.人工智能的伦理构建[J].理论探索.2019(6):44.

[5] 王博杰,唐海萍.人类福祉及其在生态学研究中的应用与展望[J].生态与农村环境学报,2016
(5):698.

[6] 曹新明,咸晨旭.人工智能作为知识产权主体的伦理探讨[J].西北大学学报(哲学社会科学版),
2020(1):96.

[7] 贺栩溪.人工智能的法律主体资格研究[J].电子政务,2019(02):111.

[8] 彭诚信,陈吉栋.论人工智能体法律人格的考量要素[J].当代法学,2019(02):60.

[9] 房绍坤,林广会.人工智能民事主体适格性之辨思[J].苏州大学学报(哲学社会科学版),2018,
(05):64-72.

[10] 龙文懋.人工智能法律主体地位的法哲学思考[J].法律科学(西北政法大学学报),2018(05):30.

[11] 杨清望,张磊.论人工智能的拟制法律人格[J].湖南科技大学学报(社会科学版),2018(06):97.

[12] 郭少飞.人工智能"电子人"权利能力的法构造[J].甘肃社会科学,2019(04):108.

[13] 刘洪华.论人工智能的法律地位[J].政治与法律,2019(01):13-14.

[14] 杨清望,张磊.论人工智能的拟制法律人格[J].湖南科技大学学报(社会科学版),2018(06):92.

[15] 李伟民.人工智能智力成果在著作权法的正确定性:与王迁教授商榷[J].东方法学,2018
(03):152.

[16] 丛立先.人工智能生成内容的可版权性与版权归属[J].中国出版,2019(01):11-14.

[17] 张惠彬,刘诗蕾.挑战与回应:人工智能创作成果的版权议题[J].大连理工大学学报(社会科学
版),2020(01):79.

[18] 魏丽丽.人工智能生成物的著作权问题探讨[J].郑州大学学报(哲学社会科学版),2019(03):23.

[19] 王迁.论人工智能生成的内容在著作权法中的定性[J].法律科学(西北政法大学报),2017
(05):154.

[20] 丛立先.人工智能生成内容的可版权性与版权归属[J].中国出版,2019(01):12.

[21] 李伟民.人工智能智力成果在著作权法的正确定性:与王迁教授商榷[J].东方法学,2018
(03):157.

[22] 郑成思.版权法[M].北京:中国人民大学出版社,2009:6.

[23] 秦涛,张旭东.论人工智能创作物著作权法保护的逻辑与路径[J].华东理工大学学报(社会科学
版),2018(06):81.

[24] 许明月,谭玲.论人工智能创作物的邻接权保护:理论证成与制度安排[J].比较法研究,2018
(6):51.

[25] 郭如愿.论人工智能生成内容的信息权保护[J].知识产权,2020(02):53.

［26］陶乾.论著作权法对人工智能生成成果的保护:作为邻接权的数据处理者权之证立［J］.法学，2018(04):3-15.

［27］许明月，谭玲.论人工智能创作物的邻接权保护:理论证成与制度安排［J］.比较法研究,2018(06):52-53.

［28］许明月，谭玲.论人工智能创作物的邻接权保护:理论证成与制度安排［J］.比较法研究,2018(06):52.

［29］王晓巍.人工智能写作软件使用者的著作权侵权规制［J］.中国出版－智能编，2018(11):49.

［30］张继红.无人驾驶汽车侵权责任问题研究［J］.上海大学学报(社会科学版)，2019(01):17.

［31］刘小璇.论人工智能的侵权责任［J］.南京社会科学，2018(09):105.

［32］皮勇.人工智能刑事法治的基本问题［J］.比较法研究，2018(05):157.

［33］刘宪权.人工智能时代机器人行为道德伦理与刑法规制［J］.比较法研究，2018(04):49.

［34］时方.人工智能刑事主体地位之否定［J］.法律科学(西北政法大学学报)，2018(06):71.

［35］刘宪权.人工智能时代的刑事风险与刑法应对［J］.法商研究，2018(1):79.

［36］芭芭拉·亚当,乌尔里希·贝克,约斯特·房·龙.风险社会及其超越:社会理论的关键议题［M］.赵延东,马缨,译.北京:北京出版社,2005:249-253.

［37］ACM US Public Policy Council. Statement on Algorithmic Transparency and Accountability［EB/OL］.(2017-01-12)［2020-04-13］.htts://www.acm.org/binaries/content/assets/public-policy/2017_usacm_statement_algorithms.pdf.

第8章　人机社会技术伦理回顾与反思

　　人类文明史与工具息息相关,工具一直在人类文明中扮演着极其重要的角色,是社会进步的核心动力之一,而机器是工具的一种高级形式,技术又是机器的泛化。依靠工具的逐步改进,人类不断加深了对自然的认知,加强了对自然的改造,同时创造了自身绚丽的文明形态。中国从文明之初,工具的变迁便与文明的变迁密切相关。在夏商时期,由于青铜器具的发明与使用,促进了彼时经济与社会的发展,并催生了当时世界上极为先进的文明。而又因铁器的诞生,中国文明进入另一个层次的发展——春秋战国时期。指南针、造纸术、火药和印刷术这四大发明的诞生,也不断地在塑造着我们文明的形态。

　　而在近代,随着第一次工业革命的爆发,蒸汽机等一系列新工具的投入使用,使得世界文明的形态再次被形塑。欧美借助发明与使用机器,实现了自身文明的弯道超车。正如马克思所指出的:"火药把骑士阶层炸得粉碎,指南针打开了世界市场并建立了殖民地,而印刷术则变成新教的工具,总的来说变成科学复兴的手段,变成对精神发展创造必要前提的最强大的拉杆"。[1]在第二次工业革命之后,内燃机与电的应用,使得世界文明逐渐走向一体化;而在第三次工业革命之后,在以原子能、航天技术、电子计算机等技术的带领下,世界完全走向一体化,开创了地球村时代。前三次工业革命中,新工具的投入使用,对世界文明的构建与塑造产生了至关重要的影响,而在当前我们正经历着第四次工业革命,它以人工智能、量子信息技术为代表,将进一步形塑我们的文明。

　　工具一方面推动了文明形态的变革,另一方面也使自身对于人类的重要性不断攀升,从而使得人类愈发依赖于工具。在农业社会,人类还能够部分独立于工具进行生产运动,可以自由地"仰观宇宙之大,俯察品类之盛"。但在进入工业文明之后,绝大多数的生产、生活以及各类其他活动都部分地或者完全地"机器化"了。我们出行需要交通工具,不论是远距离交通还是近距离交通;交流则离不开手机等通话装置,生产则更为依赖各类工具机器。

　　机器与人之间的紧密关系在当前的时代几乎是个不言而明的问题了,但是从历史上来看,这种关系也经历过许多波折。就世界范围而言,在19世纪初,在英国便爆发了一场卢德运动。这场运动旨在捣毁机器,争取工人的权力。工人们认为是工业机器的发明和使用导致了自身收入降低甚至失业。这种运动暴露出了机器虽然在一方面呈现出了极大的积极效应,但是同样也带来了人机如何和谐相处的问题。

　　而第一、二次世界大战之后，人机关系进一步变化。机器不再仅仅是一种被动的客体，而成为一种具有一定自主性的存在物。如果在过去（比如卢德运动时期），机器在提高生产力的同时，改变了部分人群的生活方式，那么在当代，伴随着第三次工业革命带来的信息技术革命和生物技术，机器对人类的影响是全方位的。与此同时，人们对机器的依赖和恐惧都在不断增强。

　　在现阶段，人工智能正在成为高新技术的一个典型代表，并对人类的生产和生活的方方面面产生巨大的影响，世界各国普遍认为，未来社会将是某种形式的"智能社会"。在人们普遍期待智能社会到来之际，也有人对智能社会可能存在的风险产生了严重的担忧[①]。虽然这些担忧目前并没有得到任何科学证据的支持，但这些担忧所立足的假设仍然应该引起注意，这就是人工智能将不同于以往的工具机器，它将构成人类文明的重要一环，不再像以往时代中机器所扮演的纯粹客体一般。它不再仅仅是人的器官的投影，或者说人的延展，而是能够具有一定程度的自主性，能够在一定范围内，无需人的干预而独立工作。

　　由于这种新特性，我们在新的时代条件下，不能再局限于过去时代的经验来考察人机关系的未来。从风险方面看，人们的担忧主要有以下几种：

　　第一种担忧：人工智能超越人类。目前机器已经具备了超越人类的计算能力，而人工智能还在不断发展之中。那么，未来会不会出现一种场景，即人工智能超越人类的能力？如果出现了，该处理其中的人机关系？按照霍布斯的理论，在人类社会中，基于自我保存的目的，人们缔结契约，约束相互的权利，从而形成了我们今天的社会。但是当人工智能超越人类能力的时候，如何协调机器与人类的关系，从而保持和谐相处的局面？

　　第二种担忧：人工智能替代人类。在一些具体的场景中，机器已经替代了一部分人，比如在无人工厂中，高速运转的自动化设备替代了工人的繁重劳动。不过，目前出现的只是工具性替代，而非对人的全面替代。如果由于人工智能技术的发展，即使机器依然为人所控制，但是它们可能会大规模替换诸多场景中的人类。这种替换将对人的价值与思想体系带来哪些冲击？会不会导致"人类无用论"？

　　第三种担忧：人对人工智能的恐惧。由于目前的一部分人工智能技术存在不透明性，导致人工智能所执行的行为结果呈现出不确定性，这种情况被称为"人工智能黑匣"。由于此类机制的存在，人们很难完全信赖人工智能，而这种不信任感可能导致对人工智能的恐惧。如何处理人机关系中可能出现的恐惧，也是我们当前需要思考的问题。

---

① 例如，美国未来学家雷蒙德·库兹韦尔（Ray Kurwell）提出了关于人工智能的奇点理论，预言到2045年，电脑将能够完美地与人脑智能相互兼容，纯人类文明也将终止。

第四种担忧:人工智能对现行社会制度的挑战。不论是法律还是当前的伦理,其主要对象都是一般意义上的人类。一旦人工智能作为一种文明介入到人类社会中,则势必将引发法律制度与社会伦理层面的新挑战,如何界定人工智能的法律与伦理地位,又将是一个非常棘手的新问题。

从人工智能基础现状看,上述担忧依然是相对遥远的。但是,目前已经投入使用的人工智能、大数据等技术,则面临着一些更为紧迫的人机关系问题和挑战,例如数据隐私问题、算法中立问题、信息传播问题等。由于这些问题以及在将来可能出现的新问题的存在,使得当代的人机关系无法完全借助过去的经验加以解决,需要用新的观点、思维和方法展开探讨,从而使得我们在最大化地发挥人工智能正面效用的同时,能够最大限度地避免负面效应。

8.1　人机关系与人类未来

了解人机关系的历史和现状,有助于把握人机关系的未来。人机关系先后经历了前工业时代人与传统工具的融合统一,到工业时代人与近代机器的相对分离对立,再到后工业时代人与智能机器的依赖、渗透及深度互嵌,二者之间呈现出"正-反-合"式的发展模式。[2]

8.1.1　前工业时代的人机关系

"机器"一词的英文是"machine",该词最早指的是古希腊、罗马时期包括轮子、杠杆、螺丝等在内的一些简单工具,以及它们的组合。根据《辞海》的解释,工具泛指人类从事生产、劳动所使用的器具,既可以用手工操作,也可以在机器上进行操作。[3]工具通常构造比较简单,有的甚至没有固定型制,有随意性很强的特点,操作方便,人类凭借自身体力就能使用。机器是由多种零部件组合而成的复杂物体,往往需要电力、蒸汽、汽油等能源进行操作,其生产效率比若干工具的组合还要高得多。[4]

人类的文明史一直与工具息息相关,德国哲学家卡普在《技术哲学纲要》中提到:"如果人类历史可以被精确地进行研究的话,那么它从头到尾就是改善工具的历史。工具一直在人类文明中扮演着极度重要的角色。"[5]依靠工具的改进,人类不断加深了对自然的认知,加强了对自然的改造,同时创造出绚烂的文明形态。伴随着技术的发展和人类文明的进步,工具的形态也在不断变化。图8.1为工具演变史的示意图。

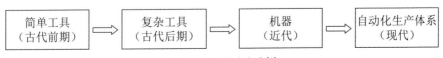

图8.1　工具演变史[6]

通过上面的分析可以发现,前工业时代的人机关系主要为人与工具的关系。古代人机关系的本质特征是"工具与人共在"。古希腊时期,人们用"技艺(techne)"来指代技术,有木工、木艺之意。苏格拉底拓展了该词的涵义,用它来形容可以通过言语和行为传授的知识技能。柏拉图基于"理念论"认为看似毫无内在关联的人与工具其实是共在的关系,不可分割。理念是独立存在的实体,与具体事物无关,并先于其存在。工具是人类通过模仿理念将其外在化、实体化的结果。[7]亚里士多德则基于"目的因"论证人与技术的共生关系。他认为工具是对自然的模仿。并对自然之物与制作之物进行了区分,指出后者是因为有外在干预而存在的。工匠制作工具的过程是将形式转化为质料的过程。[8]这个时期强调的是人与工具的统一性。

中国古代哲学讲求天人合一。工具的发展模式是顺应自然,人与工具的关系是和谐共生,包括制造与使用工具,如庖丁解牛的故事,庖丁熟悉牛的生理结构,在其骨节缝隙处用刀,大大节约了人力。工具的发明依照的是"制器尚象",[9]模仿的或是人之"象",或是自然之"象",这和古希腊时期的工具观有着颇多相似之处。不过后者工具与人共在的前提是人与工具的分离,而我国古代工具观强调的是二者之间的圆融中和。

8.1.2　工业时代的人机关系

18世纪工业革命,真正意义上的机器诞生,人机关系渐趋复杂化,相对分离,却又相互依存,产生了两股较有影响力的思潮:"机器是人"的机械论与"机器像人"的有机论。[10]

1. 机械论思想下的人机关系

机器的发展使人与机器在生产生活中的位置发生了巨大变化。机器大大提升了生产效率,人开始失去绝对主导地位。机械论的观点是机械运动可以解释事物变化,机械因果关系是对现象的还原,包括人的生命运动。以弗朗西斯·培根(Francis Bacon)为代表,近代的哲学家开始用机械论解释自然、社会、宇宙现象。笛卡尔认为,人的身体"是由骨骼、神经、筋肉、血管、血液和皮肤组成的一架机器"。[11]机械唯物论权威霍布斯认为自然界是基于因果链条而成的大机器,身处其中的所有物体都是各种小机器,隶属自然这个大机器。[12]

拉美特利则提出"人是机器"的观点,认为人相比动物就是多了一些零部件,人之所以有理性,是因为脑子与心脏的距离成比例地更接近,故而能够有更充足的血液供应。换言之,人与动物都是机器,没有实质性差别。人的特殊之处在于人可以自己发动自己,"体温推动它,食料支撑它"。[13]

从笛卡尔到霍布斯再到拉美特利,机械论理念逐渐走向极端。机器成为人认识世界的尺度,以及改造世界的模型。人机关系逐渐错位,开始出现马克思提出的"异化"特征。机器大规模应用,承担了原本属于人的大量工作,人类开始被迫或自愿适应机器的运作模式,人一方面享受机械生产带来的丰富物质产品,另一方面逐渐减少了自主性,降低了理性、批判性与创造性,一定程度上变成了机器的奴隶,而机器成了统治人的异己力量。

19世纪下半叶,机械论逐渐暴露出很多缺陷,重新思考人机关系的有机论开始登场。

2. 有机论思想下的人机关系

恩斯特·卡普(Ernst Kapp)反对将机器彻底人化的机械论思想,转而提出"器官投影说"。他认为,工具是人的器官的投影。人的身体是技术的本原,工具的原型是人体器官,例如锤子是人手的投影,锯子是牙齿的投影,铁路是人体循环系统的投影。[14]

马克思提出"器官延长说"。他认为,工具延长了人的自然肢体,是人的力量外化的结果。[15]这与传播学者马歇尔·麦克卢汉(Marshall Mcluhan)提出的"媒介是身体的延伸"观念相似。芒福德提出"巨机器"的概念,他用巨机器来形容等级组织中独裁统治的权力模型,机器成为人类智力的最终代表。[16]

20世纪初,德国学者阿尔诺德·盖伦(Arnold Gehlen)提出了"器官补偿"与"器官强化"原则,认为人与动物相比,最大区别在于人的未特定化或"非专门化"(Unspecialization)。[17]人只能利用机器来对自己的器官进行补偿和强化。人类学家迈克尔·蓝德曼(Michael Landmann)也认为,由于人的自然本能的"非专门",所以只能创造工具来弥补先天的不足。[18]

不管是机械论还是有机论,人机关系开始呈现"刚性"态势,对立变得更加明显,出现错位异化现象。

8.1.3 后工业时代的人机关系

"后工业社会"一词由丹尼尔·贝尔(Daniel Bell)提出,他认为,后工业社会中,占据主导地位的是能够被编码成各种抽象符号系统的理论知识,即后工业社会,人们更依赖于信息。

相对于其他技术哲学家思考人机关系,雅克·埃吕尔(Jacques Ellul)认为,应该从人与技术系统的关系着手,在技术系统中思考人的本质。技术系统中的人是技术化了的人。[19]也就是说,技术系统是半开放的系统,有自身的发展逻辑(一定的自主性),也受到外在影响。人依赖技术系统。

技术现象学视野下的人机关系。20世纪末,技术哲学家们的研究路径开始转向现象学范式。技术现象学侧重人与技术(或用具)之间的关系。贝尔纳·斯蒂格勒(Bernard Stiegler)提出"有机化的无机物"论。他认为,"技术的进化一直摇摆于物理学和生物学两种模式之间,技术物体既有机、又无机,它既不属于矿物界、又不属于动物界",[20]是一种有机化的无机物。斯蒂格勒在《技术与时间:艾比米修斯的过失》一书中指出,埃庇米修斯在创造万物的时候,赋予动物们不同生存技能,却独独忘掉人类。人类只能依靠发明创造工具来弥补这种非特定化的缺陷。斯蒂格勒将之称为"代具性补偿"。代具原意是指假肢,在斯蒂格勒这里成了身体之外的一切技术物体。[21]斯蒂格勒认为人在发明器具的同时也在器具中实现了自我发明,以此置自身于自身之外。[22]这为思考人机关系提供了新的思路:机器就是斯蒂格勒所说的"有机化的无机物",人类在发明机器的同时也对自我有了更加深刻的认识。

　　除此之外，还有唐·伊德(Don Ihde)的"人－技术－世界"理论。伊德将身体分为三个类型，其中之一就是技术身体(还有物质身体和文化身体)，以此来指出技术对人的影响。伊德根据人的感知将人与技术的关系分为四种：具身关系(Embodiment Relations)、诠释学关系(Hermeneutic Relations)、它异关系(Alterity Relations)和背景关系(Background Relations)。[23]这四种关系带来了思考人机关系的新视角。首先人机关系可以是具身关系，即机器具身化，融入人的经验感觉中，呈现出透明性，"中途退场"；可以是诠释学关系，即人通过对机器的"解读"来认知外部世界；可以是背景关系，即机器"抽身而去"，成为人们经验环境的一部分；也可以是它异关系，即机器作为它者存在，例如智能化机器已经可以模拟人的听觉、视觉、嗅觉等，智能远超人类无数倍，而且还在以指数级的速度迭代升级，机器相对人类来说成了"它者"。简言之，机器可以是具身设备，能够生成文本供人类解读，还能具有准生命化特征，又能成为人实践活动的背景。[24]这与海德格尔的技术是"座架"相似。但海德格尔更强调技术座架的先验性存在以及对人的促逼效应。人被降维成持存物。海氏理论中的人机关系是失衡的，朝机器这一端严重倾斜。

　　赛博格(Cyborg)视野下的人机关系。随着人工智能技术的发展，人与机器躯体的界限已经逐步被打破。机器被嵌入生物体内部，形成了所谓的赛博格，用来形容这种半人半机、人机互嵌式的生命体的存在。"cyborg"是"cybernetics"(控制论)与"organism"(有机体)的缩写，1960年由美国科学家曼弗雷德·克纳斯(Manfred Clynes)和内森·克莱恩(Nathan Kline)提出。该词最初是用来指希望用技术手段来增强空间旅行人员的身体机能。[25]后来该词才被引申，用来描述智能技术对人类的巨大影响。哈拉维赛认为，赛博格带来了边界的消融：人与动物、人与机器、身体与非身体之间的界限变得模糊起来。人与机器通过四种方式——"修复型""常态型""改装型""强化型"互相作用。[26]从这四种类型可以看出，机器对人身体的改造程度是依次增强的。赛博格一词出现之后，人们对人机关系新的思考又催生了"超人类"(transhuman)与"后人类"(posthuman)的概念。"超人类"最早由阿道司·赫胥黎(Aldous Leonard Huxley)提出，用来描述"通过意识到新的可能性超越其自身的人类属性"。[27]"超人类主义"强调的是利用人工智能手段，提升和改良人类自身的生存能力，超越自我，挑战自身极限，最终目标是实现"去身体化"。[28]

　　"后人类"是1987年由伊哈布·哈桑(Ihab Hassan)在《后人类理论与文化》一书中提出，被用来形容人经过科学技术的改造，变成一种人物或人机系统，能够实现人造器官、人造物件或电子软件等与人的肉体有机结合。[29]伊莱恩·格雷厄姆(Elaine Graham)将后人类一词改为"后／人类"(post／human)，更加侧重对什么是人的思考，以及该如何界定人性，是一种质询。[30]超人类主义属于前瞻式反思人的潜能与本质，后人类主义是回顾式反思人的起源及因果联系。福山、哈拉维等保守主义者认为人机关系中应该坚持人的主体性地位；激进主义者如未来学家雷·库兹韦尔认为人机将深度融合，人工智能被融合于生物智能中。[31]"人类纪"之后是什么呢？美国学者唐娜·哈拉维(Donna Haraway)提出一个新词"克苏鲁纪"。希腊式卷须状物的克苏鲁,纠缠着多种多样的世界性和空间性,以及多种多样的作为几何体的实体——包括超人类、外人类、非人类以及作为腐殖质的人类的内在互动。[32]

综上所述,机器概念先后经历了手工、机械化/自动化、智能化等阶段,人与机器的关系也从融合统一转向相对分离,再到相互依赖、渗透、深度互嵌。[33]可以借用施密特对技术历史三阶段的划分来对人机关系进行总结:第一个阶段,人凭借技巧、体能使用工具;第二阶段,人成了被机器改造的对象;第三阶段,人将智慧力量注入到机器中,人与机器相互促进、共同进化。[34]

8.2　技术伦理的历史回顾

长久以来,技术伦理并未引起人们的注意,也并未进入哲学研究的视野。直到20世纪,技术伦理才开始发展,成为哲学研究中的分支学科。由于技术对社会的巨大影响,特别是工业革命以来,技术伦理的这种滞后发展似乎是令人惊讶的。[35]

2018年11月26日南方科技大学副教授贺建奎宣布了一对基因编辑婴儿的诞生,通过CRISPR基因编辑技术在人类受精卵上删除CCR5基因,希望被编辑的婴儿拥有对艾滋病的免疫能力。但这一行为随即引发巨大争议,相关领域的大批科学家对这一做法的科学合理性、必要性提出质疑和反对,一些人文社会科学学者也对此提出了批评。

科技研发应该以增强人类的福祉为目的。但在实践中,出于多种原因,有时这个条件并没有得到满足,这种情况下可能存在伦理风险。

另外,随着科技的发展,科研工作越来越多地表现为"一种伴随着风险的不确定性的活动"[36],而技术人员"与其说是把握了知识的应用者,不如说是处在人类知识限度的边缘的抉择者"[36]。因而在面对此类风险时,科技工作者需要综合考量科技和社会文化因素,其中伦理因素的考虑无疑是一个重要方面。[36]

技术伦理包含两个内容,其一是对技术的认知,其二是对于技术的伦理考量。一般来说,价值附着于认知之上,如果要有合理的伦理考量,那么必须有关于对象的真切认知,如果在错误认知的基础上进行盲目的道德判断,那么这样的伦理考量本身便是存疑的。以人工智能技术为例,有观点认为,人工智能技术已经或即将全面超越人类的能力水平,已经可以无条件应用,因而也会产生严重的伦理危机;也有观点认为,现有人工智能技术只是"人工弱智","有多少人工就有多少智能",因而无法应用,也就根本不存在伦理风险。但如果依据前一种看法从现在开始就限制人工智能的发展,或者基于后一种看法完全放弃对人工智能伦理风险的监管,都是不明智的。以此为基础,对于技术伦理的历史的讨论,将主要基于对技术的当代认知,并展开围绕于此的各类技术伦理主题讨论。

8.2.1 责任

马丁·海德格尔(Martin Heidegger)是德国著名哲学家,根据他的观点,尽管技术是一种工具这种普遍的观点是正确,但是它掩盖了技术的本质:"单纯正确的东西并非真实的东西,只有真实的东西能够带领我们进入一种自由的关系中,即那种从本质上和我们有所关联的关系中,显然,对于技术的正确工具性规定还没有向我们显明技术的本质。"[37]

如果说古代技术可以理解为桥梁,人借助它参与到自然的循环中去,技术本身并未挑战此种循环,那么现代技术则是"促逼"(Herausfordern):"在现代技术中起支配作用的解蔽乃是一种促逼,此种促逼向自然提出蛮横要求,要求自然提供本身能够被开采和贮藏的能量"[38],"这种促逼发生之后,由于自然界中被遮蔽的能量被开发出来,被开发出来的东西被改变,被改变的东西被贮藏,被贮藏的东西又被分配,被分配的东西又被重新转换"[39],它不仅揭示自然并且挑战自然,并且把自然当作它自身的一环进行控制。

以农业生产为例,古代的耕作技术只是帮助人们在合适的时间进行播种,并辅以必要的灌溉和施肥措施,从而使得农业生产得以展开,在这项生产活动中存在着大量的"靠天吃饭"的因素,即技术只是使得人们参与到了这项自然生产循环中去,技术只发挥着其中一环的作用。但现代农业技术则改变了这种状况,以温室大棚为例,技术使得人不再依赖于自然,人可以制造一个小型的生态系统,在这里蔬菜一年四季都可以生产。技术使得人脱离出了之前的自然循环,借助于各类科学发现,人们可以掌控自然。旧技术必须服从自然所设定的标准(例如旧风车能够做的工作取决于风吹得有多强),但当代技术本身可以制定标准(例如在现代河坝中,通过积极调节水流可以保证稳定的能源供应)。

海德格尔将这种技术的促逼性称为"座驾"(Ge-stell):"现在,我们以座驾一词来命名那种促逼着的要求,这种要求把人聚集起来,使之去订造作为持存物的自行解蔽的东西"[40],"座驾意味着对那种"摆置"(Stellen)的聚集,这种摆置摆置着人,促逼着人,使人以订造方式把现实当作持存物来解蔽。座驾意味着那种解蔽方式,它在现在技术之中起着支配作用,而其本身不是什么技术因素。相反,我们所认识的传动杆、受动器和支架,以及我们所谓的支配部件,则属于技术因素。但是,装配连同所谓的部件却都落在技术工作的领域内;技术工作始终只是对座驾之促逼的响应,而绝不构成甚或产生这种座驾本身"[41]以智能支付技术为例,尽管它极大地便利了人们的日常生活,但是同时也促逼着人们必须学习和采用这项新的技术,技术不再是简简单单的一项工具,它已经是某种掌控着我们生活方式的存在,一旦我们不会使用,我们便无法融入到社会之中。

对于海德格尔而言,在这种"座驾"体系中,人类本身和自然界中的物一样,都成了开发、改变、贮藏、分配的对象。在这种人与自然的关系中,人类不得不成了现代技术的奴隶,处于"座驾"体系中的人们不得不去无休止地开发、改变、贮藏、分配自然,同时也迫使自己成为自然界的一种原料。[42]

海德格尔认为："技术统治之对象事物愈来愈快、愈来愈无所顾忌、愈来愈完满地推行于全球,取代了昔日可见的世事所约定俗成的一切。技术的统治不仅把一切存在者设立为生产过程中可制造的东西,而且通过市场把生产的产品提供出来。人之人性和物之物性,都在自身的观测的制造范围内分化为在一个在市场上可计算出来的市场价值。这个市场不仅作为世界市场遍布全球,而且作为意志的意志在存在本质中进行买卖,并因此把一切存在者带入一种计算行为之中。"[43]

海德格尔对技术的理解隶属于技术决定论的悲观主义。按照他的观点,现代技术的最大危险是人们仅用工具理性去展示事物和人,使世界未被技术方式展示的其他内在价值和意义受到遮蔽;如果现代技术仍作为世界的唯一解蔽方式存在下去,道德对技术的控制也只能治标而不能治本。[44]

汉斯·尤纳斯(Hans Jonas)承继了海德格尔对技术的部分观点："面对江河的肆虐泛滥,我们有权利保护自己;但到了今天,不是江河威胁人类,而是人类威胁江河,因此我们有义务保护江河不受人类的伤害。自然曾对我们构成威胁,但今天是我们威胁自然。危险包围着我们,我们被迫在危险中生存,但对我们构成威胁的,则是我们自己。"[45]

根据尤纳斯的观点,当代技术已经成了一种"独立的力量",它不再是人类为了达到某种目的而使用的工具,而是具有自身发展的目的。而随着基因科技和生命科学的兴起,人自身亦陷入了技术的对象之中,成为技术的一环。同时随着高科技的发展,集体实践的作用愈来愈大,科学研究与技术创新得到的成果是造福于人类还是损害人类,已经无法由单个科学家回答了。[45]而由当代科技造成的问题,例如自然生态的破坏、气候的恶化等已经昭示了技术本身所具有的破坏性,这种推动着文明进步的技术所伴随着的危险需要一种新的伦理。

基于上述对技术的理解,尤纳斯认为以往的伦理已经无法适用于当下的技术,因为传统伦理所针对的人类行为具备以下四个特点:① 一切技术无论在行为主体还是对象上都是中立的;② 伦理意义属于人与人之间的直接交流,其中亦包含人与自身的交流,而这些传统伦理都是人类中心主义的;③ 对于在此类范围内的行为,人这个实体和他的基本状态都被视为是固定的;④ 行为所要考量的善与恶与行为本身关系密切,它或者是在实践中或者是在不需长久考量的范围之内。行为的作用范围并不大,预测、目标设置与问责的可能性所涉及的时间也不需很长。[46]但是在技术时代,伦理的对象不再仅仅关涉到个人行为,还有技术所能影响到更远的范围,"以前没有一种伦理学曾考虑过人类生存的全球性条件及长远的未来,更不用说物种的生存了"。[47]

为此,尤纳斯提出了一种新的适应技术时代来临的责任伦理,正如父母关爱他们的孩子,政府需要照顾其人民,技术也具有类似的性质,他称之为责任伦理,即技术本身承载着某种责任。它由三个部分构成:第一,前瞻性。技术必须要考虑被使用之后的后果,它应该不是以对未来造成毁灭性后果为前提的。任何行动都必须从人类的长远存在着想,或者任何行动的后果都不能对未来的生命造成破坏。[48]他认为伦理学必须更明确地以整个人类为导向,从时间上看,不仅目前活着的人是道德的对象,那些未来的人也是。[49]

以现在全球变暖危机为例,由于温室效应越来越严重,造成整个生态系统失衡,各类极端自然天气灾害愈发频繁,同时对生物的生存也造成了威胁,大量物种濒临灭绝,海平面的上升也将威胁到人类的生存,当前世界各国政府采取了大量减少碳排放的措施,以遏制全球气候变暖。而这些措施的着眼点就是伦理的责任,不仅仅现在,我们更需要将未来纳入考量范围。第二,整体性。由于当代技术涉及更多的是大规模的系统化组织机构,这不再是传统个体伦理所能引导的,使得伦理的对象必须转向"整体",即由无数个体所组成的整体,责任须从单体的存在上升到最高的利益。第三,连续性。由于作为整体的人类在时间延续中总有新的需求,人类对技术的需求便是时时刻刻的,不能断歇。

8.2.2 价值敏感设计

作为技术伦理的一个重要主题,责任伦理需要解决下列问题。第一是责任的归责问题。以工程师伦理为例,工程师道德守则强调工程师的三种责任:① 以正直和诚实的方式从事这一职业;② 对雇主和客户的责任;③ 对公众和社会的责任。但此种责任依然过于抽象或笼统,一些观点认为,在具体情况下可能存在很难确定工程中的个人责任的状况。其原因在于一般哲学文献中讨论的个人责任的适当归属条件(如行为自由、知识和因果关系)往往不符合个别工程师。例如,等级或市场限制,工程师可能不得不以某种方式行事,而负面后果可能很难或无法事先预测。由于从技术研发到技术使用,以及该链条中的多人参与因素,因果关系条件往往难以满足。[35]另外,现代技术所具有的大规模、集体性质,导致很难进行责任归责。[50]举例来说,某公司研发了一项新技术,但该技术可能是由多个部门、诸多人员同时设计的,这导致了一旦出现未曾预见的事故,责任的归属将是一个大问题。

第二个问题是开放式应用场景造成的开放式后果。技术的应用场景的不确定性,即技术可能脱离预设的应用场景,也导致了后果的开放性。不同于以往技术的后果封闭性,比如投放原子弹的后果是固定的,但当前的一些新型技术,存在着应用场景的不确定性,从而导致后果的不可预测性,因为它的后果是开放的,这也导致了归责的困难。以深度学习技术为例,一方面该技术极大促进了人工智能的发展,但亦存在被滥用的场景,比如当前一些人工智能制假应用利用神经网络学习技术,对社会造成了负面影响。

当面对上述问题时,计算机科学或者信息科学内部提出了"价值敏感设计理论"(Value-sensitive Design, VSD),该理论认为,在技术设计过程中,设计必须规则化并全面地对人类价值负责[51],它要求在早期的技术设计阶段就嵌入价值设定,比如隐私、信任等,来解决设计的道德问题。[52]这种价值嵌入要求:① 扩大技术系统质量的评价标准,将伦理价值纳入考量范围;② 在设计过程的早期阶段明确技术设计的预期影响使得技术设计能够对相关价值设定负责。[53]该理论所要求囊括的价值有:心理与生理的舒适、隐私、知情同意、信任等。不过,这种提议的合理性和可行性,有待人工智能界的考究。

为了推动该项理论的实践,目前有3项举措:

（1）概念诉求。概念研究侧重对主要结构和问题进行哲学阐释,荷兰学者吉荣·霍温(Jeroenvan van den Hoven)认为,在这一阶段,道德哲学家们开始思考其概念分析如何在制度安排、基础架构、人工物及系统中能够被成功地予以贯彻和表达,从而能够在现实世界中引起积极的道德变化。[54]如概念调查的价值是什么? 在设计过程中应该支持怎样的价值? 特定的技术设计如何支撑或削弱价值? 应该如何在设计、实现和使用信息系统的竞争价值之间进行权衡(例如自治与安全,或者匿名与信任)? 道德价值(如隐私权)是否应该更有分量,甚至胜过非道德价值(如审美偏好)? 价值敏感设计在概念调查阶段对诸如此类的问题进行哲学分析。

巴蒂娅·弗里德曼(Batya Friedman)等人在分析在线系统设计中的信任问题时,首先提出了一种基于哲学的信任概念。他们认为,信任取决于人们进行三种评估的能力。一是关于信任可能带来的危害;二是关于别人对自己的善意,这是为了防止别人伤害自己;三是伤害是否发生在信任关系的范围之外。[55]概念调查本身并不涉及成本高昂的实证分析,而是对利益相关者可能受到技术设计的社会影响进行考虑。利益相关者分为两类:直接利益相关者和间接利益相关者。前者指直接受计算机系统或其输出影响的个人或组织,后者指受系统使用影响的其他各方。通常间接利益相关者在设计过程中容易被忽略。例如,计算机化的医疗记录系统在设计时考虑了许多直接利益相关者(例如保险公司、医院、医生和护士),但对相当重要的间接利益相关者群体——病人的隐私考虑得太少。

（2）实证支撑。实证研究是在概念研究基础上,使用观察、访谈、调查、实验操作、相关文件收集、用户行为和人体生理测量等定量和定性方法,为概念研究中探讨的价值因素提供必要的经验数据支持,同时为某项设计的技术研究提供经验数据的反馈。该类研究关注的是人们对技术人工物的应对及技术在更大的社会背景中所处的位置。弗里德曼认为,这一阶段需要考虑的问题主要有:利益相关者怎样理解互动语境下的个人价值观? 在设计权衡中利益相关者如何取舍互相矛盾的价值? 预期和实际操作是否存在差异?[56]此外,由于新技术的开发不仅影响个人,也影响团体,因此也要考虑技术组织如何在设计过程中对价值的影响因素。例如,组织的动机、培训和传播的方法、奖励机制是什么? 设计师如何将价值考虑在内,并在此过程中为公司带来更多的收入、更高的员工满意度和客户忠诚度,或其他令人满意的结果? 可用性与价值敏感的设计有着独特的关系。在一个通用的框架中,可用性和人类价值之间存在四种关系。首先,一个设计可以很好地实现可用性,也可以独立地实现对人类价值的提升(例如一个高可用性的适应性界面也可以提高用户的自主性)。其次,一个设计可能对可用性有好处,但要以牺牲人的价值为代价(例如一个高可用性的监视系统削弱了隐私的价值)。第三,一个设计可以很好地体现人的价值观,但要以牺牲可用性为代价(例如为了保护用户的知情同意权,网页浏览器要求用户对单个Cookie进行操作,大大降低了浏览器的可用性)。第四,可用性好的同时需要人类价值观的支持(例如,在美国为了使用计算机投票系统进行公平的全国选举,所有满足投票年龄的公民都必须能够使用该系统)。意识到可用性和人类价值观之间的复杂关系是很重要的。有时两者相互支持；但在其他时候，为了创建一个可行性较高的设计，需要其中一个方面做出让步。[57]

（3）技术检视。技术研究是研究具体的技术设计细节与因素，从而能够在具体的技术设计语境下促进或者阻碍既定的价值；弗里德曼认为信息系统设计中，一个特定的技术更易于支持某类活动和某个道德价值，同时使其他活动和价值更难实现。[56]

价值敏感设计是指一般的技术，特别是信息技术和计算机技术，根据技术的特性提供价值适配性。也就是说，给定的技术更适合某些活动，更容易支持某些价值，而使其他活动和价值更难以实现。[57]例如，螺丝刀很适合拧紧螺丝，但作为勺子、枕头或轮子在这方面就很难发挥作用。或者是一个在线日历系统，它可以详细地显示个人的日程安排，很容易在组织内支持问责制，但是会增加隐私保护的难度。在一种形式中，技术调查集中于现有的技术特性和潜在的机制如何支持或阻碍人类价值。例如，一些基于视频的协同工作系统提供了办公室设置的模糊视图，而其他系统提供了清晰的图像，显示了关于谁在场以及他们在做什么的详细信息。因此，这两种设计在个人隐私和群体对个人存在和活动的意识之间做出了不同的价值权衡。[58]弗里德曼认为，技术检视可能涉及实证活动，但更侧重技术本身，[59]而实证的方法专注于受到技术影响的人或更大的社会系统。

对于价值敏感型设计，一个很自然的问题是，"我该怎么做？"对此，弗里德曼等人提出了10条具体执行建议。

（1）从使用的价值、技术或语境开始着手。从使用的价值、技术或语境中的任何一个开始，都较易激发价值敏感设计。弗里德曼建议首先从对你的工作和兴趣最重要的方面开始。例如，在知情同意和Cookie的情况下，弗里德曼等人从一个中心利益价值（知情同意）开始，转向它对Web浏览器设计的影响。[60]

（2）确定直接和间接的利益相关者。作为初步概念调查的一部分，系统地确定直接和间接利益相关者。直接利益相关者指那些直接与技术或技术输出交互的个人，而间接利益相关者是那些也受到系统影响，但并未直接与系统交互的各方。此外，值得注意的是在这两个主要利益相关者类别中，可能有几个"子群体"（Subgroup）。单个个体可能是多个利益相关群体或子群体的成员。例如，在某个都市项目中，作为城市规划师并居住在该地区的个人既是直接利益相关者（通过他或她直接使用模拟来评估拟议的运输计划）和间接利益相关者（因为他们居住在将要实施交通计划的该社区）。

（3）确定每个利益相关者群体的利益与危害。确定了关键的利益相关者之后，系统地确定每个群体的利益和危害。为此，弗里德曼等人提出要注意以下几点：

① 间接利益相关者将在不同程度上受益或受损；一些设计，可能会宣称每个人都是某种间接利益相关者。因此，在概念调查中，一个经验法则是优先考虑受到强烈影响的间接利益相关者或受到一定影响的大型群体。

② 关注技术、认知和身体能力方面的问题。例如，孩子或老人的认识能力是有限的。在这种情况下，必须确保他们的利益在设计过程中得到呈现。

③ 可以用人物角色技术来识别每个利益相关者群体的利益和危害。[61]然而，需要注

意两点:首先,角色有可能导致刻板印象,因为它们需要一系列"社会一致性"属性来与"想象的个人"相关联。其次,虽然在文献中每个角色代表一个不同的用户组,但在价值敏感设计中,同一个人可能是多个利益相关者群体的成员。因此,在实践中可能需要偏离了将单个角色映射到单个用户组的典型角色使用,以允许单个角色映射到多个利益相关者群体。[62]

(4)将利益与危害映射到相应的价值上。厘清一个项目可能的利与弊,一个人就有能力认识到相应的价值。有时映射是一个恒等式。例如,一种被描述为侵犯隐私的伤害会映射到隐私的价值上。其他时候,映射可能不是那么简单明了。例如,在带有景观研究的房间中,直接的利益相关者在带有增强型窗户的办公室中工作(与没有窗户相比),他们的情绪可能会得到改善。假设改善的情绪和这些其他因素之间存在因果关系,这种益处不仅潜在地暗示了心理福利的价值,而且还暗示了创造力、生产力和身体福利(健康)。在某些情况下,相应的价值会很明显,但并不总是如此[63]。确定相应的人类价值,具体可参照表8.1。

表8.1　系统设计中常涉及到的人类价值统计表[64]

人类价值	定义	相关文献
人类福利	指人们的身体、物质和心理健康	Leveson (1991); Friedman, Kahn, Hagman (2003); Neumann (1995); Turiel (1983, 1998)
所有权和财产权	指占有、使用、管理、取得、遗赠物品的权利	Becker (1977); Friedman (1997b); Herskovits (1952); Lipinski, Britz (2000)
隐私权	指一个人有权决定他或她自己的哪些信息可以传达给其他人的权利	Agre, Rotenberg (1998); Bellotti (1998); Boyle, Edwards, Greenberg (2000); Friedman (1997); Fuchs (1999); Jancke, Venolia, Grudin, et al. (2001); Palen, Dourish (2003); Nissenbaum (1998); Phillips (1998); Schoeman (1984); Svensson, Hook, Laaksolahti, Waern (2001)
不偏不倚	指对个人或群体的系统性不公平,包括已有的社会偏见、技术偏见和突发的社会偏见	Friedman, Nissenbaum (1996); cf.Nass, Gong (2000); Reeves, Nass (1996)
普遍可用性	指使所有人都成为信息技术的用户	Aberg, Shahmehri (2001); Shneiderman (1999, 2000); Cooper, Rejmer (2001); Jacko, Dixon, Rosa, et al. (1999); Stephanidis (2001)
信任	指的是存在于人们之间的期望,人们可以感受到善意,向他人表达善意,感到脆弱,经历背叛	Baier (1986); Camp (2000); Dieberger, Hook, Svensson, Lonnqvist (2001); Egger (2000); Fogg, Tseng (1999); Friedman, Kahn, Howe (2000); Kahn, Turiel (1988); Mayer, Davis, Schoorman (1995); Olson, Olson (2000); Nissenbaum (2001); Rocco (1998)

人类价值	定义	相关文献
自主性	指人们以他们认为有助于实现目标的方式来决定、计划和行动的能力	Friedman, Nissenbaum (1997); Hill (1991); Isaacs, Tang, Morris (1996); Suchman (1994); Winograd (1994)
知情同意	指获得人们的同意,包括披露和理解(知情)以及自愿、能力与同意	Faden & Beauchamp (1986); Friedman, Millett, Felten (2000); The Belmont Report (1978)
问责	指确保个人、群体或机构的行为可以唯一地追溯到这个人、群体或机构	Friedman, Kahn (1992); Friedman, Millet (1995); Reeves, Nass (1996)
礼貌	指以礼貌和体贴的态度对待别人	Bennett, Delatree (1978); Wynne, Ryan (1993)
身份	指人们对他们在一段时间内(连续或间断)是谁的理解包括	Bers, Gonzalo-Heydrich, DeMaso (2001); Rosenberg (1997); Schiano, White (1998); Turkle (1996)
平静	指一种平和、沉稳的心理状态	Friedman, Kahn (2003); Weiser, Brown (1997)
环境可持续性	指维持生态系统,使其在不损害后代利益的前提下满足当代人的需要	United Nations (1992); World Commission on Environment and Development (1987); Hart (1999); Moldan, Billharz, Matravers (1997); Northwest Environment Watch (2002)

(5) 对关键价值进行概念性调查。在确定起作用的关键价值之后,可以对其进行概念性的调查。在这里,查阅相关文献是有帮助的。特别是,哲学文献可以为如何从实证角度评估价值提供一些标准。[63]

(6) 识别潜在的价值冲突。不同价值经常发生冲突。因此,一旦确定并仔细定义了关键值,下一步就是检查潜在的冲突。出于设计的目的,价值冲突通常不应该被理解为"非此即彼"的情况,而应该是对设计空间的约束。诚然,有时支持一种价值的设计会直接阻碍对另一种价值的支持。在这些情况下,利益相关者之间的大量讨论可能有助于确定可行的解决方案。典型的价值冲突包括责任与隐私、信任与安全、环境可持续性与经济发展、隐私与安全。[64]

(7) 将价值考量整合到整个组织结构中。理想情况下,价值敏感设计与组织目标协同工作。例如,在公司内部,设计师会把价值带到最重要的位置,并在这个过程中为公司带来更多的收入、更高的员工满意度和客户忠诚度,和其他令人满意的结果。反过来,在政府机构内,设计师将更好地支持国家和社区的价值,并增强组织实现其目标的能力。当然,在现实世界中,人类价值(尤其是那些具有伦理意义的价值)可能会与经济目标、权力和其他因素发生冲突。然而,即使在这种情况下,价值敏感设计还是能够提供更好的支持持久的人类价值的替代性设计。例如,如果一个标准委员会正在考虑采用一个会引起严重隐私问题的协议,一个价值敏感设计分析可能会产生一个替代协议,它可以更好地解决隐私问题,同时仍然保留其他必要的属性。公民、工作人员、政治家和其他人士就可以更有效地反驳认为拟议的议定书是唯一合理选择的说法。[65]

(8) 将人类价值纳入系统设计中。虽然所有的价值都在系统设计的范围内,但是价值敏感设计强调的是基于道义论和结果论伦理导向的价值,如人类福利、所有权和财产、隐私、无偏见的自由、普遍可用性、信任、自治、知情同意和问责。此外,还可选择几个与系统设计相关的其他价值:礼貌、冷静和环境可持续性等。[64]

(9) 利益相关者启发法访谈。作为经验调查的一部分,与利益相关者进行访谈是很有用的,可以更好地理解他们对使用环境、现有技术或建议的设计上的判断。半结构化的面试通常能收集到意想不到的见解。[66] 在这些访谈中,以下的启发可能会被证明是有用的:

① 在探究利益相关者做出判断的原因时,多问"为什么"。例如,老年人评估一个无处不在的视频监控系统时,可能会对该系统做出负面反应。当被问及"为什么?"他可能这样回答:"我不介意让家人知道其他人来拜访我,这样他们就不会担心我是一个人了,我只是不想让他们知道是谁来拜访我。"研究者可以再次探究:"你为什么不想让他们知道?"答案可能是:"我可能有了一个我不想让他们知道的新朋友,这不关他们的事。"在这里,第一个"为什么"问题引出了关于价值冲突的信息(家庭希望了解老年人的健康状况,老年人希望控制一些信息);第二个"为什么"问题引出了关于老年人隐私的信息。

② 根据概念调查中指定的标准,直接与间接地询问价值。例如,假设您希望对人们关于"X"(例如信任、隐私或知情同意)的推理和价值进行实证调查,并且您决定采用访谈方法。一种选择是直接问人们这个话题。"X是什么? 你怎么解释X?""你能给我举一个你生活中遇到的关于X问题的例子吗?"另一种是可以使用问题或任务来吸引人们对所研究的主题进行讨论。

(10) 技术调查启发法。在进行以价值为导向的技术调查时,下列启发法可能会有用:

① 技术机制会权衡裁定多个即使不是相互冲突的价值。它有助于权衡设计如何映射到一个价值冲突,继而映射到不同群体的利益相关者。例如,一个工作人员没有一个窗户可以看到外面的广场,但他有一个巨大的等离子电视屏幕,不断地实时显示当地的户外场景。这个场景是一个内部的"未来办公室窗口"。该研究表明,室内办公室的实时显示可能会为室内人员(直接利益相关者)提供生理上的好处,但可能会侵犯那些穿过室外场景的人(间接利益相关者)的隐私和安全,尤其是女性。

② 在系统开发和部署之后,经常会出现未预料到的价值和价值冲突。因此,在可能的情况下,将底层技术体系结构设计得更具灵活性,使其能够响应此类紧急问题。[67]

目前,该理论不仅尝试应用在计算机科学上,同时也开始向其他技术领域提供伦理理论支撑,包括农业生物技术、建筑学、工程、医护技术、纳米技术、核技术、软件开发等领域。[68]

8.2.3　工程伦理

与技术伦理密切相关的是"工程伦理"(Engineering Ethics)。在较为概观的技术责任问题和给技术嵌入价值的尝试以外,人们发现工程师是影响技术的关键角色,因为在技术的研发和应用中,他们都是直接参与者,并能够对技术施加直接影响。如何使工程师具备伦理和社会责任感,成为了技术伦理研究的一项重要课题。

一般来说,工程伦理指的是参与到工程中的人员应该贯彻的责任与权利[69],同时它涉及工程师(个体或者团体)的判断与决定。[70]以美国国家职业工程师协会(National Society of Professional Engineers)给出的基本工程伦理有:把公众的安全、健康和福利放在首位;仅在其权限领域提供服务;仅以客观和真实的方式发表公开声明;作为忠实的代理人或受托人,为每个雇主或客户行事;避免欺骗行为;以荣誉、负责、合乎道德、合法的方式行事,以提高职业的荣誉、声誉和效用。

工程伦理研究主要涉及三个层面:技术伦理、利益伦理与责任伦理。技术伦理关注技术本身的伦理问题,聚焦工程设计的合理性、工程质量与安全,探讨技术标准与否达标,工程师与管理群体之间、管理标准与伦理标准之间的矛盾关系。工程师一方面尽力满足投资方与管理者的要求,使其利益趋向最大化;另一方面坚持职业操守与伦理准则,把关好工程的质量与安全,对公众与社会负责。[71]

利益伦理侧重平衡工程活动中各方的利益关系,力求实现公平与效益的统一。工程中的效益包括工程内部各群体以及工程与外部环境(社会、文化、环境等)之间的利益关系。前者涉及工程投资者、管理者、工程师、施工者、消费者等多个群体之间及群体内部的利益博弈。利益伦理试图平衡受益方与利益受损方的关系,争取实现公平、公正。另外,工程还会对经济、社会、环境与文化产生短期与长期的直接或间接影响,所以也需关注社会利益、生态利益与文化效益等。

责任伦理是工程伦理的核心组成成分。[72]工程是一项复杂的集体社会活动,涉及多元活动主体。工程伦理从一开始的以工程师为主要研究主体转向工程共同体。不同工程共同体的具体责任不同。例如,政府官员共同体在工程决策阶段应充分考虑工程对社会、环境等方面的长期影响;企业家在追求经济利益的同时,应肩负起一定的社会责任;消费共同体与公众共同体有对工程已经引发或有可能产生的问题进行监督举报的责任。共同体中,工程师处于核心地位,须承担道德责任,处理好工程设计及实施过程中面临的伦理问题,把公众的安全、健康和福利放在首位。这需要优秀的技术技能和道德上良好的判断力。[73]

由于工程对社会和自然的影响越来越大,工程师应对工程活动具有长远的社会影响、环境影响这一事实形成清醒的认识,面对伦理问题具有道德自主性。"道德自主是对道德问题进行批判和独立思考的能力,并将这种道德思维应用于处理工程实践过程中出现的各种情况。"[74]

工程伦理一直以保护公众不受工程师职业不当行为和技术有害影响为导向,防止工程师的不道德行为和防止技术对公众健康和安全的威胁,因而被称为"预防性伦理"(Preventive Ethics)。近年来有学者指出,工程师伦理还应引入"德性伦理"(Virtue Ethics)。"预防性伦理"将道德规范用消极的规则来描述,但规则伦理有一定的局限性。首先,规则不能充分说明在履行某些义务时,判断力和背景知识的重要性。所有专业人士确实需要时刻遵守规则,如工程师不得接受贿赂,不得从事秘密的利益交易,不得在自己不胜任的领域从事工作,不得向客户、雇主或公众作虚假陈述。但是,有些专业活动需要高度的谨慎和判断。例如,意识到"将偏差正常化"的危险是很重要的,即不应默认设计者没有预料到的工程工作的结果/效果是可以接受的。工程师应该始终抵制将异常行为正常化。然而,有时这种行为又是可以接受的,这时需要进行道德判断。第二,在工程师职业生涯中存在着一种内在的、动机性的、常常是理想主义的因素,这些因素不能被规则充分解释,如同情、感恩。表现出同情的美德需要一种发自内心的关心他人的态度,而这种关心无法在行为中完全表达出来,仅仅遵守规则不能满足这个要求。而感恩需要一定的动机,忘恩负义的人可以表现出表面上感恩的行为,也可以表现出真诚的感恩,所以感恩的美德并不等同于需要感恩的道德准则。这里面通常包含一个理想主义的维度,它能激励一个人做出模范的行为,往往超出了任何规则所能要求或表达的范围,这是一种"理想性伦理"(Aspirational Ethics),即利用专业知识与技术来增进人类福祉。换言之,工程专业的某些方面,如对风险的敏感性,对技术的社会背景的认识,对自然的尊重,以及对公共利益的承诺等,更适合使用德性伦理的工具。因此,工程师的德性伦理教育开始引起重视。[75]这样工程师在面对伦理问题时能够有更大的空间做出合理判断。简言之,工程师应兼具技术素养、道德素养、德性素养,对工程、对社会、对环境,甚至对全人类的未来负责。[76]

8.2.4　中国技术伦理史

1. 中国古代技术伦理(1840年以前)

我国传统技术伦理在原始社会萌芽,形成于先秦时期,经历了汉唐发展、宋元繁荣与明清的缓慢发展几个历程,[77]主要特点为以道驭术、天人合一、工致为上、以人为本。

技术伦理在人类社会的生产劳动实践活动中孕育。旧石器时代,直立人开始会打制、磨制石器。夏、商、西周时期,一些青铜冶铸作坊开始大量出现。春秋战国,随着奴隶制向封建制过渡与铁器冶炼技术的成熟,铁器逐渐取代铜器,在生产生活中被广泛使用。这一时期,诞生了记述官营手工业生产规范的珍贵文献《考工记》。

技术伦理思想与技术活动是同步产生的,当人们开始使用工具改造世界,便产生了对技术与人、社会和自然关系的思考。这种思考最初可能以神话或宗教迷信、巫术等形式存在。[78]英国哲学家卡尔·波普尔在《猜想与反驳:科学知识的增长》中提出,科学理论大都发端于神话。[79]我们据此可以根据古代神话来了解当时的技术伦理思想。燧人氏钻木取火、神农尝百草、女娲造人、大禹治水等故事,反映出人们对技术高超的神与英雄的崇拜以及造福人类的技术伦理思想。

先秦时期,手工业技术发展迅速,分工日益精细,种类日益增多,形成了两大工匠群体:官营与民营。"凡天下群百工"。(《墨子·节中用》)手工业的重要性日益凸显,工匠作为技术主体,其所承担的社会责任也越来越大,继而产生了相关的伦理思想与规范,目的是调节技术主体与技术、其他社会成员以及整个社会之间的关系。"天下从事者,不可以无法仪……虽至百工从事者,亦皆有法。百工为方以矩,为圆以规,直以绳,正以县。"从《墨子》的这段话中可以看出,百工的器物制作是要依据相关法则的。[80]

中国古代技术伦理的本质特征是"以道驭术",即伦理规范被用来规范、制约、指导技术行为与应用。不同时期,"以道驭术"有着不同的内涵。儒、道、墨等不同学派从多个角度构建了"以道驭术"的技术伦理体系。[81]儒家极力推崇礼文化,其技术价值观是"以礼治器"。"君子将营宫室,宗庙为先……君子虽贫,不粥祭器;虽寒,不衣祭服。"(《礼记·曲礼下》)儒家将礼器的制作排在日常器物制作的前面,居于首位。即便再贫穷,也不能用祭器吃饭,穿祭服御寒。[82]儒家还强调技术发明与应用要遵循"天人合一"的思想。在儒家典籍中,还能发现关于器物制造与使用规范中隐含的等级伦理观念。荀子曰:"礼者,以财物为用,以贵贱为文,以多少为异,以隆杀为要。"(《荀子·礼论》)自西周开始,许多器物制造都有严格的要求,如服饰、房屋、车旗等,不同规格是不同等级的身份标志。身份不同,衣服上绣的图案不同。《礼记·礼器》提出:"天子龙衮,诸侯黼,大夫黻。"不同官职,身上佩戴的礼玉成色也不同。《周礼·考工记·玉人》提出:"天子用全,上公用龙,侯用瓒,伯用将。"[83]此外,儒家推崇经世致用的实用主义伦理观,认为除"六府三事"("六府"指水、火、金、木、土、谷;"三事"指正德、利用、厚生)以外的技术都是"奇技淫巧"。[84]

墨家的技术价值观核心是"兴天下之利"。墨家学派的主体是许多独立手工业者,因而墨家思想反对等级伦理思想,提出了"兼相爱"技术平等权力观,主张技术的发展方向是"利天下""足以奉给民用,则止"。儒家的"以礼定制,纳礼以器"思想主要是统治阶层施加给官营手工业者的要求,而墨家的兼爱观则是民营手工业者的普遍价值取向。制造器物的善恶评判标准为"利人为巧,不利人为拙"。墨家还提倡"非攻",反对将技术运用到战争上去。[85]

道家技术价值观核心是"道进乎技""以道驭术"。道进乎技,意思是道贯穿在各种技术之中,手工业者只有遵循道,才能达到"通于一而万事毕"的境界。[86]道家有很多寓言故事,生动说明道与技的内在关系,如《庄子·天道》里的"轮扁斫轮",《庄子·养生主》里的"庖丁解牛"。"道之不载",道技分离,会出现技术异化、贫富分化,甚至社会动荡的严重后果。故而道家追求的是"道技合一",即技术研发使用中,人与人、人与自然、人与技术、技术活动与社会等各方面都应趋向和谐状态。[87]

有研究者将"工致为上"看作是我国古代技术伦理最基本的道德原则,也就是说,制造器物,应该把其效用放在第一位,努力实现其功用最大化,反对"奢伪怪好"。孔子的"用力少见功多",荀子的"尚完利,便备用"《周易》的"备物致用",韩非子的"用力少,致功大"都体现了这一道德原则。《周易》的作者认为，器物功用最大化的目标是"利天下"。[88]此外工匠群体的道德准则是技术上追求精益求精。《诗经》中"如切如磋，如琢如磨"就是形容这种精神。[89]

与"工致为上"相对应的另一道德规范是"勿作淫巧"。该准则是诸子百家都认同的价值取向，并以制度的形式存在，即器物生产出来之后需要经过技术官员的质量把关。考据先秦文献可以发现，西周至先秦，一直实施的是工师监管器物制造的制度。《荀子·王制》提出："论百工，审时事，辨功苦，尚完利，便备用，使雕琢文采不敢专造於家，工师之事也。"《管子·立政》提出："论百工，审时事，辨功苦，上完利，监壹五乡……，工师之事也。"古代统治者制定了一系列手工产品的技术标准作为生产、验收、交易等活动的依据。如"凡砖瓦之作，瓶缶之器，大小、高下各有程准。"这些标准促进了古代手工业生产的标准化、规范化与制度化，既贯彻了"功致为上"的伦理原则，又抑制了"奢伪怪好"的风气。[90]

自先秦开始实施的还有"物勒工名"制度，即在手工制品上刻上制造者的名字。"物勒工名，以考其诚。功有不当，必行其罪，以穷其情。"(《礼记·月令》)同时，工匠也有可能因为产品的质量高而声名远扬，从而更加追求技艺的提升。[91]

秦代至唐代，"重农抑商""重本抑末"，农耕文化越来越发达。由于农业生产自给自足，因而不存在明显相关的技术伦理问题。这一时期的技术伦理侧重工商业领域的技术活动，且承继了先秦伦理"抑奢"的传统。由于工商业的发展，汉代开始出现一些奢侈品生产与经营的行业。面对这一趋势，开明人士如唐太宗就在《帝范》的《崇俭》中呼吁崇俭抑奢。这一时期，工匠的技术活动依然受到工师考核、"物勒工名"等传统伦理制度约束。器物上刻有工匠的名字，这在一定程度上促进了工匠对高超技艺的追求，形成了对产品、对顾客负责的责任意识。[92]

宋代至清代，尽管技术伦理观核心依然是"以道驭术"，但工商业的繁荣促使"抑奢"与"重本抑末"的观念有所改变。这一时期出现俗称"行滥"现象，即市场上涌现大量质量低劣的产品。为了遏制该现象，当时的政府颁发了相关法令，如《大明律》中的《营造》，就是对采取木石而不堪用、造作不依法等方面的刑罚规定。

2. 中国近代技术伦理（1840-1919年）

1840至1919年是中西文化大冲突大融合时期。鸦片战争以后，中国人对待西方近代技术，出现两极分化现象，即改革派与保守派。保守派认为西方的"坚船利炮"是"奇技淫巧"，而洋务派则积极推动"洋为中用"。孙中山对于西方先进技术也持肯定态度。

这一时期最先受到影响的领域是工程技术。以詹天佑为代表的一批掌握了西方先进技术的工程师群体诞生了。这被认为是"中国技术发展史上的一个重大转变"。詹天佑是京张铁路的总工程师。他提出，工程事业要"增进社会的幸福"，"利国利民"。詹天佑认为工程师除了有才，还需"洁己奉公，不辞劳怨""谨慎从公，万勿不自振作，稍涉苟且，破坏名誉"。新工程师群体既接受"以道驭术"的传统技术伦理观念，又吸纳了西方伦理观，注重技术的社会效果——利国利民，技术应用与管理的科学严谨，促进了"传统技术伦理向现代技术伦理的转变"。[93]

近代传统手工业技术工作者纷纷加入规模较大的行会组织,有一部分人尝试涉足采矿、冶炼等领域。有研究者将这一阶段工匠的职业伦理总结为:关心公益、扶贫济困;垄断行业,防止竞争;统一工薪,协调运作。[94]技术上追求精益求精依旧是该阶段工匠职业伦理的重点。

3. 中国现代技术伦理(1919—2000年)

新中国成立前这一阶段(1919—1949年),技术伦理已经不再局限于传统的工匠职业伦理,而是形成了一套涉及工程师、工人、技师等技术活动主体的伦理规约,但传统模式依旧有很大影响力。技术活动中,由于处于中国革命战争时期,道德他律虽占支配地位,但政治觉悟的提升和政治热情的高涨促进了道德自律意识的增长,以"中国保尔"兵器维修专家吴运铎为代表的技术人员投身革命事业,表现出极强的自律精神。在职业技术教育方面,黄炎培提倡"敬业乐群",强调社会责任感以及合作精神。这被看作"以道驭术"观念在新时期的新内涵,以适应大规模生产中的集体协作。[95]

1978年改革开放以后,计划经济转向社会主义市场经济。信息技术、材料技术等"高技术"的快速发展,极大地推动了经济社会进步,同时也带来了一些伦理问题。以信息技术为例,网络伦理、网络道德建设成为关注热点。有学者指出,由于网络身份具有匿名性,网络互动具有"面具性",人们可以在这个虚拟世界做出生活中不敢做的事,譬如网络暴力、网络犯罪、欺诈等。[96]此外,网络文化催生了"数字化生存"这种新的生存方式,导致一部分人的思辨能力开始钝化,慢慢失去对周围事物的质疑性思考,甚至丧失对自我"生存的价值关怀"。[97]

这一时期逐渐出现了一些技术应用脱离伦理制约的现象,如假酒、假药等假冒伪劣商品泛滥。"道""术"分离,"以道驭术"道德约束机制在新时期面临挑战,对技术活动难以形成有效的监督与约束。如何理性看待技术活动的"双刃剑"效应并采取应对措施,成为这一时期技术伦理研究的重点。[98]

4. 中国当代技术伦理(2000年至今)

中国当代技术伦理研究呈现出专业化、系统化的特点。学术研究逐步深入,从不同角度探讨技术伦理的学术成果越来越多,如李文潮认为,传统伦理准则虽已无法解决现代技术所引发的道德伦理问题,但技术发展是可控的。[99]高兆明认为,富有生命力的道德,应当促进而不是阻碍技术的进步。[100]有学者提出,技术与道德评价系统是一个自组织开放系统,由四个部分组成:道德意识、道德规范、道德实践与道德评价。[101]还有人提出促进儒家伦理在高技术时代转型的观点。[102]工程师的"工程良心"、预判技术副作用并采取适当措施应对的"预防责任"等问题成为讨论热点。[103]网络伦理、纳米伦理、生物与医学技术伦理等高技术领域伦理问题备受关注。

近年来,随着人工智能研究在我国受到普遍重视,人工智能技术伦理及其普及教育也受到高度重视。

8.2.5　案例研究

1. 基因编辑实现记忆删除

2020年3月18日,北京大学神经科学研究所的伊鸣研究员和万有教授团队在 科学子刊 Science Advances 在线发表题为《用于大鼠脑中投射和功能特异性基因编辑的 CRISPR-SaCas9 系统的开发》(Development of a CRISPR-SaCas9 system for projection- and function-specific gene editing in the rat brain)的论文。据悉,基于 CRISPR-Cas9 基因编辑技术,北大研究人员开发出一种 CRISPR-SaCas9 系统,在实验大鼠的脑中实现了特定记忆的精准删除。

（资料来源:付静. 负面记忆可以精准删除? 北大研究团队利用基因编辑做到了! https://www.leiphone.com/ news/202003/LAbLxhmLAFKXfxHk.html。）

2. 切尔诺贝利核电站事故——技术的责任伦理问题

2020年4月初,乌克兰大火已经蔓延至距离切尔诺贝利核电站旧址和一个放射性废料储存点约1.6公里的地方。1986年4月26日凌晨1点23分(UTC+3),乌克兰普里皮亚季邻近的切尔诺贝利核电厂的第四号反应堆发生了爆炸。连续的爆炸引发了大火并散发出大量高能辐射物质到大气层中,这些辐射尘涵盖了大面积区域。这次灾难所释放的辐射线剂量是二战时期爆炸于广岛的原子弹的400倍以上。这场灾难总共损失大概两千亿美元(已计算通货膨胀),是近代历史中代价最"昂贵"的灾难事件。

（资料来源:切尔诺贝利事故. https://baike.baidu.com/item/。）

3. 药物致畸事故——工程伦理问题

德国制药商格兰泰公司首席执行官哈拉尔德·斯托克于2012年8月31日发表讲话,50年来首次就药品撒利多胺致新生儿先天畸形道歉。格兰泰于20世纪50年代推出镇静剂撒利多胺。这种药品对减轻妇女怀孕早期出现的恶心、呕吐等反应有效,迅速在多个国家推广。但是它在欧洲、澳大利亚、加拿大和日本等国导致不少新生儿先天四肢残缺。研究人员随后发现,这种药品对新生儿的危害不仅是四肢,还可能会导致眼睛、耳朵、心脏和生殖器官等方面缺陷。1961年,这种药品不再允许销售。

（资料来源:德国药企50年来首次就药品致新生儿畸形道歉. http://www.china.com.cn/international/txt/2012- 09/02/content_26402322.htm。）

4. 增强现实(AR)影响现实行为——价值敏感设计问题

2019年,斯坦福大学人文与科学学院的一项研究发现,AR体验能够显著影响人们在现实世界中的行为,即使他们已经取下了AR眼镜。在第一项实验中,受试者戴着AR眼镜身处在一个房间中,房间内有一把椅子,一个名叫克里斯的三维虚拟人物"坐"在这把椅子上,和虚拟现实创造全新世界不同,增强现实可以在物理世界中叠加分层数字图像,从而创造逼真的混合视觉效果。然后研究人员要求受试者完成一个字谜游戏,和周围没有人的情况相比,受试者觉得这个游戏更加困难,这和有人在身边看着他们是同样的反应。在第二个实验中,研究人员让受试者选择椅子坐下,这个时候虚拟的克里斯已经不在了,但是佩戴AR眼镜的受试者无一选择了"他"之前坐的椅子,不戴AR眼镜的受试者中有72％也避开了克里斯的椅子,选择了旁边的一把椅子。显然,AR内容在受试者的大脑中和物理空间进行了整合,而在取下眼镜之后,AR显示的内容似乎仍然存在。在最后一个实验中,研究人员让佩戴了AR眼镜和没有佩戴眼镜的受试者配对,让二者进行交谈。之后,佩戴了AR眼镜的受试者表示他们感觉与对方的联系变弱了。

这些实验极有意义,可以帮助我们了解AR技术对人类行为的影响,让我们在这项技术变得更加普及之前,做好更充足的准备。

(资料来源:沉迷AR日渐忘我 现实世界行为举动是否也会受其影响. https://new.qq.com/omn/20190516/20190516A0KI0F.html。)

8.3　人工智能伦理现状及反思

人工智能伦理建设已经历了两个阶段,目前正在进入第三阶段。第一阶段是人工智能伦理必要性的讨论,涉及机器伦理、数据伦理和算法伦理等方面。第二阶段是人工智能伦理准则的讨论。据不完全统计,迄今已有50多个机构或组织提出了各自的人工智能伦理准则建议。总体上看,所有这些准则建议是基本一致的。在这些共识的基础上,人工智能伦理建设开始进入第三阶段,即人工智能伦理体系的建设。本章对前两个阶段进行总结、回顾和反思,关于第三阶段的初步讨论见1.2节。

8.3.1　第一阶段:人工智能伦理的必要性

21世纪注定是科学技术爆发性发展的世纪,现代科技在帮助人类社会更好发展的同时,往往也伴随着负面效应。按照乌尔里希·贝克所区分的社会风险类型,继前工业社会的自然风险和早期工业社会的保险风险之后,我们进入了晚期工业社会的技术风险社会[104],正如斯万·欧维·汉森所说的那样,我们今天所谈论的风险大多在50年前或100年前基本都是不存在的,技术的发展给人类带来了新的风险[105]。20世纪以来,科学与技术已经开始紧密融合,科学的进步与技术的发展已经逐渐密不可分[106]。科学与技术的强势组合,不仅加速了科学与技术这个联合共同体的发展,也极大地带动了以科技为主导的社会生产力提升。同时,人们对科技发展可能带来更多风险的担忧也在增强。科技所带来的现实风险问题,让我们看到科技促进生产力的同时,也可能会产生难以把控的风险[107]。

人工智能作为21世纪最具颠覆性意义的科技类型之一,是信息时代中互联网、物联网、智能算法和大数据等新兴技术共同结合创新的产物。人工智能的兴起不仅可以促成相关科学研究、技术研发和产业应用的极大发展,同时也会对社会、经济、政治等领域产生系统性和颠覆性的变革[108]。世界各国都在抢占人工智能的制高点,很多国家已经进行了人工智能的相关部署,大力投资和引导人工智能的研发与应用,人工智能已经在无形之中广泛而全面地渗透进世界的各个角落。人工智能因其本身的复杂性和拓展性,加上人工智能在应用过程中可能出现的不可控性和不可预测性的特征,一旦风险发生,其覆盖的广泛性和影响的严重性,有可能造成难以挽回的损失和危害。因此,人们需要对人工智能可能带来的负面效应和不利影响做出充分的评估和预测,并针对人工智能制定相关的风险评估和防范措施,引导人工智能安全、可控、健康地发展。

面对人工智能这个充满潜力的新兴科技,不同群体持有不同的态度和见解。人工智能的兴起的的确确能够让人们看到了它的潜力,相信它能够带来更高效的生产力和更优质的生活质量[109]。虽然的确可能存在风险,也有可能产生负面效应,但是通过预期准备,人们可以最大限度降低风险发生的概率,并且避免负面情况的产生。总的来说,人工智能的发展所带来的益处要比其可能产生的负面效应大得多,只要做好足够的准备就能保证人工智能造福于人类社会。但不能因为现实条件下人工智能带来的益处,就完全否定人工智能的不确定性和风险,这种风险是由人工智能本身以及整个社会双重决定的,这些风险涵盖的范围包括伦理、道德、安全和法律等多个方面,例如大规模的失业,个人隐私的泄露和性爱机器人的伦理问题等,而且一旦风险发生,其造成的负面影响很多都是无法逆转的,会对人类社会的稳定性造成严重的破坏。

对人工智能的担忧并非空穴来风[110],对一部分人而言,对人工智能负面效应的担忧和焦虑已经产生了。究其根本,这种焦虑其实起源于内心深处对不确定性的恐慌[111]。从技术层面上来考虑,以往的技术更多是提升生产的自动化水平,而人工智能则可能带来巨大的突破。有人担心,人工智能的迅猛发展若不加以正确的价值引导,就会成为海德格尔所提出的"座架"概念的构成力量,当"座架"开始彻底支配人与自然、人与人,和人与自身的关系的时候[112],最后结局可能就如著名物理学家霍金所预言的那样,成为"人类最后的文明"[113]。

21世纪是科学技术的时代,对待任何一项具有争议的新兴科技,完全的支持或禁止都不能反映这个时代对科技的真实需求。"20世纪是第一个以技术起决定作用的方式重新确定的时代,并且开始使技术知识从掌握自然力量扩展为掌握社会生活。所有这一切都是成熟的标志,或者也可以说,是我们文明危机的标志"[114,115]。在这个"科学技术是第一生产力"的时代背景下,人工智能的崛起带来的进步和发展是我们亲眼可见的,但是这些益处不能成为忽略其可能产生风险的理由,在针对人工智能未来发展可能出现的风险防备和预期治理足够完备之前,我们都必须以一种十分谨慎的态度来看待人工智能。毕竟科技发展的最终目的是让人类能够拥有更好的未来,所以针对人工智能所带来的风险和挑战我们必须做出合理应对,确保人工智能持续发展实现负责任的创新的同时,也必须要确保其能够造福人类。对人工智能风险和负面效应的评估预测和预先治理,与人类未来的命运息息相关。因此,人工智能伦理是"科技向善"的"必经之路"。

8.3.2　第二阶段：伦理准则讨论

为应对人工智能应用中出现的伦理问题，国内外提出了各种人工智能伦理准则建议方案。表8.2为国内部分单位提出的伦理准则的关键字分析。

表8.2　我国目前出台的伦理准则关键字分析①

	福祉	合作	分享	公平	透明	隐私	安全	可控	负责任	长效人工智能
BAAI 2019	12	2	5	3	5	3	2	3	2	4
清华 2019	3	1	3	1	3	1	2	1		
腾讯 2018	5		2	6	8	4	4	8		2
百度 2018	1		1					2		
总计	21	3	11	10	16	8	8	14	2	6

注："BAAI"指北京智源人工智能研究院。

从表中统计可以发现，我国对人工智能造福于人类最为重视，所以对人工智能伦理准则的期望更多放在如何促进人工智能发展，以便最大程度地造福于人类。其次，这些伦理准则关注透明和可控原则，体现了拒绝人工智能"黑箱"的想法，以便保持算法透明，进而保证人工智能应用处于可控范围之内。同时，透明性原则也预示着，产业界为了消除部分大众对人工智能的不信赖感，应该付出足够的努力。对分享、公平、隐私及安全的关注，体现了对用户的关心，即一方面保持人工智能的发展，另一方面也要将人工智能对用户可能造成的消极后果降低到最小限度。

表8.3为欧盟目前出台的伦理准则关键字分析，表中统计表明，欧盟最重视的是公平性原则，强调国际范围内技术的公平、公开使用，要求国际范围内的人工智能技术的公开权限以及相关利益和均等机会的平均分配。欧盟的第二关注点在于造福和隐私原则，欧盟还是坚持人工智能必须能够服务于人，并且能够处理好由人工智能带来的隐私问题，必须在不损害人的故有权利（如隐私权）的状况下进行正向发展（造福于人）。第三，欧盟较为关注透明、安全、可控以及负责任这四个原则，这体现了欧盟在人工智能伦理准则中的一些限制性的态度。以上讨论表明，欧盟一定程度上存在着对人工智能的担忧，这种担忧一方面来自对技术封锁的担心，另一方面担心引起固有社会状况的改变，因而一定程度上倾向于对人工智能的发展持限制性的态度。

---

① 数据来源：http://www.linking-ai-principles.org/cn? from=groupmessage。数据获取日期：2019-07-29。

表8.3 欧盟目前出台的伦理准则关键字分析[①]

	福祉	合作	分享	公平	透明	隐私	安全	可控	负责任	长效人工智能
EGE 2018	14	3	5	9	2	10	5	8	6	
HLEG 2018	13		6	35	13	11	4	10	8	
Deutsche Telekom 2018	4	4	2	4	4	4	6		9	
Telefonica 2018	1	1		8	4	10	5	2		
总计	32	8	13	56	23	35	20	20	23	0

表8.4为美国出台的伦理准则关键字分析,从表中统计可以看出,美国各界对人工智能伦理的最优先关注点在于可控性,要求人工智能的发展必须处于某种"安全"框架之内,隐含着不同于其他地区的考虑。第二优先的关注点是福祉、公平、透明、隐私、安全和负责任,这几个原则体现了美国对于人工智能的期待依然包括造福于人类,并且能够保障人类的基本权利。美国较少关注分享,这一点也与其他地区有所不同。

表8.4 美国出台的伦理准则关键字分析[②]

	福祉	合作	分享	公平	透明	隐私	安全	可控	负责任	长效人工智能
Nadella 2016	6	2	1	2	2	1	1	1	3	
Google 2018	4	1	1	8	1	5	2	7	1	
IEEE 2017	13	1	1		8	5	3	6	8	
Intel 2017		1	1	4	2	8	5	6	3	
Microsoft 2018				1	1	2	2	2	2	
OpenAI 2018	4	2	1				1	8		12
USACM 2017				4	4	2		5	3	
IBM 2018a		1	1	1	5					
IBM 2017		1			1		1	2		
IBM 2018b				2	1				2	
Stanford 2018	1									
总计	28	9	6	22	25	23	15	37	22	12

---

① 数据来源:http://www.linking-ai-principles.org/cn? from=groupmessage。数据获取日期:2019-07-29。

② 数据来源:http://www.linking-ai-principles.org/cn? from=groupmessage。数据获取日期:2019-07-29。

就全球的统计而言(见表8.5),关注度最高的是福祉人类。这一点与中国的人工智能伦理倾向一致,也意味着就全球而言,对人工智能的最大期望是更好地服务于人类。其次是公平、隐私和可控这三个原则,这表明就全球视角而言,人工智能的公平使用是一个较大的诉求,并且对人工智能可能造成的伦理风险,比如隐私泄露、技术失控等风险有着较大的担忧。再次是透明和负责任原则,对算法透明性及可靠性等问题表示了关注。最后是合作、分享和长效机制,对这些原则相对淡化的关注,可能体现了当前人工智能发展态势的不确定性。

表8.5　全球范围内出台的伦理准则关键字分析[①]

	福祉	合作	分享	公平	透明	隐私	安全	可控	负责任	长效人工智能
总计	235	79	94	215	165	210	130	215	172	31

总而言之,当前各国政府、公司和国际组织都出台了相关的人工智能伦理准则,这些准则有着很大的相似性,就关注重点而言,不同地区存在一定的差异:中国相对更关注福祉,欧盟更关注公平,美国更关注可控性。但就全球总体而言,对人工智能的伦理准则最大的关注点,统一在造福于人类这个基本点上。

8.3.3　案例研究

1.《机器人与弗兰克》——人工智能与人类伦理预期

《机器人与弗兰克》是一部漫画恶作剧电影。它的主人公是弗兰克,一个退休的珠宝盗贼。他的孩子们送给他一个看护机器人,这样即使他的痴呆症进一步恶化,他也可以留在家中。虽然这部电影在许多方面看似简单有趣,但从它如何讲述机器人在我们社会中的作用的角度来看待,它提出了一些令人不安的问题。例如,事实证明,弗兰克的健康是机器人的重中之重,取代了所有其他考虑(包括其他人的福祉)。

该机器人的主要程序被设定为改善被看护者的健康。但是随着故事的发展,它却成为弗兰克重蹈偷盗旧业的主要诱因。刚开始它一直让弗兰克进行徒步旅行,以保证他有充分的运动,这样一来可以改善弗兰克的健康状况。但是当机器人发现偷盗也可以保证弗兰克有充分的运动时,它乐见弗兰克进行偷盗,甚至在某些情况下帮助他。

(资料来源:Burton E, Goldsmith J, Koenig S, et al. Ethical Considerations in Artificial Intelligence Courses[J]. AI Magazine, 2017, 38: 22-34。)

2. 跨国伦理挑战

目前国内外提出了大量不同的人工智能伦理准则建议方案,比如欧盟的GDPR被业内称作"史上最严"的数据信息保护条例。由于该条例包含"超重罚款"与"最广泛管辖权",全球各国的人工智能及相关行业不得不在其产品/服务进入欧盟时,重新审视自身的数据处理政策和行为,以避免被处以巨额罚款。

---

① 数据来源:http://www.linking-ai-principles.org/cn? from=groupmessage。数据获取日期:2019-07-29。

讨论与思考题

1. 分析前工业时代、工业时代与后工业时代人机关系的共同点与不同点。

2. 如何理解工具或机器在人类历史中扮演的角色?

3. 如何理解人类一直不断改进工具或机器的动机?

4. 结合8.2.5的基因编辑案例,分析科技活动中可能存在的伦理风险。

5. 试从技术的责任伦理视角,分析切尔诺贝利事故和手机号码泄露事件。

6. 针对药物致畸事故,给出自己对工程伦理问题的分析。

7. 试参考价值敏感设计理论和相关案例(8.2.5小节),分析AR技术中可能存在的伦理风险,并设计相应的对策。

8. 试分析中国传统伦理思想在当代技术伦理中的价值和发展前景。

9. 以《机器人与弗兰克》为案例,结合机器伦理理论,分析人工智能技术发展与人类伦理预期的关系,比如二者是否可以协调? 如何协调?

10. 目前国内外提出或实行的人工智能伦理准则建议方案存在一定的差异(见8.3.3小节)。请分析、探讨在国际合作和交流中,人工智能研究与应用可能受到的具体影响,并尝试提出自己的解决方案。

参考文献

[1] 卡尔·马克思,弗里德里希·恩格斯. 马克思恩格斯文集(第八卷)[M]. 中共中央马克思恩格斯列宁斯大林著作编译局,译. 北京:人民出版社,2009:338.

[2] 于雪. 人机关系的机体哲学探析[D]. 大连:大连理工大学,2017:38.

[3] 辞海编辑委员会. 辞海1999年版缩印本(音序)[M]. 上海:上海辞书出版社,2002:674.

[4] 乔瑞金,牟焕森,管晓刚. 技术哲学导论[M]. 北京:高等教育出版社,2009:123.

[5] 乔瑞金,牟焕森,管晓刚. 技术哲学导论[M]. 北京:高等教育出版社,2009:20.

[6] 姜振寰. 技术的历史分期:原则与方案[J]. 自然科学史研究,2008,50(1):14.

[7] 文成伟. 欧洲技术哲学前史研究[M]. 沈阳:东北大学出版社,2004:44.

[8] 苗力田. 亚里士多德全集(第二卷)[M]. 苗力田,译. 北京:中国人民大学出版社,1991:30-52.

[9] 王前. 中西文化比较概论[M]. 北京:中国人民大学出版社,2005:80.

[10] 于雪. 人机关系的机体哲学探析[D]. 大连:大连理工大学,2017:42.

[11] 笛卡尔. 第一哲学沉思录[M]. 庞景仁,译. 北京:商务印书馆,1986:88-89.

[12] 霍布斯. 利维坦[M]. 黎思复,黎廷弼,译. 北京:商务印书馆,1985:1.

[13] 拉美特利. 人是机器[M]. 顾寿观,译. 北京:商务印书馆,1959:20.

[14] 乔瑞金,牟焕森,管晓刚. 技术哲学导论[M]. 北京:高等教育出版社,2009:17-18.

[15] 马克思. 资本论(第一卷)[M]. 中共中央马克思恩格斯列宁斯大林著作编译局,译. 北京:人民出版社,2004:209.

[16] 乔瑞金,牟焕森,管晓刚. 技术哲学导论[M]. 北京:高等教育出版社,2009:73.

[17] 阿诺德·盖伦. 技术时代的人类心灵[M]. 何兆武,何冰,译. 上海:上海科技教育出版社,2008:4-7.

[18] 衣俊卿. 文化哲学十五讲[M]. 北京:北京大学出版社,2004:9.

[19] 乔瑞金,牟焕森,管晓刚. 技术哲学导论[M]. 北京:高等教育出版社,2009:123-124.

[20] 贝尔纳·斯蒂格勒. 技术与时间:爱比米修斯的过失[M]. 裴程,译. 南京:译林出版社,2012:30.

[21] 贝尔纳·斯蒂格勒. 技术与时间:爱比米修斯的过失[M]. 裴程,译. 南京:译林出版社,2012:56.

[22] 舒红跃. 人在"谁"与"什么"的延异中被发明:解读贝尔纳·斯蒂格勒的技术观[J]. 哲学研究,2011(3):93-100.

[23] 唐·伊德. 技术与生活世界[M]. 韩连庆,译. 北京:北京大学出版社,2012:112-113.

[24] 于雪. 人机关系的机体哲学探析[D]. 大连:大连理工大学,2017:52.

[25] Clynes M, Kline N. Cyborgs and Space[J]. Astronautics,1960(9):26-76.

[26] 徐奉臻. 梳理与反思:技术乐观主义思潮[J]. 学术交流,2000,15(6):14-18.

[27] 约瑟夫·巴科恩,大卫·汉森. 机器人革命:即将到来的机器人时代[M]. 潘俊,译. 北京:北京机械工业出版社,2015:139.

[28] 于雪. 人机关系的机体哲学探析[D]. 大连:大连理工大学,2017:54.

[29] 张之沧. "后人类"进化[J]. 江海学刊,2004,46(6):5-10.

[30] Graham E. Representations of the Post / Human: Monsters, Aliens and Others in Popular Culture [M]. Manchester: Manchester University Press, 2002:11.

[31] Kurweil R. The Singularity Is Near: When Humans Transcend Biology [M]. London: Penguin Books, 2005.9:12-14.

[32] 唐娜·哈拉维. 人类纪、资本纪、种植纪、克苏鲁纪制造亲缘[J]. 新美术, 2017,37(2):75-80.

[33] 于雪,王前. 人机关系:基于中国文化的机体哲学分析[J]. 科学技术哲学研究, 2017,33(2):2.

[34] 姜振寰. 技术哲学概论[M]. 北京:人民出版社,2009:128.

[35] Franssen, Maarten. Philosopbcy of Technology [EB/OL]. (2018-07-06) [2020-03-27]. https://plato.stanford.edu/entries/technology/.

[36] 段伟文. 技术的价值负载与伦理反思[J]. 自然辩证法研究, 2000(8):32.

[37] 孙周兴. 海德格尔选集[M]. 上海:上海三联书店, 1996:926.

[38] 孙周兴. 海德格尔选集[M]. 上海:上海三联书店, 1996:932.

[39] 孙周兴. 海德格尔选集[M]. 上海:上海三联书店, 1996:933.

[40] 孙周兴. 海德格尔选集[M]. 上海:上海三联书店, 1996:937.

[41] 孙周兴. 海德格尔选集[M]. 上海:上海三联书店, 1996:938-939.

[42] 于骐鸣. 论海德格尔技术观[J]. 学术探索, 2014(8):19.

[43] 海德格尔. 林中路[M]. 孙周兴,译. 上海:译文出版社, 2004:306-307.

[44] 段伟文. 技术的价值负载与伦理反思[J]. 自然辩证法研究, 2000(8):31.

[45] 李文潮. 技术伦理与形而上学[J]. 自然辩证法研究, 2003(2):42.

[46] Jonas H. Das Prinzip der Verantwortung[M]. Frankfurt:Surkamp, 2003: 22.

[47] Jonas H. Das Prinzip der Verantwortung[M]. Frankfurt:Surkamp, 2003: 28.

[48] Jonas H. Das Prinzip der Verantwortung[M]. Frankfurt:Surkamp, 2003: 36.

[49] 甘绍平,忧那思. 人的新伦理究竟新在哪里?[J]. 哲学研究, 2000(12):54.

[50] Dennis F. Thompson, Moral Responsibility and Public Officials: The Problem of Many Hands [J]. American Political Science Review, 1980(4):905.

[51] Friedman B, Kahn H P. New Directions: A Value-Sensitive Design Approach to Augmented Reality [C]// Proceedings of DARE 2000 on Designing Augmented Reality Environments, 2000: 163.

[52] Jeroen van der Hoven, Noemi Manders-Huits. Value-sensitive Design[M]//A Companion to the Philosophy of Technology Wiley-Blackwell, 2009: 477.

[53] Jeroen van der Hoven, Noemi Manders-Huits. Value-sensitive Design[M]//A Companion to the Philosophy of Technology Wiley-Blackwell, 2009:477-478.

[54] 刘瑞琳. 价值敏感性的技术设计探究[D]. 沈阳:东北大学, 2014:31.

[55] Friedman B,Kahn H,Howe C. Trust Online[J]. Communication of ACM, 2000,43(12):34-40.

[56] 刘瑞琳. 价值敏感性的技术设计探究[D]. 沈阳:东北大学,2014:32.

[57] Friedman B, Kahn P, Borning A. Value Sensitive Design: Theory and Methods[J]. UW CSE Technical Report, 2002,(12):3.

[58] Fuchs L. AREA:A Cross-application Notification Service for Groupware, in Proceedings of EC-SCW[M]. Berlin:Springer Netherlands, 1999:61-80.

[59] 刘瑞琳. 价值敏感性的技术设计探究[D]. 沈阳:东北大学,2014:33.

[60] Friedman B, Kahn P, Borning A. Value Sensitive Design and Information Systems[M]// Zhang

P, Galletta D, et al. Human-Computer Interaction in Management Information Systems：Foundations. New York：M. E. Sharpe, 2006：363.

[61] Pruitt J, Grudin, Personas. Practice and Theory. In Proceedings of the 2003 Conference on Designing for User Experiences[C]. ACM, 2003.

[62] Friedman B, Kahn P, Borning A. Value Sensitive Design and Information Systems[M]// Zhang P, Galletta D, et al. Human-Computer Interaction in Management Information Systems：Foundations. New York：M. E. Sharpe, 2006：363-364.

[63] Friedman B, Kahn P, Borning A. Value Sensitive Design and Information Systems[M]// Zhang P, Galletta D, et al. Human-Computer Interaction in Management Information Systems：Foundations. New York：M. E. Sharpe, 2006：364.

[64] Friedman B, Kahn P, Borning A. Value Sensitive Design and Information Systems[M]// Zhang P, Galletta D, et al. Human-Computer Interaction in Management Information Systems：Foundations. New York：M. E. Sharpe, 2006：365-366.

[65] Friedman B, Kahn P, Borning A. Value Sensitive Design and Information Systems[M]// Zhang P, Galletta D, et al. Human-Computer Interaction in Management Information Systems：Foundations. New York：M. E. Sharpe, 2006,365.

[66] Friedman B, Kahn P, Borning A. Value Sensitive Design and Information Systems[M]// Zhang P, Galletta D, et al. Human-Computer Interaction in Management Information Systems：Foundations. New York：M. E. Sharpe, 2006：367.

[67] Friedman B, Kahn P, Borning A. Value Sensitive Design and Information Systems[M]// Zhang P, Galletta D, et al. Human-Computer Interaction in Management Information Systems：Foundations. New York：M. E. Sharpe, 2006：367-368.

[68] Jeroen van den Hoven, et al. Handbook of Ethics and Values in Technological Design: Sources, Theory, Values and Application Domains[M]. Dordrecht：Springer, 2015.

[69] Miles W，Martin, Roland Schinzinger. Ethics in Engineering (Fourth Edition)[M]. Boston：McGraw-Hill, 2005：8.

[70] Baum R. Ethics and Engineering Curricula[M]. Hastings-on-Hudson：The Hastings Center, 1980：1-3.

[71] 朱海林. 技术伦理、利益伦理与责任伦理：工程伦理的三个基本维度[J]. 科学技术哲学研究，2010,27(12)：62.

[72] 朱海林. 技术伦理、利益伦理与责任伦理：工程伦理的三个基本维度[J]. 科学技术哲学研究，2010,27(12)：61.

[73] Martin W，Schinzinger R. Introduction to Engineering Ethics[M]. New York：The McGraw-Hill Companies，1999：3.

[74] Fleddermann B. Engineering Ethics, 4th edition[M]. Vpper Saddle Rive：Prentice Hall, 2011：3.

[75] Harris C E. The Good Engineer：Giving Virtue its Due in Engineering Ethics[J]. Science & Engineering Ethics, 2008,14(2)：153-164.

[76] 肖平. 工程伦理导论[M]. 北京：北京大学出版社，2009.：10.

[77] 陈万球. 中国传统科技伦理思想研究[D]. 长沙：湖南师范大学，2008：1.

[78] 陈万球. 中国传统科技伦理思想研究[D]. 长沙：湖南师范大学，2008：39-40.

［79］卡尔·波普尔.猜想与反驳:科学知识的增长[M].傅季重,纪树立,周昌忠,等,译.上海:上海译文出版社,1986:54.

［80］徐朝旭.中国古代科技伦理思想[M].北京:科学出版社,2010:140-141.

［81］王前,等.中国科技伦理史纲[M].北京:人民出版社,2006:127.

［82］徐朝旭.中国古代科技伦理思想[M].北京:科学出版社,2010:170.

［83］徐朝旭.中国古代科技伦理思想[M].北京:科学出版社,2010:171-172.

［84］王前,等.中国科技伦理史纲[M].北京:人民出版社,2006:8.

［85］徐朝旭.中国古代科技伦理思想[M].北京:科学出版社,2010:172-175.

［86］王前,等.中国科技伦理史纲[M].北京:人民出版社,2006:13.

［87］徐朝旭.中国古代科技伦理思想[M].北京:科学出版社,2010:198.

［88］徐朝旭.中国古代科技伦理思想[M].北京:科学出版社,2010:143-144.

［89］徐朝旭.中国古代科技伦理思想[M].北京:科学出版社,2010:147.

［90］徐朝旭.中国古代科技伦理思想[M].北京:科学出版社,2010:155-159.

［91］徐朝旭.中国古代科技伦理思想[M].北京:科学出版社,2010:187.

［92］王前.技术伦理通论[M].北京:中国人民大学出版社,2011:14.

［93］王前,等.中国科技伦理史纲[M].北京:人民出版社,2006:151-158.

［94］王前.技术伦理通论[M].北京:中国人民大学出版社,2011:15.

［95］王前,等.中国科技伦理史纲[M].北京:人民出版社,2006:180.

［96］王前,等.中国科技伦理史纲[M].北京:人民出版社,2006:254.

［97］崔唯航.社会科学:面向网络时代:全国"网络时代的社会科学问题"学术研讨会综述[J].中国社会科学,2001,21(2):23.

［98］王前.技术伦理通论[M].北京:中国人民大学出版社,2011:16.

［99］李文潮.技术伦理面临的困境[J].自然辩证法研究,2005,20(11):43-48.

［100］高兆明.技术祛魅与道德祛魅:现代生命技术道德合理性限度反思[J].中国社会科学,2003,11(3):42.

［101］戴艳军,李伟侠.论技术的道德控制[J].洛阳师范学院学报,2005,23(6):46-49.

［102］王宝莲.儒家伦理在高科技时代的张力与转型[J].自然辩证法研究,2005,20(5):69.

［103］王前,等.中国科技伦理史纲[M].北京:人民出版社,2006:304-305.

［104］夏玉珍,杨永伟.科学技术的风险后果与治理:一项风险社会理论视角的分析[J].广西社会科学,2014,30(05):145-149.

［105］斯万·欧维·汉森.知识社会中的不确定性[J].国际社会科学杂志(中文版).2003,20(1):37-43.

［106］赵子军,李承宏.科学劳动的价值评价[J].科学学与科学技术管理,2003,24(02):60-61.

［107］徐瑞萍.科技时代的社会风险和政府管理:贝克的风险社会理论及其对政府危机管理的启示[J].自然辩证法通讯,2006,37(04):71-75.

［108］贾开,蒋余浩.人工智能治理的三个基本问题:技术逻辑、风险挑战与公共政策选择[J].中国行政管理,2017,24(10):40-45.

［109］郭蕊.人工智能等新技术发展对就业和收入分配的影响研究[J].经贸实践,2018,4(23):67-68.

［110］迈克斯·泰格马克.生命3.0.[M].汪婕舒,译.浙江:浙江教育出版社.2018:38-48.

［111］马锋,张军锐.当高新技术风险遭遇媒介:不确定性的终结与恐慌的生产[J].陕西师范大学学报(哲学社会科学版),2015,44(03):172-176.

[112] 王伯鲁，宋洁. 从追问技术本质到探寻人类救赎之道:海德格尔追问技术思想新解[J]. 河南社会科学，2018,26(08):50-54.

[113] 陈伟光. 关于人工智能治理问题的若干思考[J]. 人民论坛·学术前沿，2017,6(20):48-55.

[114] 张晓鹏. 论技术异化之根源及其超越[J]. 科学技术与辩证法，2006(05):68-70.

[115] 李世超. 论技术复杂性及其导致的社会脆弱[J]. 科学学与科学技术管理，2005,26(11):14-18.